中央宣传部　新闻出版总署　农业部
推荐“三农”优秀图书

全方位养殖技术丛书

家禽用药500问

刘高生　编著

中国农业大学出版社

前　言

随着家禽业的迅速发展，药物的作用也逐渐发生了变化，从过去主要用来治疗家禽的疾病，发展成为用于治疗、预防、促生产、饲料添加、环境消毒等各个生产环节，抗生素、维生素、激素及矿物质元素等，更成为保障家禽业发展必不可少的物质。然而，由于药物在家禽业的广泛应用，也产生了一些新的问题，特别是在滥用药物的情况下，问题就更加严重，诸如抗生素引起的内源性感染、细菌耐药性的产生、家禽免疫力的下降及抗生素在家禽产品中的残留等，都对家禽业及人类的健康产生了负面的影响。

为了使家禽养殖者正确、合理地使用药物，让药物更好地为家禽业和人类服务，保障家禽业的健康发展，提高家禽及其产品的质量，有效提高养殖者的经济效益，根据家禽的生物学特点及家禽用药中经常遇到的问题，编写了本书。

本书采用问答的形式，选择了家禽用药中常见的500个问题分为十一章进行了叙述。第一章介绍了家禽用药的一般知识，旨在使读者对药物及家禽用药的特点有一个基本的了解；第二章消毒防腐药、第三章抗微生物药、第四章抗寄生虫药、第五章维生素及矿物质元素、第六章用于消化系统的药物、第七章抗应激药、第八章解毒药，分别介绍了药物的作用、用法、不良反应及应用注意事项等；第九章饲料药物添加剂，是近些年来新发展起来的一类药物，由于有些抗菌药、抗寄生虫药、维生素及矿物质元素等在前面有关章节已有叙述，故本章主要介绍了一些其他常用饲料药物添加剂的概念、种类、使用方法等；第十章常用中药方剂，介绍了目前较为流行的60个方剂的组成、功效及使用方法等；第十一章介绍了目前在我国使用的用于鸡新城疫、马立克病、禽霍乱、禽球虫病等50种疫(菌)苗生物制品的特点和使用方法。

在本书的编写过程中,得到了聊城大学农学院动物科学系老师们的大力支持和帮助,特别是得到了聊城市畜牧局研究员程德君同志的热情指导,并在百忙中亲自为本书进行校对,在此特向他们表示衷心的感谢。

由于本人水平有限,书中不妥之处敬请读者批评指出。

刘高生

2005.8.1 于聊城大学

目　录

第一章　家禽用药的一般知识

第二章　消毒防腐药

第三章　抗微生物药

第四章　抗寄生虫药

第五章　维生素及矿物质元素

第六章　用于消化系统的药物

第七章　抗应激药

第八章 解毒药

第九章 饲料药物添加剂

第十一章　禽用生物制品

附　表

第一章　家禽用药的一般知识

☞ 1. 什么叫药物？什么叫毒物？药物与毒物有何区别？

药物是人类用以预防、治疗和诊断疾病的物质。近年来，随着科学的进展和人类的需要，药物的应用已超越了防治疾病的范畴。

毒物是指在较小用量时，即能引起机体功能性或器质性损害，甚至危及动物生命的物质。

实际上，药物与毒物之间并不存在绝对的界限，而只能以引起中毒剂量的大小将它们相对地加以区别。药物如果用量过大，往往会引起中毒；反之，毒物如果用量很小而往往可以治疗疾病。众所周知，食盐是家禽饲料中不可缺少的组成成分，但如果用量过大，则会引起家禽的食盐中毒；又如，敌百虫属毒、剧药物，但在用其小剂量内服时，也可驱除畜禽肠道的多种线虫。但应该承认，药物与毒物之间存在着用量与安全度的差异，药物的用量与安全度都较大，而毒物的用量与安全度都较小，用时应特别加以注意。再说，有些物质如山药、蜂蜜、葡萄糖、大蒜等，通常都是食物，但又可用来治病，这时它们又是药物了。总之，药物、毒物、食物之间存在着一定的相互关系，应用时必须加以识别和注意。

☞ 2. 现有药物按其来源可分为哪几类？各有何特点？

现有药物，按其来源可分为天然药物和人工合成药物两大类。

（一）天然药物　是存在于自然界的物质，经加工精制或提炼而作药用，包括植物、动物、矿物、微生物等药物。

（1）植物性药物：本类药物是利用植物的根、茎、叶、花、果实和种子等加工制成，例如健胃药龙胆末是由植物龙胆的根、茎制成。

本类药物来源极广，应用历史最长，我国自古即有“百草皆为药”的说法，历代“本草”中所收载的药物均以植物性药物为最多。

(2)动物性药物：是利用动物或动物的组织器官经加工或提炼制成。如全蝎、蚕蜕、胃蛋白酶、胎盘组织液等。

(3)矿物性药物：是直接利用原矿物或其制成品。常用的有钠、钾、铵、钙、镁、锑、砷、铁、银、铜、铋等与酸生成的盐类及氧化物等。它们的药名就是化学名，一提药名就可知道它们的化学组成，如氯化钠、碳酸氢钠等。

(4)微生物类药物：是从某些微生物的培养液中提取的有抗菌作用的药物，又称抗生素或抗菌素。如青霉素是从数种青霉菌的培养液中获得，链霉素是从灰色链丝菌的培养液中获得。

(5)兽医生物制品：是根据免疫学原理，利用微生物本身或其生长繁殖过程中的产物为基础制成的一类药品，其中包括供预防传染病用的菌苗、疫苗和类毒素；供治疗或紧急预防用的抗病血清和抗毒素以及供诊断用的各种诊断液等。

(二)人工合成药物　这类药物的来源不受自然条件的限制，可根据药物化学的发展而大量合成新产品。一般说，它的优点是产品质量基本一致，药品的疗效较高而奏效较快，体积小，便于保存和运输。其主要缺点是副作用一般比较明显，不宜长期服用。

近年来，在合成的新药中抗寄生虫药比较突出，它正朝着广谱、高效、低毒、无残留、价廉、使用方便的方向发展，且已取得了显著的成绩。

☞ 3. 普通药、毒药、剧药及麻醉药品的概念是什么？

(1)普通药：在治疗剂量时一般不产生明显毒性的药物称为普通药。如青霉素、磺胺嘧啶等。

(2)毒药：毒性很大，极量与致死量十分接近，稍用大量即可引起动物中毒甚至死亡的药物称为毒药。例如升汞、三氧化二砷等。

(3)剧药：毒性较大，极量与致死量比较接近，超过极量也可引起动物中毒或死亡的药物称为剧药。其中较毒而又常用的品种称“限制性剧药”(简称限剧药)，如毒毛旋花子苷 K、氨茶碱、安钠咖、巴比妥类等注射剂。

(4)麻醉药品：能成瘾癖的毒性药品称为麻醉药品，属毒、剧药的范围。属麻醉药品管理范围的药品有阿片类、吗啡类、罂粟碱类、可卡因类及合成药杜冷丁、芬太尼等。

为了加强对麻醉药品的管理，国务院以国发[1978]176 号文件颁发了《麻醉药品管理条例》，卫生部、农业部也相应颁发了具体的管理条例和细则，对麻醉药品的生产、供应、使用、保管等各方面都作了规定，各级医务人员必须认真执行，严格遵守。

☞ 4. 什么是剂型？常用剂型各有何特点？

剂型是指根据医疗、预防等的需要，将药物加工制成具有一定规格、一定形态而有效成分不变，以便于使用、运输和保存的形式，一般指制剂的剂型。

目前按形态分类，剂型可分为液体剂型、半固体剂型、固体剂型和气雾剂型等四类。由于每类剂型的形态相同，其制法特点和医疗效果亦相似，如液体剂型多需溶解、半固体剂型多需融化或研匀、固体剂型多需粉碎及混合。疗效速度以液体剂型为最快，固体剂型，半固体剂型多作外用。

☞ 5. 常用液体剂型有哪些？各有何特点？

常用液体剂型的种类与特点如下：

(1)芳香水剂：一般指芳香挥发性药物的近饱和或饱和水溶液。如薄荷水、樟脑水等。

(2)酯剂：一般指挥发性有机药物的乙醇溶液，如樟脑酯等。

(3)煎剂及浸剂：均为生药的水浸出制。

(4)溶液剂:一般指化学药物的内服或外用澄明溶液。

(5)酊剂:指用不同浓度乙醇浸制生药或溶解化学药品而成的液体剂型,如龙胆酊、碘酊等。

(6)流浸膏剂:是指生药的浸出液除去一部分浸出溶媒而成的浓度较高的液体剂型。除特殊规定外,每毫升流浸膏相当原药1 g,如马钱子流浸膏等。

(7)乳剂:指两种以上不相混合或部分混合的液体所构成的不均匀分散的液体剂型。油和水是不相混合的液体,如制备稳定的乳剂,尚需加入第三种物质即乳化剂。常用乳化剂有阿拉伯胶、西黄蓍胶、明胶、肥皂等。乳剂的特点是增加了药物表面积以促进吸收及改善药物对皮肤黏膜的渗透性。

(8)合剂:指供内服的两种以上的液体剂型,如三溴合剂。

(9)注射剂:指灌封于特制容器中灭菌的药物溶液、混悬液、乳浊剂或粉末(粉针剂),须通过注射器注入皮下、肌肉、静脉内等部位进行给药的一种剂型。

(10)搽剂:指刺激性药物的油性或醇性液体剂型。搽剂外用涂搽皮肤表面,一般不用于破损的皮肤,如四-三-搽剂。

(11)浇泼剂:系一种透皮吸收药液。可用专门器械按规定剂量,沿动物背部浇泼,如左旋咪唑浇泼剂、恩诺沙星浇泼剂等。

☞ 6. 常用半固体剂型有哪些?各有何特点?

(1)软膏剂:是指药物用适宜基质混合,制成容易涂布于皮肤、黏膜或创面的外用半固体剂型。常用基质有凡士林、豚脂、羊毛脂等。

(2)糊剂:指粉末状药物与甘油、液状石蜡等均匀混合制成的半固体剂型。糊剂含药物粉末超过25%,如氧化锌糊剂。

(3)浸膏剂:是生药浸出液经浓缩后的粉状或膏状的半固体或固体剂型。除特别规定外,浸膏剂的浓度每克相当于原药2～5 g,

如甘草浸膏等。

(4)舔剂:指供内服的粥状或糊状稠度的药剂。制备的辅料有甘草粉、淀粉、糖浆、蜂蜜、植物油等。

☞ 7. 常用固体剂型有哪些？各有何特点？

(1)散剂:是指粉碎较细的一种或一种以上的药物,均匀混合制成的干燥固体剂型。供内服或外用,如健胃散、消炎粉等。

(2)片剂:是指一种或一种以上的药物,经加压制成的扁平而上下面稍凸起的圆片剂型。

(3)胶囊剂:指药物盛于空胶囊中制成的一种剂型。胶囊一般均用明胶为主要原料。

(4)丸剂:指一种或一种以上的药物均匀混合,加水及赋形剂制成球形、椭圆形或卵圆形的丸状剂型。

(5)预混剂:将一种或几种药物与适宜的基质(如碳酸钙、麸皮、玉米粉等)均匀混合制成供添加于饲料的药物添加剂。将其掺入饲料中充分混合,可达到使微量药物成分均匀分散的目的,如马杜霉素预混剂等。

(6)可溶性粉:是由一种或几种药物与助溶剂、助悬剂等辅料组成的可溶性粉末。投入饮水中使药物溶解,均匀分散,供动物饮用,如硫氰酸红霉素可溶性粉等。

(7)微型胶囊:将固体或液体药物包裹于天然或合成的高分子材料而成的直径 1～5 000 μm 的微型胶囊。根据临床需要可将微型胶囊制成散剂、胶囊剂、片剂、注射剂及软膏剂等各种剂型的制剂。微型胶囊具有提高药物稳定性、延长药物疗效、掩盖不良气味、降低副作用、减少复方的配伍禁忌等优点。

☞ 8. 什么是气雾剂型？

气雾剂是指液体或固体药物利用雾化器喷出的微粒状制剂,

其粒子直径小于50 μm,可供吸入作全身治疗、局部外用或进行禽舍消毒等,如二甲硅油气雾剂。

☞ 9. 药物的基本作用是什么?

药物对机体生理功能的影响十分复杂,但就其基本形式或者就其主要方面来说,不外两种,即使机体原有的生理机能活动增强或减弱,也就是兴奋或抑制反应。药物的兴奋作用是指提高机能活动性;抑制作用是指降低机体机能活动性。例如中枢兴奋药能兴奋中枢神经系统,因而加强机体的机能活动性;而全麻药则能抑制中枢神经系统,减弱机体机能活动。但是,药物的兴奋作用或抑制作用常常不是单独出现的。在机体内,药物的作用往往是多方面的,对不同的器官可以产生不同的作用,如中枢兴奋药咖啡因,在其直接作用于器官时,对心脏呈现兴奋,加强收缩,但对血管则有扩张、松弛作用。此外,在同一生活机体或组织,可由于其机能活动性不同,而出现药物的兴奋或抑制作用。

☞ 10. 什么是药物的局部作用和吸收作用?

从药物作用的范围来看,药物在吸收入血液之前对其所接触组织的直接作用,称为局部作用,例如普鲁卡因的局部麻醉作用、松节油的局部刺激作用等。给药后,药物进入血液循环所发生的作用称为吸收作用或称全身作用,如注射青霉素等所产生的抗菌作用。

局部作用与吸收作用之间没有严格的区别,由于机体各部都是受神经体液联系的,药物的局部作用往往通过神经反射与体液传递产生全身性影响。

在治疗上,如要利用药物的局部作用,便应设法使药物停留在用药的局部,如,把具有血管收缩作用的肾上腺素加入具有局部麻醉作用的普鲁卡因中,可减慢普鲁卡因的吸收而达到延长局部麻醉的效果。如要利用药物的吸收作用，则应设法使药物充分吸收，如采用静脉注射给药等。

☞ 11. 什么是药物的直接作用和间接作用？

从药物作用的顺序来看，药物进入机体后，首先发生的原发性作用，称为直接作用，通过直接作用的结果，产生的继发性作用称为间接作用。例如，洋地黄的直接作用是使心缩加强，血液循环改善，而产生继发性作用即间接地引起肾脏尿量增多。

由于机体内环境的相对恒定和相互联系，药物的直接作用对某一器官的影响，必然产生对其他器官的相互反应而呈现药物的间接作用。

☞ 12. 什么是药物的选择作用？药物的选择作用在临床用药中有何重要意义？

多数药物在使用适当剂量时，只对机体的某些组织或器官产生明显的作用，而对其他组织或器官的作用不明显或几乎没有作用，称为药物的选择作用或称药物作用的选择性。上面所述洋地黄对心肌加强心缩的例子就是它的选择作用。同样，对病原体起抑制或杀灭作用的化学治疗药物也具有明显的选择作用，因此，既起防治疾病的效果，又对机体无害或影响较小。

应当指出，药物的选择作用一般是相对的，随着条件（主要是剂量）的改变，药物的选择作用也会变化。例如，适当剂量的咖啡因，能选择性地兴奋大脑皮层，当剂量增大时，就能兴奋延脑以至脊髓，甚至使动物中毒。这一方面说明机体不同组织中的生化过程虽各有差异，但其中某些环节是具有共性的；另一方面也是由于某些药物能影响多种组织的生化过程，因而具有多种选择作用。

药物的选择作用是由于它能与某些组织细胞相结合的特异性结构，而具有对这些药物高度反应的部位，则称为药物的作用点。

机体各种组织细胞或病原体都具有其生化过程的不同点，这就构成了药物选择作用的物质基础。

多数药物都具有各自的选择性作用，能作用于不同的组织或器官，因而各有不同的适应症和毒性。选择性高的药物在使用中针对性强，副作用相应减少。因此，药物的选择性作用常常作为药物分类和合理用药的依据，在理论和实践上都具有重要意义。

☞ 13. 什么是药物的普遍细胞作用？

药物对各种组织细胞都呈现出类似的作用，即能破坏细胞的原生质或能影响任何原生质中最基本的生化过程，因此毫无例外地作用于一切生活组织，这种作用称为普遍细胞作用，也称为细胞“原生质毒”或“原浆毒”作用。例如，重金属盐能沉淀一切生活组织的原生质。这类药物由于其毒性较大，一般只能作为环境及污染物的消毒用。

☞ 14. 什么是药物的防治作用？

应用药物的适当剂量能预防或治疗家禽的疾病，称为药物的防治作用。这种作用是我们用药的目的。例如，使用敌敌畏等杀虫剂消灭蚊蝇以预防传染病，应用青霉素等以杀灭家禽体内的病原菌等。

在治疗中，由于药物所起的作用可能是消除了致病原因或是解除了疾病的症状，又分为对因治疗作用（病因疗法）和对症治疗作用（对症疗法）。前者如上述青霉素的作用，后者如使用解热药抑制体温中枢的异常兴奋性，加强散热，以解除各种疾病所致的高热症状。对因治疗和对症治疗各有其特点，相辅相成，二者都不能偏废。临床上，往往采取综合治疗的方法，即既使用消灭病原体的药物如抗生素、磺胺药等，又使用解除各种严重症状（如高热、虚脱、休克等）的药物做辅助治疗，以防止疾病进一步发展。

对因治疗对于防治家畜传染病、感染性疾病具有重要意义。临床用药时，对病因必须有正确的诊断，以防止药物滥用；同时，用药必须彻底，有足够的剂量和疗程，达到根除目的。

对症治疗对病因未明、症状严重或尚无对因治疗药物的情况是一项重要的措施。因为对症治疗能解除病禽的危重症象，配合护理，积极地帮助机体恢复其抗病能力，特别是辅助对因治疗，对促进病禽健康的恢复起着重要的作用。

在祖国医学中有“急则治其标，缓则治其本，标本兼治”的原则，即对急性病例应首先用药物消除某些严重的症状，解除危急；而对慢性病例则以治本（即对因治疗）为主，以获得对疾病的根治。这就说明了对因治疗和对症治疗是互相联系、相辅相成的，在临床上必须根据具体情况，适当选用，不可偏废。

☞ 15. 什么叫药物的不良反应？不良反应有哪几种？

按照世界卫生组织（WHO）国际药物监测合作中心的规定，药物不良反应（ADR）系指正常剂量的药物用于预防、诊断、治疗疾病或调节生理机能时出现的有害的和与用药目的无关的反应，如副作用、毒性作用、过敏反应、继发反应等。该定义排除有意的或意外的过量用药及用药不当引起的反应。

☞ 16. 什么叫药物的副作用？

药物在治疗剂量下出现的与治疗目的无关的作用称为副作用。例如，阿托品有松弛平滑肌和抑制腺体分泌的作用，当利用其松弛平滑肌的作用以治疗肠痉挛时，同时出现的唾液分泌减少（口干）即为其副作用；又如，使用肾上腺素治疗过敏反应时，可出现心跳加快的副作用。由此可见，副作用的产生是由于某些药物具有多种作用，当治疗上利用其中某一作用时，其他作用则以副作用的形式出现。因而，副作用一般是可以预料的。

在治疗上，对于一般的副作用可不必停药，以求集中力量解决主要矛盾。而且副作用的反应一般比较轻微，多是可以恢复的功能性变化，并且可因用药目的的不同而转化。为了减少副作用，可以同时给予某种作用相反的药物，也可在不影响疗效的情况下，选用副作用较少的药物。

☞ 17. 什么叫药物的毒性作用?

毒性作用亦称毒性反应。是指药物的用量过大、时间过久或机体对某些药物特别敏感，以致造成对机体有明显损害的作用。如对中枢神经系统、心血管系统、消化系统以及肝、肾等器官的功能性或器质性损害，严重者可导致动物死亡。

毒性作用可分为急性和慢性两种。急性毒性作用是指在用药后不久就发生的作用；慢性毒性作用是指在较长时间的用药过程中逐渐积累后发生的作用。每种药物在达到一定剂量后，多数家禽均可出现性质相同的中毒症状，故药物的毒性作用大多数也是可以预知的。为了避免毒性作用，最主要的是不要任意超过药物常用剂量，特别是毒、剧药物，更应严格管理，并随时根据具体情况，对所用剂量做必要的调整。

☞ 18. 什么是药物的过敏反应?

过敏反应是指极少数具有过敏体质的家禽，在给予药物的常用量或极少量时所产生的一种与药物性质完全不同的反应。过敏反应和副作用、毒性作用不同，它不属于药物固有的药理作用的一部分，它的发生事先是难以预料的。在第一次用药时不出现反应，而需要经过一个潜伏期再次用药时才表现出来。这种反应往往低于或远低于常用量时便能发生。就某些药物如青霉素来说，其药理作用几乎完全无毒，无任何副作用或毒性作用，但其所表现出来的过敏反应是严重的。

药物的过敏反应大多是一种变态反应，也有由于遗传因素引起的特异质。

变态反应是在机体接触致敏药物后，细胞与抗原反应并被合成的抗体所致敏，当再次用药时即出现抗原-抗体反应。现用的疫苗、异种血清、内分泌或酶制剂含有蛋白质、多肽素和多糖类，是属于完全抗原性药物。某些抗生素、化疗药物、麻醉药、镇静药及止痛药，特别在化学结构上含有生化反应基团的物质，具有半抗原性质。这些半抗原与蛋白载体结合后，亦能引起药物的致敏作用。变态反应的表现是皮疹、支气管哮喘、血清病综合症以致过敏性休克等。针对这些症状，临床上常使用肾上腺素等制剂。

特异质反应有遗传性。具有特异质的个体在接触单一剂量的某一药物时，出现意外和不利的反应。不同的药物所引起的过敏反应基本相同，故其治疗措施也基本相同。

☞ 19. 什么是药物的继发反应？

继发反应是在药物治疗作用之后，甚至在停药较长时间之后发生的一种反应。继发反应并不是药物本身的效应，而是药物主要作用的间接结果。广谱抗生素长期应用可改善肠道正常菌群的关系，使肠道菌群失调导致二重感染。又如利尿药噻嗪类引起的低血钾可以使患者对强心苷洋地黄不耐受。青霉素引起的赫氏反应也属于继发反应。

☞ 20. 什么是药物的后遗效应？

指停药后血药浓度已降到阈值以下的残存药理效应。可能由于药物与受体的牢固结合，靶器官药物尚未消除，或者由于药物造成不可逆的组织损害所致，如长期应用皮质激素，由于负反馈作用，垂体前叶和(或)下丘脑受到抑制，即使肾上腺素皮质功能恢复至正常水平，但对应激反应在停药半年以上时间内可能尚未恢复，这也称药源性疾病。后遗效应不仅能产生不良反应，有些药物也能产生对机体有利的后遗效应，如抗生素后遗效应、抗生素后白细胞促进效应，可提高吞噬能力。

☞ 21. 什么是耐药性？耐药性与耐受性有何区别？

耐药性又称抗药性，是指病原体对于药物的抵抗性。在治疗细菌感染性疾病或寄生虫病时，长时期使用某种药物，病原体反复与之接触后，其反应性逐渐减弱，以致最后病原体能抵抗该药而不被抑制或杀灭。病原体耐药后，往往使治疗失效。许多细菌及寄生虫都会发生耐药性，在剂量不足或不恰当地长期使用某一种药物时更易产生。在可能条件下，应做药敏试验，选择合适的抗菌药。

耐受性是指少数家禽对于药物的敏感性很低，甚至用到一般中毒量才产生治疗作用而不引起中毒的一种特性。这是个体对药物表现为"量"的差异。

个体对从未用过的药物产生耐受，这属于先天耐受性，它有个体差异，可能与遗传有关，能长期保留。而对于反复应用某些药物逐渐产生的耐受性，称为后天获得性耐受性，只要经过足够的停药时间，便可消失，机体仍可恢复其原有的敏感性。为防止耐受性的发生，临床上应避免较长期使用某一种药物，必要时可采取间歇用药或与其他药物交替使用。

☞ 22. 什么是药物的构效关系？

药物的构效关系指特异性药物的化学结构与药物效应之间的密切关系。结构类似的化合物能与同一受体结合产生激动作用。氨甲酰胆碱和麻黄碱的结构分别与体内神经递质乙酰胆碱及肾上腺素相似，因此它们就有拟似乙酰胆碱和拟似肾上腺素的作用。

相反，基本结构相似的抗组胺药与体内活性物质组胺，可竞争同一受体而产生拮抗作用。

特异性药物的化学结构即使有时相同，但它们的光学异构体不同也可产生不同效应。

☞ 23. 什么是药物的量效关系？什么叫量效曲线？

在一定范围内，同一药物剂量的大小，与血药浓度的高低以及作用的强弱呈正比例的关系，即随药物剂量的增加其药理效应也相应加强，这种剂量与效应之间的关系呈规律性的变化，称为量效关系。

在药理学研究中，常需要分析药物的剂量与它所产生的某种效应之间的关系，这种关系可以用曲线来表示，称为量效曲线（图1-1）。如以效应强度为纵坐标，以剂量对数值为横坐标作图，量效曲线呈几乎对称的S形。

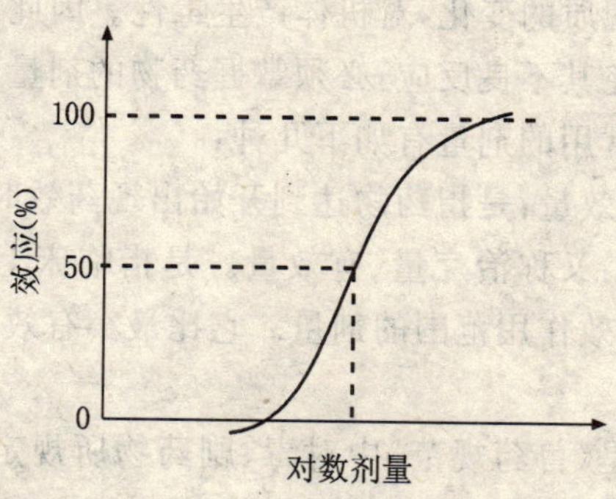

图 1-1　量效关系曲线

量效曲线说明量效关系存在下述规律：

（1）药物必须达到一定的剂量才能产生效应。

（2）在一定范围内，剂量增加，效应也增强。

（3）效应的增加并不是无止境的，而有一定的极限，这个极限称为最大效应或效能，达到最大效应后，剂量再增加，效应也不再增加。

(4)量效曲线的对称点在50％处，此曲线斜率最大，即剂量稍有变化，效应就产生明显差别。所以，在药理上常用半数有效量(ED_{50})和半数致死量(LD_{50})来衡量药物的效价和毒性。

☞ 24. 什么叫剂量？剂量的意义是什么？常用剂量的概念有哪些？

当给药时，对机体发生一定反应的药量称为剂量。剂量一般指防治疾病的常用量。

药物要有一定的剂量，在机体吸收后达到一定的药物浓度，才能出现药物的作用。如果剂量过小，在体内不能形成有效浓度，药物就不能发挥其有效作用。但如果剂量过大，超过一定限度，药物的作用又可出现质的变化，对机体产生毒性。因此，要发挥药物的作用而又要避免其不良反应，必须掌握药物的剂量范围。

动物临床常用的剂量有如下几种：

(1)最小有效量：是指药物达到开始出现药效时的剂量。

(2)常用量：又称治疗量、有效量。是指临床上用于预防或治疗、具有一定有效作用范围的剂量。它比最小有效量要高，又比药物的极量要低。

(3)极量：是《兽药规范》中对毒、剧药物所规定的限量。超过极量是不安全的，必须加以注意。

(4)最小中毒量：是指药物已超过极量，使机体开始中毒的剂量。

(5)中毒量及致死量：指随着最小中毒量的增加，使机体中毒甚至引起死亡的剂量，分别称为中毒量及致死量。

☞ 25. 什么叫药物的安全范围?

药物的安全范围是指最小有效量与极量之间的距离宽度。安全范围广的药物,其安全性大;反之,安全范围窄的,安全性小。

选定药物剂量时,既要注意药物的安全范围,又要根据家禽的种类、体况、体重、病情及病因等具体条件作出决定,并在用药后注意观察药效,按病情需要加以调整。

☞ 26. 什么是药物的效价和效能?

效价也称强度,是指能引起等效反应(一般采用50%效应量)的相对浓度或剂量,其值愈小则强度愈大。

效能是指某药物最大效应的水平高低。

药物的效价与效能含义完全不同,二者并不平行。例如利尿药以每日排钠量为效应指标进行比较,氢氯噻嗪的效价强度大于呋喃苯胺酸,而后者的效能大于前者。药物的最大效应值有较大的实际意义,不区分最大效应与效价强度只讲某药较另药强若干倍,是易被误解的。

☞ 27. 什么是药物的体内过程?掌握药物的体内过程有何意义?

药物从用药部位进入机体至排出体外的整个过程,称为药物的体内过程。包括药物的吸收、分布、代谢和排泄。

通过学习药物的体内过程,掌握基本原理和方法,可以科学地计算药物剂量以达到所需的体内治疗浓度,产生最佳疗效,控制不良反应的发生,提高临床治疗效果。

☞ 28. 什么是药物的吸收?影响药物吸收的主要因素有哪些?

药物的吸收是指药物从用药部位进入血液循环的过程,是药物体内过程的第一步。除了静脉注射将药物直接注入静脉内而不需要吸收过程外，其他给药方法或途径，药物都要经过细胞膜的转运过程才能吸收。药物对机体来说都是异物，一般都是通过被动转运方式而吸收的。影响药物吸收的因素，主要有给药途径、药物剂型以及药物化学结构和物理性质等。

(1)给药途径：家禽常用的给药途径有口服、皮下注射、肌肉注射、静脉注射、腹腔注射、气管内注射、灌肠或吸入等。

①口服给药：口服给药首先要受到胃肠内容物的混合稀释、物理化学的影响、酶的破坏，然后主要通过小肠黏膜而吸收，即通过其毛细血管进入肝门静脉，再到肝脏(很多药物在肝脏受到灭活代谢)，最后进入血液循环。通常空腹时给药要经过10～120 min，才开始出现吸收作用。在胃肠道药物解离度是影响吸收的主要因素之一。

②皮下注射或肌肉注射：药物可通过局部毛细血管和淋巴管吸收。毛细血管壁的分子通道口径很大，一般药物都可顺利通过。具体说，皮下注射给药，一般经过10～15 min即可出现药物的吸收作用。肌肉注射给药，因为肌肉内有丰富的毛细血管，故药物吸收较快，一般经过5～10 min即可出现吸收作用。

③静脉注射：系将药液直接注射到静脉管内，无需吸收过程，可立即出现药效。

④吸入法给药：药物吸收很快，排泄亦快。

其他许多给药方法，主要发挥局部作用。

(2)药物剂型：由于剂型不同，同一药物的吸收速度和血药浓度必然不同。一般来说，溶液剂吸收较快，散剂吸收较慢，片剂和丸剂吸收更慢；在注射剂中，水溶液的吸收最快，乳剂次之，油剂又次之。因此，不同剂型会出现不同的血药浓度曲线，产生不同的效应。

(3)药物的化学结构和物理性质：药物的脂溶性和解离度常由分子结构以及溶液的pH值来决定。在药物的分子结构中如果带有某些基团，例如亲脂（即疏水）基团或亲水（即疏水）基团等，常可预测其吸收的程度。

☞ 29. 什么是药物的分布？影响药物分布的因素有哪些？

吸收后的药物，随血液循环转运到机体各组织器官的过程，称为药物的分布。药物的体内分布一般是不均匀的。通常，药物在组织器官的浓度越大，对该组织器官的作用就越强，但也有例外，如强心苷主要分布于肝脏和骨骼肌组织，却选择性地作用于心脏。

影响药物分布的因素主要有以下几种：

（1）药物在脂肪组织中的贮存：脂溶性大的药物，在脂肪组织中分布的浓度也高。有人说，脂肪组织是脂溶性药物的巨大贮库。例如，脂溶性很高的硫喷妥钠静脉注射后，首先是大量进入脑组织发挥麻醉作用，这是由于脑组织富有类脂质，血流量很大，所以一时出现大量药物贮集。约在 3 h 后血中药物下降到很低，脑组织中的药物释放，而逐渐转移到脂肪组织中，从而表现出该药的麻醉作用快而时间短，但是它在脂肪组织中贮集的时间较长。

如果脂溶性药物的毒性较大，则应用时更应注意，以免引起蓄积性中毒。

（2）药物与血浆蛋白结合：多数有机药物进入血液循环后，一部分与血浆蛋白结合，一部分呈游离型。结合型与游离型之间常常保持着动态平衡的关系。当药物成为结合型时，它就暂时失去药理作用，不能自由运转，影响药物分布。但是结合常是可逆的。

药物与蛋白结合率的高低，与药物在血中贮存的时间以及排泄速度的快慢有密切的关系。结合率高则在血液中的贮存时间长，排泄速度慢；反之，结合率低则贮存时间短，排泄速度快。

各种药物与蛋白结合的强度各有不同。如果两种不同的药物并用时，它们与蛋白结合会出现竞争现象，强者优先结合。

（3）血脑屏障：通常血浆中游离型的药物通过毛细血管的内皮

细胞，向组织细胞外液自由扩散，半径为 30×10^{-10} m 左右的药物分子可以自由出入。

脑血管的内皮细胞不同于一般组织内毛细血管的内皮细胞，它是由胶脂细胞组成。胶脂细胞富含脑磷脂，是一种类脂质。它只允许脂溶性大的药物通过，而离子化的药物很难通过。有许多药物不易或不能进入脑组织，这种现象称为血脑屏障。实际上也还是属于细胞膜屏障。

当脑组织有炎症时，则这种屏障作用大为降低。新生幼雏的血脑屏障尚未发育完全。

(4)体液的 pH 值与药物分布的关系：在正常生理情况下，细胞内液的 pH 值较低，约为 7.0，而细胞外液的 pH 值稍高，约为 7.4。弱酸性药物在细胞内的浓度略低于细胞外。如果提高血液的 pH 值，可使弱酸性药物由细胞内向细胞外液转移，而使弱碱性药物向细胞内转移。

☞ 30. 什么是药物的转化？

药物的转化或称生物转化，也称药物代谢，是指药物在机体发生的结构变化。有些药物在体内不发生分子结构的改变，可以原来形式被排泄(如石蜡油)，但大部分药物在排泄之前，已发生不同程度的结构变化，表现作用下降或毒性减小，亦有转化为作用或毒性增强的中间产物的。总而言之，生物转化能使药物更易从体内排出。

药物在体内的转化方式最主要的有氧化、还原、水解和结合。药物的转化部位主要在肝脏，也可以在血浆、肾、肺、肠上皮及神经组织。参与药物转化过程的有肝脏微粒体的药物代谢酶族，包括氧化、还原、水解和结合的酶(简称药酶)以及其他组织的药物代谢酶族。药物存在于肝脏细胞的内质网结构中，当肝脏发生病理变化时，对药酶的活性有很大的影响。因此，肝脏功能不全的动物，容易引起药物中毒。

☞ 31. 什么是药物的排泄？

药物的排泄指药物及其代谢产物被排出体外的过程。除内服不易吸收的药物多经肠道排泄外，其他被吸收的药物主要经肾脏排泄，只有少数药物经呼吸道、胆汁等排出体外。

肾脏排泄药物主要是通过肾小球滤过、肾小管重吸收及肾小管分泌来完成的。一般肾小球滤过率降低或药物的血浆蛋白结合程度高可使滤过药量减少。脂溶性大的药物易被肾小管重吸收、排泄慢；水溶性药物重吸收少、排泄快。弱碱性药物在酸性尿液中易解离，重吸收少、排泄增加；弱酸性药物在碱性尿液中易解离，重吸收少、排泄增加。

少数经胆汁排泄的药物，要注意肠肝循环引起药物的蓄积作用。

药物排泄的速度，直接影响药物在体内作用的时间。为了维持药物的疗效，可采取反复给药或给予长效制剂的方法；为了加速药物的排泄，可输液、给予利尿药或改变尿液 pH 值的药物。

了解药物在体内的消除方式和速度，对合理使用药物，避免药物中毒及解毒具有重要意义。

☞ 32. 什么是血药浓度？

血药浓度一般指血浆中的药物浓度，是体内药物的重要指标，虽然它不等于作用部位（靶组织或靶受体）的浓度，但作用部位的浓度与血药浓度以及药理效应一般呈正相关。血药浓度随时间发生的变化，不仅能反映作用部位的浓度变化，而且也能反映药物在体内吸收、分布、生物转化和排泄过程总的变化规律。另外，由于血液的采集比较容易，对机体损伤小，故常用血药浓度来研究药物在体内的变化规律。

☞ 33. 什么叫半衰期?

半衰期一般指药物在血浆中的浓度下降一半所需要的时间。它反映了药物在体内消除的速度。如某一药物半衰期为2 h,即其在体内的浓度于2 h减去一半,余下一半又于2 h减去其一半,即余下1/4,此1/4又于2 h再减去一半,即余下1/8。

由于某一种药物的半衰期对于某一种动物来说是固定不变的,因而半衰期对指导临床用药有重要意义。例如,根据半衰期的概念,可以推算出一次给药后血浆药物浓度经4～5个半衰期而下降95%,说明药物已经基本消除(表1-1)。

表1-1 药物半衰期与其在体内蓄积量与排泄量的关系

半衰期数	药物排泄量	累加排泄(或蓄积)量(%)
1	$100\% \times 1/2 = 50\%$	50
2	$100\% \times (1/2)^2 = 25\%$	75
3	$100\% \times (1/2)^3 = 12.5\%$	87.5
4	$100\% \times (1/2)^4 = 6.25\%$	93.75
5	$100\% \times (1/2)^5 = 3.13\%$	96.87
6	$100\% \times (1/2)^6 = 1.57\%$	98.43
7	$100\% \times (1/2)^7 = 0.79\%$	99.21

因此,要维持药物在体内比较稳定的有效浓度,应按半衰期给药。长于半衰期,体内药物浓度波动较大,短于半衰期则易引起蓄积中毒。肝、肾功能不良时,药物的半衰期会延长,增加药物的剂量只能提高血浆药物浓度,并不能显著延长药物在体内消除的时间,更不能显著增加药物的作用时间。

☞ 34. 什么叫峰浓度与峰时?

给药后达到的最高血药浓度称血药峰浓度(简称峰浓度),它与给药剂量、给药途径、给药次数及达到时间有关。达到峰浓度所需的时间称达峰时间(简称峰时),它取决于吸收速率和消除速率。通常吸收速率都大于消除速率,因而对峰时影响较大。峰浓度、峰时与药时曲线下面积是决定生物利用度和生物等效性的重要参数。

☞ 35. 什么叫生物利用度?

生物利用度是指药物以一定的剂型从给药部位吸收进入全身循环的速率和程度。这个参数是决定药物量效关系的首要因素。全身生物利用度的计算方法,是在相同的动物、相等的剂量条件下,内服或其他非血管给药途径所得的 AUC 与静脉注射的 AUC 的比值。

当药物的生物利用度小于 100%时,可能和药物的理化性质和/或生理因素有关,包括药物产品在胃肠液中解离不好(固体剂型),在胃肠内容物中不稳定或有效成分被灭活,在穿过黏膜上皮屏障时转运不良,在进入全身循环前在肠壁或肝发生首过效应。如果由于首过效应使药物的生物利用度很低,则可能误认为吸收不良。

☞ 36. 什么是药物的残效期?

药物的大部分经过转化并排出体外,但仍有少量在体内转化不完全或排泄不充分,它在体内贮存的时间称为残效期。它虽与药物的排泄缓慢有关,但在多数情况下反映药物在体内形成贮存库。此时期药物浓度虽然不高,但体内贮存量却不一定少。因此,反复用药时易引起蓄积中毒。如铅、汞、磷、砷等金属及类金属药物,可贮存于骨骼、肌肉、肝、肾等组织达数月或数年之久,而临床上并不表现症状。了解药物的残效期对卫生事业有重要的实践意义。

☞ 37. 什么是药物的蓄积作用?

药物不能及时消除,并在继续给药的情况下,在体内贮积而产生蓄积作用。常见于反复使用消除缓慢的药物。但临床上往往有计划地利用这种作用，使药物在体内达到有效水平，并维持其用药剂量，达到治疗目的。若机体解毒机能减弱或药物的转化、排泄发生障碍，则易引起药物在体内蓄积太多，产生蓄积性中毒。因此，对肝、肾功能不全的家禽，要注意剂量、给药间隔时间及疗程，在用药过程中还要密切观察药效。

☞ 38. 什么叫联合用药？联合用药可出现哪些情况？

联合用药又称配伍用药、合并用药，即将两种或两种以上的药物同时或在短期内前后使用于同一动物。联合用药的目的在于提高疗效，减少不良反应，或是为了治疗不同的病状或合并症。联合用药时常可出现以下情况：

(1)协同作用：协同作用又可分为相加作用和增强作用。

①相加作用：合并用药时各药的总药效等于各药单用时药效的总和称相加作用。如三溴合剂的总药效等于钾、钠、铵溴化物三药相加的总和。

②增强作用：合并用药时各药的总药效超过各药单用时药效的总和，称为增强作用。如SMZ与TMP合用，其总药效等于各药单用药效之和的数倍至数十倍，并可出现强大的杀菌作用。

(2)拮抗作用：亦称颉颃作用。在合并用药中，各药作用相反，引起药效减弱或互相抵消，称为拮抗作用。

药物的协同作用和拮抗作用在临床上具有重要的实践意义。利用相加作用以减少单用某一药物所产生的不良反应；利用药物的增强作用以提高疗效；利用药物的拮抗作用以减轻或避免某一药物的副作用的产生或解除某一药物的毒性反应。但是，事物总是一分为二的，在利用协同作用时，必须考虑是否会增强药物的毒性和需要减少药物的剂量；在利用拮抗作用时，必须考虑是否会降低药物的治疗作用等问题。

☞ 39. 什么叫重复用药？

在一段时间内，反复使用同一药物以维持其在体内的有效浓度，使药物持续发挥作用，称为重复用药。重复用药的间隔时间，主要取决于药物在体内的半衰期，即要维持药效，又要防止药物在体内蓄积。重复用药连续若干天，称为一个疗程。每一个疗程的长短，则主要视病情而定。在一般情况下，在继续用药1～2个疗程尚无显著疗效时，应总结经验，改用其他药物。对大多数疾病来说，药物必须用至症状消失以后，方予停药，以免复发，在这种情况下，药物的应用常没有一定的疗程。

重复用药可使机体对某一药物产生耐受性，而使药物作用减弱，亦可使病原体产生耐药性而使药效下降或消失。特别是当使用抗生素时，用药剂量不足，病原体的耐药性更易产生。

☞ 40. 什么叫配伍禁忌？

两种或两种以上药物互相混合，可能产生物理、化学反应，使药物的外观和性质产生变化而不宜使用时，称为配伍禁忌。如当配合不当时可能出现沉淀、结块、变色甚至失效或产生毒性。按照药物作用的性质，可分为疗效性、物理性和化学性的配伍禁忌，其中疗效性配伍禁忌直接影响药物作用。

(1)疗效性配伍禁忌：是指处方中某些药物的作用存在相互拮抗，从而影响处方的疗效，如拟胆碱药与抗胆碱药、磺胺类与普鲁卡因合用等。

但有时为了达到医疗上的某种目的，在处方中有意识地配合有拮抗作用的药物，不能作为配伍禁忌，例如安钠钾-溴化钠注射液(安溴注射液)。对一些在作用上虽不相互拮抗甚至起协同作用，但在处方中同时存在，足以增强其中一药的毒性者，亦应注意，如强心苷与钙剂合用。

(2)物理性配伍禁忌:处方中由于药物成分配合时发生物理性质改变,发生分离、析出、潮解、熔化等变化。例如抗生素与吸附药配合,则前者被吸附而降低疗效。

(3)化学性配伍禁忌:处方中药物成分之间产生不利的化学反应如沉淀、变色、液化、产气、爆炸或燃烧。这类配伍禁忌最多。例如盐酸四环素以碳酸氢钠注射液稀释时,即可由于pH值升高而析出四环素沉淀。

兽医临床上常取多种注射液联合应用,此时应特别注意注射液的理化配伍禁忌。

☞ 41.什么叫兽药残留?

食品动物在应用兽药(包括药物添加剂)后,兽药的原形及其代谢物、与兽药有关的杂质等有可能蓄积或残存在动物的细胞、组织或器官内,或进入产蛋家禽的蛋中,这就是残留,又称残留物或残毒。

有意或无意加入食品或动物饲料中的化学物质都可能导致食品中化学物质残留的发生。残留一般包括兽药或化学物质的原形、它们在动物体内的代谢物和降解产物。

☞ 42.兽药残留的原因有哪些?

食品动物体内药物的残留大都是由于用药错误而造成的,其原因主要有:

(1)不正确地应用药物。如用药剂量、给药途径、用药部位和用药动物的种类等不符合用药的目的,这些因素有可能延长药物残留在体内的存留时间,从而需要增加休药的天数。

(2)在休药期结束前屠宰动物。

(3)屠宰前用药掩饰临诊病状,以逃避宰前检查。

(4)以未经批准的药物作为添加剂饲喂动物。

(5)药物标签上的用法不当,造成违章残留。

(6)饲料粉碎设备受污染或将盛过抗菌药物的容器用于贮藏饲料。

☞ 43. 药物残留对人体健康的影响有哪些?

动物性食品中的药物残留对人体健康的影响,主要表现为变态反应与过敏反应、细菌耐药性、致畸作用、致突变作用和致癌作用,以及激素(样)作用等多方面。

(1)变态反应与过敏反应:虽然许多抗菌药物被用做治疗药剂或饲料药物添加剂,但是只有少数抗菌药物能致敏易感的个体,如青霉素、磺胺类药物、四环素及某些氨基糖苷类抗生素等。这些药物具抗原性,能刺激机体内抗体的形成。由于青霉素具强抗原性,而且在人和动物中广泛应用,因而青霉素具有最大的潜在危害性。变态反应症状多种多样,轻者表现为红疹,严重者甚至发生危及生命的综合征。流行病学资料表明,在允许使用量的范围内,青霉素只对人群中的极少数个体产生危害作用。

(2)细菌耐药性:细菌对抗菌药物产生的耐药性依旧是人们关注的问题。细菌耐药性是指有些细菌菌株对通常能抑制其生长繁殖的某种浓度的抗菌药物产生了耐受性。细菌耐药性是受染色体和(或)质粒上的基因控制。染色体型耐药性是在抗菌药物存在或不存在的条件下,由某种细菌自发突变产生的,这种情况较少见,而且只对某一特定的抗菌药物产生耐药性。大多数细菌的耐药性属质粒型耐药性,它由 R-质粒控制。研究表明,随着抗菌药物的不断应用,细菌中的耐药菌株数量也在不断增加。如美国在1969—1974 年期间,鼠伤寒沙门氏菌中的青霉素耐药菌株由23.4%上升到 36.9%,链霉素耐药菌株由 27.3%上升到 45.6%,四环素耐药菌株由 12.5%上升到 44.8%。动物在反复接触某一种抗菌药物的情况下,其体内的敏感菌受到选择性的抑制,从而使耐药菌株大量繁殖。在某些情况下，动物体内的耐药菌株又可通过动物性食品传播给人，而给临床上感染性疾病的治疗造成困难。虽然一般可采用替代药品，但在寻找替代药品的过程中，耐药菌感染往往会延误正常的治疗过程，而且替代药品的毒性可能更高、价格更贵，或疗效更低。

(3)致畸作用、致突变作用和致痛作用：在妊娠关键阶段对胚胎或胎儿产生毒性作用造成先天畸形的药物或化学药品称为致畸物。

致突变作用又称诱变作用。诱变剂(致变物)是指损害细胞或机体遗传成分的化学物。现已证明，有些化学药品包括烷化剂及DNA碱基的同类物具有诱变活性。由于药物及环境中的化学药品可引起基因突变或染色体畸变而造成对人群的潜在危害，因此越来越引起人们的关注。如苯骈咪唑类抗蠕虫药，通过抑制细胞活性，可杀灭蠕虫及其虫卵，故抗蠕虫作用范围广泛。然而，其抑制细胞活性的作用使其具有潜在的致突变性和致畸性，为此，对所有苯骈咪唑类药物都应进行安全性的毒理学评价，并确定其对消费者的安全界限。

许多致变物亦具有致癌活性。例如，人工合成的化学物质多环芳烃，以及天然物如黄曲霉毒素及有关的化合物，既具有致突变作用，又具有致癌作用。它们本身并不具备生物活性，只有经代谢转化为具有活性的亲核物质后，才能与大分子共价结合，从而引起突变、癌变、畸变和细胞坏死等损伤。有些国家的立法机构认为，在人的食物中不能允许含有任何量的已知致癌物，人们尤其关注的是具有潜在致癌活性的动物用药，因为这些药物在肉、蛋中的残留可进入人体。因此，对曾用致癌物进行治疗或饲喂过致癌物的食品动物，在屠宰时不允许在其食用组织中有致癌物残留的存在。

(4)激素(样)作用：自从动物被用做人的食品以来，人就开始接触动物体内的内源性激素。大约在30余年前，具有性激素样活性的化合物已作为同化剂用于畜牧业生产，以促进动物生长，提高饲料转化率。由于用药动物的肿瘤发生率有上升的趋势，因而引起人们对食用组织中同化剂残留的关注。1979 年在美国禁用己烯雌酚作为鸡的促生长剂之后，一些国家也相继禁止应用同化剂，尤其是雌激素同化剂。而一些研究结果表明，在用药动物的组织中，同化剂的浓度处于正常的生理范围以内，而且随动物性食品摄入人体的极少量的内源性性激素，其口服活性低，因而不可能有效地干扰消费者的激素机能。问题的关键在于必须有效地防止非法用药。

☞ 44. 控制动物食品中药物残留的措施有哪些?

（1）加强对药物生产和使用的管理：对兽药的生产和使用进行严格管理，制定药物（包括药物添加剂）管理条例，确实做好兽药的具体管理工作。规定兽药、饲料添加剂、农药等化学物质均需检验其有效性与安全性，而且必须在取得食品动物组织中药物残留方面的有关资料后，才考虑批准生产。

生产实践中合理应用抗菌药物，对控制动物性食品中药物残留对人体健康的影响甚为重要，所以应该限制常用医用抗菌药物或容易产生耐药菌株的抗生素在家禽业生产上的使用范围，不能任意将这些药物用做饲料药物添加剂。提倡一些家禽用的抗生素，如弗吉尼亚霉素、越霉素 A、潮霉素 B、莫能菌素、盐霉素、拉沙里菌素、马杜霉素、伊维菌素 B、黄霉素等，这些不作医用的抗生素除具特有的抗菌和抗寄生虫作用外，对动物有刺激生长的作用，而且药物不易吸收，因而不易在动物的肉、蛋中残留。

（2）严格规定药物的休药期和允许残留量：规定药物和药物添加剂的休药期，以法规形式制订肉、蛋等动物性食品中药物添加剂及其他化学物质的最高残留限量，我国 2000 年版兽药典中已有部分药物规定了最高残留限量。

为保障人民健康，凡供食品动物应用的药物和其他化学物质均需规定休药期。所谓休药期，是指食品动物被屠宰前必须停药的时间。生产中必须切实执行休药期的规定，并对动物性食品中的药物残留进行全面检测，凡超过规定残留限量的食品不允许在市场上出售。

(3)对药物进行安全性毒理学评价：为保障动物性食品的安全性，必须对药物（含药物添加剂）和饲料中的各种污染物及有害物进行安全性毒理学评价。药品（包括兽药）、饲料添加剂、农药，以及各种工业用、生活用的化学药品在正式投产前均需检验其毒性，并证明确实安全有效后才能用于医学临床、畜牧业、工业、农业生产和生活上。

(4)加强动物食品中化学物质的检测：我国已从农业部到各省市均设立了动物食品中化学物质检测、监察机构，除检测动物食品中药残含量外，同时还要对源头饲料生产部门进行监督检查，不允许投放不该使用的药品，不允许随意提高药物浓度。凡违规或超标的，可终止其生产，停止市场销售。

☞ 45. 家禽对药物作用的反应特点是什么？

由于家禽的特殊解剖生理学特性和生理生化特点，决定了家禽对药物作用的反应特点。

(1)家禽对某些药物具有敏感性：如家禽对磺胺类药物较敏感，尤其是雏鸡容易出现不良反应，对成年鸡则影响食欲和降低产蛋量；家禽对有机磷酸酯类特别敏感，这类药物如敌百虫等一般不能用做驱虫药内服，即使外用也应严格控制剂量，以免中毒；家禽对链霉素反应也比较敏感，如果其剂量每千克体重超过 0.5 g，鸡用药后立即出现呼吸衰竭及肢体瘫痪而死亡。此外，家禽对食盐也很敏感，日粮中超过 0.5%且持续较长时间即可引起不良反应，如果食盐含量在 1%～1.5%，经 20～30 天后就会出现中毒反应。

(2)家禽对某些药物的反应特点：

①家禽舌黏膜味觉乳头少，食物在口腔内停留时间短，所以当家禽发生消化不良时，不宜使用苦味健胃药(如龙胆末、番木鳖酊等)，只能应用助消化药物，如大蒜、醋酸和酶类制剂等。

②家禽没有逆呕作用，不会呕吐。所以，当家禽误食毒物或药物中毒时，不能使用催吐剂排出毒物，必要时只能做嗉囊切开术，排除毒物。

③家禽的消化道短，致使药物在家禽体内代谢过程也快，一些对人类或家畜为中效或长效的药物如周效磺胺等，在家禽体内并无长效的特性；家禽的消化腺缺乏羟化酶，所以对某些药物如巴比妥类药特别敏感，很容易中毒。

④在家禽的呼吸系统中有丰富的气囊结构，这些气囊可扩大药物的吸收面积，促进药物扩散吸收，从而增加药物的吸收量，因此，对家禽用气雾法给药，可获得较为满意效果。

⑤家禽慎用磺胺类药物。家禽尿液 pH 值一般在 5.3～6.4。使用磺胺类药物时应配合碳酸氢钠，防止肾脏损伤。

☞ 46. 禽类经口灌药的方法有哪几种?

禽类经口灌药一般用滴管、眼药水瓶、注射器等。畜主抓住禽的翅膀及腿部进行保定，灌药时用左手拇指和食指抓住冠或头部皮肤，亦可用拇指和食指压住两侧口角，使喙张开，用右手将药液滴入，让其咽下后再滴，直至滴完(图 1-2)。有时可用小动物导尿管，套上玻璃注射器，将药液直接送入食道。

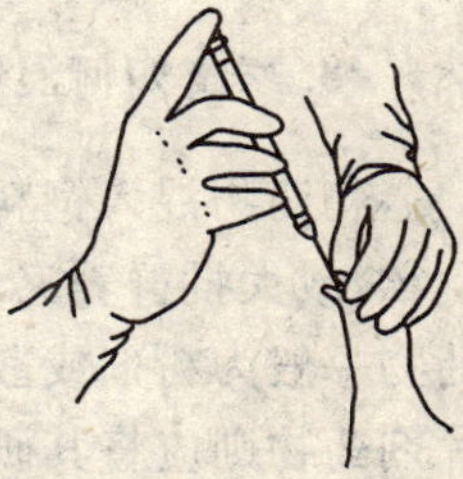

图 1-2　家禽灌药法

给成年禽类投服片剂、丸剂药物时，可用左手食指伸入舌基部，将舌尽量外引，并与拇指配合固定在下腭上，右手将药物投入，松开左手并固定头部，让其自行咽下，必要时可滴入少量的清水，以便吞咽。粉剂药物最好溶于水或与少量面粉做成丸状后投服，也可将其放在折成槽状的纸片内直接投入口腔。

☞ 47. 经口灌药时应注意哪些问题？

(1)经口灌药主要用于少量的水剂药物或将粉剂、研碎的片剂加适量的水而制成的溶液、混悬液、糊剂、中药及其煎剂、片剂、丸剂、舔剂等剂型药物的投服，经口灌服的药物一般应无强刺激性或特殊异味，所有家禽均可经口灌服药物。

(2)每次灌入的药量不应太多，不宜过急，不能连续灌服，以防药物误入气管和肺中。

(3)家禽头部仰起的高度，以口角与眼角呈水平为准，不宜过高。

(4)灌药中，家禽发生强烈咳嗽时，应立即停止灌入，并使其头部低下，让药液咳出或流出，待动物安静后再灌。

(5)灌药时应注意安全，避免损伤动物口腔黏膜，同时要防止被家禽抓伤。

(6)如果发病动物尚有食欲，药量较少并且无任何特殊异味或大批群养动物发病时，最好将药物溶于水或混入饲料中让其自然采食，必要时则可采用人工投服的方法给药。

☞ 48. 家禽如何混饲给药？

将药物混入饲料中给药在禽类中使用较多，当发病家禽尚有食欲，或大批群养家禽发病和进行药物防病时使用。用于混饲的药物一般为粉剂或散剂，无异味或刺激性，不影响动物食欲，如为片剂药物则应将其研成细粉状再用，混药的饲料也应是粉末状的，才能将药物混匀。

首先根据动物的数量、采食量、用药剂量算出药物和饲料的用量，准确称取后将所用药物先混入少量饲料中，反复拌和，然后再加入部分饲料拌和，这样多次逐步递增饲料，直至将饲料混完，充分混匀后将混药饲料喂给家禽，让其自由采食。对于一些发病家禽，也可以将个体剂量的片剂、散剂或丸剂药物混包入大小适中的面团、馒头中，让其单个自由吞食，但应注意药物是否被全部食入。

混饲给药时应特别注意将药物与饲料混合均匀，以免发生中毒和达不到防治目的。一般情况下要求将混药饲料现混现用，每次食净。为防止动物争食、暴食，应将其按大小、体质不同分群喂给药料。在给药料前可进行适当停食，以保证药料迅速食净。

☞ 49. 家禽饮水投药时应注意哪些问题？

即将药物溶解于水中，让家禽自由饮服。首先应根据温度、日龄、禽种、饲料等因素以及每日饮水量记录档案确定每只禽的饮水量，计算出饮水总量，然后根据禽只的情况确定每只禽的预防或治疗的用药量，最后配制好饮用药液。

鸡的饮水量多少，与鸡的品种、日龄、舍内温度、湿度、饲料性质、饲养方法等有关。现将鸡饮水量列于表 1-2 和表 1-3，供参考。

表 1-2　每 100 只蛋鸡每天饮水量　　kg

周龄	室温 20℃	室温 30℃	周龄	室温 20℃	室温 30℃
1	3.5	6.0	11	11.6	20.0
2	4.0	7.0	12	12.2	20.7
3	4.8	8.4	13	12.7	22.0
4	5.3	8.7	14	13.8	24.3
5	6.3	11.2	15	14.3	26.0
6	7.4	13.0	16	14.8	27.0
7	8.5	15	17	15.3	28.6
8	9.5	17	18	15.9	29.4
9	10.1	17.8	19	16.9	31.0
10	10.6	18.6	20 以上	18.0	32.4

注：产蛋期每天每只鸡饮水 0.22～0.32 kg。

表1-3 每100只肉鸡每天饮水量 kg

周龄	室温10℃	室温21℃	室温32℃
1	2.3	3.0	3.8
2	4.9	6.0	10.8
3	6.4	9.1	20.8
4	9.1	12.1	27.2
5	11.3	15.5	33.3
6	14.0	18.5	39.0
7	17.0	21.6	42.8
8以上	18.9	23.5	45.0

注意事项：用药前给禽停水1～2 h，然后喂药液，药液的配制量以禽只30 min内饮完为宜。饮水时间不要过长，以防药物失效；饮水时间也不要过短，以防止有部分鸡剂量不足。饮水给药要求药物易溶于水；对不易溶于水的药物在饮水过程中应不断加以搅拌，以确保药效。不能将药物直接加入流动的水槽中，这样无法准确计量。

☞ 50. 如何进行气雾和外用给药？

气雾给药是利用气雾发生器将药物雾化成微小粒子，让动物通过呼吸道吸入或皮肤吸收的一种给药方法。此法多用于大群禽类的给药和免疫刺种。气雾给药的药物应对动物呼吸道和皮肤黏膜无刺激性，并能被局部组织所吸收。气雾给药最好在室内进行，将门窗关好，在距动物0.5～1 m高处向室内四面均匀地喷雾，使其周围形成良好的局部雾化区。喷后让动物在室内停留20～30 min，然后打开门窗。气雾给药的剂量应根据动物品种、室内空间容积、药物的特性、浓度、给药时间来综合确定，最好测定气雾剂吸收后的血药浓度，不能随意套用其他给药方法的剂量。进行气雾给药的人员应做好个人防护，必须穿工作服和胶靴，戴大而厚的口罩。

外用给药是指将药物用于动物体表，以杀灭体表寄生虫或微生物，也可用于消毒器具、环境及饲舍等。外用给药常用喷雾、药浴、喷洒、熏蒸、涂擦等方法进行。一般根据不同的目的选用不同的给药方法，同时应严格掌握药物浓度，保证一定的药物作用时间。

☞ 51. 注射给药前应做好哪些准备工作？

注射给药是使用注射器将药液直接注入动物体内的给药方法。根据家禽的种类、病情、药物的品种及特性等，注射给药包括皮内注射、皮下注射、肌肉注射、静脉注射、气管内注射、嗉囊内注射等。注射给药具有用药量小、见效快、避免经口给药麻烦和防止降低药效等优点。注射给药使用的兽用注射器有玻璃、金属、尼龙、塑料制品等四种，其容量有 1 mL、2 mL、5 mL、10 mL、20 mL、30 mL 等规格。此外还有装甲注射器、连续注射器等。注射针头根据其内径大小及长短分为不同的型号，使用时按动物种类、注射方法、剂量，选择适宜的注射器及针头，并注意检查注射器有无破损，针筒和针筒活塞是否适合，金属注射器的橡胶垫是否老化，松紧度的调节是否适宜，针头是否锐利、畅通，与注射器连接是否严密。使用前应将注射器和注射针头清洗干净，按规定煮沸消毒或高压灭菌后再用。注射前先将药液抽入注射器内或注入输液瓶内，如果使用粉针剂，应事先按规定用适宜的溶剂在原安瓿内进行溶解。抽吸药液时，先将安瓿封口端用酒精棉球消毒，同时检查药品名称、批号及质量，注意有无变质、浑浊、沉淀。敲破玻管安瓿吸药时，应注意防止安瓿破碎及刺伤手指，同时防止玻璃碎屑掉入药中，禁止敲破安瓿底部抽吸药液。如果混注两种以上药液，应注意检查有无药物配伍禁忌。抽吸完药液后，排净注射器内的气泡。注射时按常规进行注射部位消毒，严格无菌操作，注射完毕后用碘酊棉球消毒注射部位，并将注射器及针头清洗消毒后备用。

☞ 52. 怎样进行家禽的皮下注射？

皮下注射法常用于家禽的免疫接种和疾病的治疗，其特点是药液吸收慢，作用时间长，注射药液较多时及油乳剂疫苗的注射均适用于皮下注射。皮下注射常选颈部皮下或翅膀、腿内侧皮下。颈皮下注射多用于雏鸡。左手握住雏鸡，使其头部向前，腹向下，食指与拇指捏起头颈处背侧皮肤，右手持注射器，由前向后从皮肤隆起处穿入注射，如注射马立克病疫苗。翅内侧皮肤注射适用于中、大鸡，如新城疫Ⅰ系疫曲、鸡痘疫苗、禽霍乱弱毒菌苗的注射。方法为左手捏着鸡两翼的腕关节部，提至胸部高度，并使鸡体垂下。左手持注射器，从下而上与翅面保持15°角刺入皮肤，推注药液。注意避开血管，严防刺伤骨骼。在皮下注射应选用较细针头（注射油性药液时可用较粗的针头），忌用粗针头，以免因针孔大药物外流而影响疗效，且针孔大容易发炎流血。

☞ 53. 怎样进行家禽的静脉注射？

鸡、鸭、鹅等禽类一般在翼下静脉的基部进行静脉注射。将禽仰卧固定，拉开一翅，内侧面向上，在翅膀中部羽毛较少的凹陷处（肱窝），可见一条较粗的羽根静脉，其延伸段较细称为翼下静脉（鸭称为肱静脉）。注射时先将肱窝消毒，用左手压住静脉向心段，使血管充血增粗，然后将盛有药液的注射器上的针头刺入静脉内，见有血回流，即放开左手，将药液缓缓注入即可（图1-3）。

图1-3 家禽静脉注射法

静脉注射的优点是可将药物直接送入血液循环而迅速产生药效，因而适用于急性严重病例、对药量要求准确及药效要求迅速的病例。需注射某些刺激性药物及高渗溶液时亦必须用此法，如氯化钙及解毒剂等。此法技术要求高，尤其是要求一次性注射成功。若注射药物时未注入静脉中，血液就会溢出，将会增加再次注射药物的难度，另外，药物的选择、稀释应严格按注射剂的要求，器具使用前要消毒。

☞ 54. 怎样进行家禽的肌肉注射？

肌肉注射优点是药物吸收较快，仅次于静脉注射，常应用于预防和治疗禽类的疾病。肌肉注射的部位有腿部外侧肌肉、胸部肌肉及翼根内侧肌肉，其中以翼根内侧肌肉注射较为安全。

胸肌肉注射，可选择肌肉丰满处进行，针头不要与肌肉表面呈垂直方向刺入，插入不宜太深，以免刺入肝脏或体腔引起死亡。腿部外侧肌肉注射一般需要有人帮助保定，或呈坐姿用左脚将鸡两翅踩住，左于食、中、拇指固定家禽的小腿，右手握注射器即可向肌肉内注射。刺激性较强的药液如氟苯尼考注射液、油乳剂疫曲等忌在其腿部注射，这些药物注入腿部肌肉后会使禽腿长期疼痛而行走不便，影响禽只采食，也会影响禽的生长发育，应选在翅膀或胸部肌肉多的地方注射。当药液体积大时应在胸部肌肉丰满处多点注射给药，忌在一点注入，因禽的肌肉薄，在一点注入药液过多，易引起局部肌肉损伤，也不利于药物快速吸收。注射时注意保定，以不紧不松为准，做到既牢固又不伤禽，以免因其挣扎而造成针孔扩大，造成出血或药液流出，影响其疗效甚至造成刺入胸肺等重要部位而致内出血死亡。各种药剂进行肌肉注射时，以水溶液吸收快，油溶液吸收慢，但使用油溶液可减少给药次数。如为刺激性的药物，应采用深部肌肉注射。注射过程中，注意注射器具及注射部位的消毒。

☞ 55. 怎样进行家禽的气管注射?

气管注射法注射部位在禽的喉下,颈部腹侧偏右,气管的软骨环之间。针头刺入后,应缓慢注入药物。此法可用于治疗鸡气管比翼线虫病和败血支原体病。

气管内注射前,宜将药液加温至与禽体同温,以减少刺激。严重呼吸困难的病禽,禁止进行气管内注射。注射过程中如遇动物咳嗽时,应暂停,待安静后再注入。注射速度不宜过快。

☞ 56. 怎样进行嗉囊注射法?

嗉囊注射法常用于注射对口咽有刺激性的药物或禽只有暂时性吞咽障碍、张喙困难而又急需服药时,误食毒药时也可通过嗉囊注射解毒药物。其方法是以左手提起鸡的两翅,使其身体下垂,头朝向术者前方。右手握针管将针头由上而向下内侧刺入鸡的颈部右侧,离左翅基部 1 cm 处的嗉囊内,即可注射。鸡嗉囊充满食物时,嗉囊注射法操作方便、速度快,给药量准确可靠;但是当嗉囊无任何内容物时,注射比较困难,因而适宜在饲喂后一定时间内注射。

☞ 57. 怎样进行家禽的滴鼻或点眼?

当给雏鸡接种鸡新城疫、传染性囊病疫苗时,或有眼疾应用各种抗菌滴眼液时可采用此法。方法是左手轻握鸡体,其食指与拇指固定住小鸡的头部,右手用滴管或眼药水瓶吸取药液,滴入鸡的一侧鼻孔或眼睛。当药液滴在鼻孔鸡不吸入时,可用右手食指把鸡的另一侧鼻孔堵住,药液便很快被吸入。疫苗滴鼻的效果略优于滴眼,但点眼比滴鼻安全,不易引起呼吸道疾病。

☞ 58. 种蛋及鸡胚的给药法有哪些?

种蛋及鸡胚给药常用于种蛋的消毒及生物学试验等,方法有如下几种:

(1)熏蒸法:将经过洗涤或浸泡、喷雾消毒过的种蛋放于罩内、室内或孵化器内,置于一定量的药物,然后关闭室内门窗或孵化器的进、出气孔和鼓风机,将种蛋进行熏蒸一定时间而达消毒目的。

(2)浸泡法:是将种蛋置入一定浓度的药液中浸泡,使药物吸入蛋内以达种蛋消毒的目的。浸泡法可采用真空法和变温法:

①真空法:将种蛋放入容器内,然后加入药液,再用抽气机将密闭容器内的空气抽光。造成容器内负压状态,并保持 5 min。最后恢复正常压,保持 10 min,药液便吸入蛋内。

②变温法:将种蛋放入孵化器内 3～4 h,使蛋温升高到 37～38℃,然后趁热将蛋浸入 4～15℃的药液中,并保持 15 min,药液便被吸入蛋内。

(3)注射法:此法是指将药物直接注射入蛋的壳膜之内不同部位的方法,常用的有气室内、卵囊膜内、蛋白内、壳膜内等注射法。应用此法必须注意下列几个问题:

①必须弄清种蛋及鸡胚的基本结构:只有准确的掌握种蛋的结构,才能准确掌握注射部位而达用药目的。

②种蛋的消毒:种蛋注射药物前,必须严格消毒,以免细菌与其他微生物侵入种蛋中。一般首先用 40℃的 0.1%新洁尔灭溶液洗净蛋壳,擦干后在无菌室内再用 3%碘酊消毒蛋壳,然后,再用 75%酒精脱碘消毒 1 次即可。

③注射用的器械均应消毒,以免注射时造成污染。

④注射后用消毒胶布封闭小孔后,再用熔化石蜡封严注射孔,然后将种蛋平放。

注射方法:将消毒好的种蛋用打孔器(或用 6～7 号注射针头

剪短代替）在小端打一小孔，然后，用1 mL注射器套上5号针头，向蛋内注射药物。药物剂量一般为每枚0.1 mL升，最多不越过0.2 mL。如果进行卵黄囊内接种，必须选用5～7日龄鸡胚；绒毛尿囊膜接种，应选11～13日龄鸡胚；尿囊腔内接种，应选9～11日龄鸡胚。

☞ 59. 什么是体外用药？

体外用药指将药物用于禽的体表或禽舍、食槽、用具、设备、种蛋、禽场环境等，以达到杀死病原微生物和寄生虫的目的。包括喷洒、喷雾、熏蒸和药浴等不同方法。体外给药时，应根据不同用药目的，选择适宜的外用药物，并严格掌握药物的浓度，因为这些药物对禽体具有一定的毒性，如果应用不当，容易引起中毒反应；在应用熏蒸法杀灭微生物时，要注意熏蒸时间，用药后应立即通风，避免对禽群造成过度刺激，尤其是对雏禽更应注意。

☞ 60. 注射药为什么不能口服？

除极少数注射药可口服外，绝大多数是不适合于口服的，其原因如下：

(1)注射药口服后，在消化道内受胃酸及消化酶的作用，很容易被分解破坏，降低或失去药效，故不适合口服。

(2)有些药物由其本身的性质决定，只能注射不能口服。如将这类注射药改为口服，则会出现药物吸收不规则、不完全，造成血中药物浓度较低且疗效也不高。

(3)有些药由于使用途径不同而发挥出来的药理作用也不同。比如口服小苏打只能中和胃酸，而注射小苏打则能治疗全身性酸中毒。又如口服硫酸镁产生泻下作用，是导泻药，而注射给药则是镇静剂、麻醉剂。

(4)从经济角度来看，将注射药用于口服是一种浪费。因为同一种药物，制成注射剂比制成口服剂的制备工艺要求严格得多，成本高，价格自然要贵得多。

☞ 61. 不同给药途径之间的剂量关系是怎样计算的?

给药途径取决于药物的剂型，而剂型对药物吸收的多少及药效产生的强弱、快慢等又有很大影响，因此，不同给药途径的用药剂量是不一样的，它们之间的比例关系可参考表1-4。

表1-4　不同给药途径与剂量比例关系表

途径	内服	皮下注射	肌肉注射	静脉注射	气管注射
比例	1	1/3～1/2	1/3～1/2	1/4～1/3	1/4～1/3

☞ 62. 家禽的病理状态对药物的作用有何影响?

药物的药理效应一般都是在健康家禽试验中观察得到的，家禽在病理状态下对药物的反应性存在一定程度的差异。不少药物对患病家禽的作用比较显著，甚至要在病理状态下才呈现药物的作用，例如解热镇痛药能使发热动物降温，对正常体温没有影响。

严重的肝、肾功能障碍，可影响药物的生物转化和排泄，对药物动力学产生显著的影响，引起药物的蓄积，延长半衰期，从而增强药物的作用，严重者可能引发毒性反应。但也有少数药物在肝生物转化后才有作用，如可的松，对肝功能不全的动物作用减弱。

炎症过程使动物的生物膜通透性增加，影响药物的转运。严重的寄生虫病、失血性疾病或营养不良家禽，由于血浆蛋白质大大减少，可使高血浆蛋白结合率药物的血中游离药物浓度增加，一方面使药物的作用加强，同时也使药物的生物转化和排泄增加，半衰期缩短。

药物的作用是通过家禽机体来表现的，因此机体的功能状态与药物的作用有密切的关系。例如药物的作用与机体的免疫力、网状内皮系统的吞噬能力有密切的关系，有些病原体的最后消除还要依靠机体的防御机制。所以，机体的健康状态对药物的效应可以产生直接或间接影响。

☞ 63. 饲养管理和环境因素对药物的作用有何影响？

家禽的健康主要取决于饲养的管理水平。饲养方面要注意饲料营养全面，根据家禽不同生长时期的需要合理调配日粮的成分，以免出现营养不良或营养过剩。管理方面应考虑家禽群体的大小，防止密度过大，禽舍要注意通风、采光和家禽的活动空间，要为家禽的健康生长创造良好的条件。这些要求对患病家禽更有必要，家禽疾病的恢复，不能单纯依靠药物，一定要配合好的饲养管理，加强病禽的护理，提高机体的抵抗力，才能使药物的作用得到更好的发挥。

环境生态的条件对药物的作用也能产生直接或间接的影响，例如，不同季节、温度和湿度均可影响消毒药、抗寄生虫药的疗效；环境若存在大量的有机物可大大减弱消毒药的作用；通风不良、空气污染可增加家禽的应激反应，加剧疾病过程，影响药效。

☞ 64. 什么是药品的有效期？哪些药品应规定有效期？

药品的有效期是指在一定的贮藏条件下，能够保持质量的期限。制订药品有效期，应根据药品稳定性的不同，经过留样实验观察而合理制订。

一些药品及其他的制剂的稳定性较差，在贮存一定时间后，效价降低，毒性增高，有的甚至不能继续药用，如抗生素及其他生物制品等。为保证药物的安全与有效，对这些药品应规定有效期。药品生产、供应和使用单位对规定有效期的药品，应严格按规定的贮存条件保管，并应加速运转，做到先进先出，使用单位则做到先进先用。部分兽药有效期见表1-5。

表 1-5　部分兽药有效期　　年

品 名	有效期	品 名	有效期
乙氧萘青霉素钠	2.5	硫酸卡那霉素注射液	2.5
土霉素	4	红霉素	4
土霉素片	3	红霉素片	3
盐酸金霉素	4	杆菌肽	3
盐酸林可霉素	3	注射用杆菌肽	2
盐酸林可霉素片	2	氯唑西林钠	2.5
盐酸林可霉素注射液	2	注射用氯唑西林钠	2
盐酸多西环素	3	青霉素钠(钾)	4
盐酸多西环素片	2	注射用青霉素钠(钾)	2
四环素	3	注射用青霉素钠(钾)安瓿装	3
四环素片	2	苯唑西林钠	3
灰黄霉素	4	注射用苯唑西林钠	2
灰黄霉素片	3	氨苄西林钠	2.5
注射用琥珀氯霉素	3	注射用氨苄西林钠	2
硫酸庆大霉素	4	盐酸土霉素	4
硫酸庆大霉素注射液	3	盐酸土霉素片	2
硫酸卡那霉素	4	盐酸四环素	3
注射用硫酸卡那霉素	3	盐酸四环素片	3
注射用苄星青霉素	3	缩宫素注射液	2
硫酸链霉素	4	肝素注射液	3
注射用硫酸链霉素	3	含糖胃蛋白酶	1.5
硫酸新霉素	3.5	精蛋白锌胰岛素注射液	2
普鲁卡因青霉素	3	细胞色素 C 注射液	2
注射用普鲁卡因青霉素	2	注射用细胞色素 C	2
制霉菌素	3	注射用绒促性素	2
制霉菌素片	2	马来酸麦角新碱注射液	2
乳糖酸红霉素	4	胰岛素注射液	2
注射用乳糖酸红霉素	3	硫酸鱼精蛋白注射液	2
单硫酸卡那霉素	3		

☞ 65. 如何识别药物的有效期和失效期?

药物的有效期系指保证有效的日期。失效期是指该药失效的日期。

规定有效期的药品,应定期检查,以防止过期失效。

按照有关规定,药厂必须在药品包装上注明其批号、有效期或失效期。我国的批号多使用6位数字,前两位数字代表年,中间两位数字代表月,后两位数字代表日,如某药品批号为050629,即表示该药品生产日期为2005年6月29日。如果同一日生产数批,则在日号后面用一短线连接数字表示,如050629—2,即表示该药品为2005年6月29日第二批生产。有效期一般以使用年限或可使用的截止日期表示,如上述批号为050629的药品,有效期2年,即指该药可用到2007年6月28日,如标明有效期为2007年6月,则表示该药可用到2007年6月底。失效期一般以何时失效的日期表示,如批号为050629的药品,失效期为2007年6月,表示该药可用到2007年5月底。

关于进口药品失效期年、月、日三个数字,各国目前尚无统一规定,而书写方法也很不一致,一般依据不同国家的书写习惯而定。如欧洲国家大都是按日-月-年,美国产品大都是月-日-年,而日本产品大都是按年-月-日排列,俄罗斯产品则有用罗马数字代表月份的,但也有不少例外,容易搞错。凡注有失效日期品种,一般同时注有制造日期,可用制造日期作参考来推算失效期(一般多是整年)。如仍不能判定,可询问来源单位,加以了解肯定。

☞ 66. 如何从外观上识别药品是否变质?

药品变质直接影响药品质量,甚至可引起毒性反应,因此对于存放药品是否变质应首先从外观上加以辨别。

(1)片剂:多为白色,若颜色变深,表面出现花斑、疏松、受潮、粘连、发霉或有结晶状出现时，说明此药已变质，应停止使用。有些药品若膨胀，疏松等也应停止使用。糖衣片常制成特有颜色，若颜色异常或出现黑斑、花斑、受潮、粘连，也不能使用。

(2)注射剂：注射剂均应澄明，如发现内有纤维、白点、沉淀物、杂质、絮状物等均不能使用。有些药品久放后出现结晶或中草药制剂久放后出现混浊也不可使用。此外有些注射剂如维生素C等原为五色药液，久贮后颜色变成深黄或棕色及其他颜色时，虽然药液澄清，但仍视为变质不可继续使用。

(3)其他剂型：粉针剂，粉末潮解成块或明显粘瓶壁时，则不可使用；眼药水类有结晶析出、霉点、絮状物出现、混浊及变色均不可使用；酊剂，发霉、沉淀或异味时不可使用；油膏剂，如出现干涸、油水分离、异味发霉时不可使用；丸剂若出现发霉、虫咬，水丸松散或潮解，蜜丸变硬、变干异味等均不可使用。

☞ 67. 药物贮存的基本方法有哪些？

兽药是特殊商品，要确保家禽的安全，必须注意药物的质量。药品在贮存过程中，容易受到空气、光线、温度、湿度、生物性因素及时间的影响，有可能发生某些性质变化，因此，应认真做好贮存工作。药物贮存的基本方法如下：

(1)密封保存：凡易吸潮、发霉、变质的原料药如葡萄糖、碳酸氢钠、氯化铵等，应在密封干燥处存放；许多抗生素类及胃蛋白酶、胰酶、淀粉酶等，不仅易吸潮，且受热后易分解失效，应密封后置干燥凉暗处存放；有些含有结晶水的原料药，如硫酸钠、硫酸镁、硫酸铜、硫酸亚铁等，在干燥的空气中易失去部分或全部结晶水，应密封阴凉处存放，但不宜存放于过分干燥或通风的地方。

散剂的吸湿性比原料药大，一般均应在干燥处密封保存，但含有挥发性成分的散剂，受热后易挥发，应在干燥阴凉处密封保存。

片剂除另有规定外，都应密闭在干燥处保存，防止发霉变质。

中药、生化药物或蛋白质类药物的片剂易吸潮扩散、发霉虫蛀，更应密封于干燥阴凉处保存。

（2）避光存放：某些原料药（如恩诺沙星、盐酸普鲁卡因）、散剂（如含有维生素D、维生素E的添加剂）、片剂（如维生素C、阿司匹林片）、注射剂（如氯丙嗪、肾上腺素注射液）等，遇光、遇热可发生化学变化生成有色物质，出现变色变质，导致药效降低或毒性增加，应放于避光容器内，密封于干燥处保存。片剂可保存于棕色瓶内，注射剂可放于遮光的纸盒内。

（3）置于低温处：受热易分解失效的原料药，如抗生素、生化制剂（如ATP、辅酶A、胰岛素、垂体后叶素等注射剂），最好放置于2～10℃低温处。易爆、易挥发的药品，如乙醚、挥发油、氯仿、过氧化氢等，及含有挥发性药品的散剂（受热后易挥发），均应密闭阴凉干燥处存放。

各种生物制品如疫苗、菌苗等，应按规定的温度贮存。许多生物制品的适宜保存温度为－15℃（冻干菌苗），0～4℃（高免血清、高免卵黄液等，若需长期保存，也应保持于－15℃）。

（4）防止过期失效：有些药品如抗生素、生物制品、动物脏器制剂等，贮存一定时间后，药效可能降低或毒性增加，为确保兽医临床用药的安全有效，对这些药品都规定了有效期。有效期是指药品在一定的贮存条件下能保持质量的期限，一般是从药品的生产日期（以生产批号为准）起计数。凡超过有效期的药品不应使用。对有有效期的药品。应按规定的贮存条件贮存，并定期检查以防过期失效。药品卡片和标签上均应有特殊标记，注明有效期，或专柜保存，以便查找。

☞ 68.《兽药管理条例》对假、劣兽药是如何规定的？

（1）《兽药管理条例》第四十七条规定，有下列情形之一的，为假兽药：

①以非兽药冒充兽药或者以他种兽药冒充此种兽药的；

②兽药所含成分的种类、名称与兽药国家标准不符合的。

(2)有下列情形之一的，按照假兽药处理：

①国务院兽医行政管理部门规定禁止使用的；

②依照本条例规定应当经审查批准而未经审查批准即生产、进口的，或者依照本条例规定应当经抽查检验、审查核对而未经抽查检验、审查核对即销售、进口的；

③变质的；

④被污染的；

⑤所标明的适应症或者功能主治超出规定范围的。

(3)《兽药管理条例》第四十八条规定：有下列情形之一的，为劣兽药：

①成分含量不符合兽药国家标准或者不标明有效成分的；

②不标明或者更改有效期或者超过有效期的；

③不标明或者更改产品批号的；

④其他不符合兽药国家标准，但不属于假兽药的。

☞ 69.《兽药管理条例》对兽药使用单位有哪些规定？

兽药使用单位应当做到以下几点：

(1)应当遵守国务院兽医行政管理部门制定的兽药安全使用规定，并建立用药记录。

(2)禁止使用假、劣兽药以及国务院兽医行政管理部门规定禁止使用的药品和其他化合物(禁止使用的药品和其他化合物目录由国务院兽医行政管理部门制定公布)。

(3)有休药期规定的兽药用于食用动物时，饲养者应当向购买者或者屠宰者提供准确、真实的用药记录。

(4)禁止在饲料和动物饮用水中添加激素类药品和国务院兽医行政管理部门规定的其他禁用药品。禁止将原料药直接添加到饲料及动物饮用水中或者直接饲喂动物。

(5)禁止将人用药品用于动物。

☞ 70.《中华人民共和国兽药典》对药品的有关溶解性能是如何规定的?

溶解度是药品的一种物理性质。各品种项下选用的部分溶剂及其在该溶剂中的溶解性能,可供精制或制备溶液时参考;对在特定溶剂中的溶解性能需作质量控制时,应在该品种检查项下另作规定。药品近似溶解度名词表示见表1-6。

表1-6 药品的近似溶解度

极易溶解	系指溶质1 g(mL)能在溶剂不到1 mL中溶解
易溶	系指溶质1 g(mL)能在溶剂1～不到10 mL中溶解
溶解	系指溶质1 g(mL)能在溶剂10～不到30 mL中溶解
略溶	系指溶质1 g(mL)能在溶剂30～不到100 mL中溶解
微溶	系指溶质1 g(mL)能在溶剂100～不到1 000 mL中溶解
极微溶解	系指溶质1 g(mL)能在溶剂1 000～不到10 000 mL中溶解
几乎不溶或不溶	系指溶质1 g(mL)能在溶剂10 000 mL中不能完全溶解

☞ 71.《中华人民共和国兽药典》中遮光、密闭、密封、熔封或严封、阴凉处、凉暗处、冷处等的含义是什么?

(1)遮光:系指不透光的容器包装,例如棕色容器或黑色纸包裹的无色透明、半透明容器。

(2)密闭:系指将容器密闭,以防止尘土及异物进入。

(3)密封:系指将容器密封以防止风化、吸潮、挥发或异物进入。

(4)熔封或严封:系指将容器熔封或用适宜的材料严封,以防止空气与水分的侵入并防止污染。

(5)阴凉处:系指不超过 20℃。

(6)凉暗处:系指避光并不超过 20℃。

(7)冷处:系指 2～10℃。

☞ 72. 规定停药期的家禽常用药物有哪些?

目前,我国规定停药期的家禽用药品种如表 1-7 所示:

表 1-7 我国规定停药期的家禽用药品种

序号	兽药名称	执行标准	停药期
1	二硝托胺预混剂	兽药典 2000 版	鸡 3 日,产蛋期禁用
2	土霉素片	兽药典 2000 版	禽 5 日,弃蛋期 2 日
3	马杜霉素预混剂	部颁标准	鸡 5 日,产蛋期禁用
4	四环素片	兽药典 90 版	鸡 4 日,产蛋期禁用
5	甲磺酸达氟沙星粉	部颁标准	鸡 5 日,产蛋鸡禁用
6	甲磺酸达氟沙星溶液	部颁标准	鸡 5 日,产蛋鸡禁用
7	甲磺酸培氟沙星可溶性粉	部颁标准	28 日,产蛋鸡禁用
8	甲磺酸培氟沙星注射液	部颁标准	28 日,产蛋鸡禁用
9	甲磺酸培氟沙星颗粒	部颁标准	28 日,产蛋鸡禁用
10	吉他霉素片	兽药典 2000 版	鸡 7 日,产蛋期禁用
11	吉他霉素预混剂	部颁标准	鸡 7 日,产蛋期禁用
12	地克珠利预混剂	部颁标准	鸡 5 日,产蛋期禁用
13	地克珠利溶液	部颁标准	鸡 5 日,产蛋期禁用
14	地美硝唑预混剂	兽药典 2000 版	鸡 28 日,产蛋期禁用
15	那西肽预混剂	部颁标准	鸡 7 日,产蛋期禁用
16	阿司匹林片	兽药典 2000 版	0 日
17	阿苯达唑片	兽药典 2000 版	禽 4 日
18	阿莫西林可溶性粉	部颁标准	鸡 7 日,产蛋鸡禁用

续表 1-7

序号	兽药名称	执行标准	停药期
19	乳酸环丙沙星可溶性粉	部颁标准	禽8日,产蛋鸡禁用
20	乳酸环丙沙星注射液	部颁标准	禽28日
21	乳酸诺氟沙星可溶性粉	部颁标准	禽8日,产蛋鸡禁用
22	复方阿莫西林粉	部颁标准	鸡7日,产蛋期禁用
23	复方氨苄西林片	部颁标准	鸡7日,产蛋期禁用
24	复方氨苄西林粉	部颁标准	鸡7日,产蛋期禁用
25	复方磺胺氯哒嗪钠粉	部颁标准	猪4日,鸡2日,产蛋期禁用
26	枸橼酸哌嗪片	兽药典2000版	禽14日
27	氟苯尼考注射液	部颁标准	鸡28日
28	氟苯尼考粉	部颁标准	鸡5日
29	氟苯尼考溶液	部颁标准	鸡5日,产蛋期禁用
30	氢化可的松注射液	兽药典2000版	0日
31	洛克沙胂预混剂	部颁标准	5日,产蛋期禁用
32	恩诺沙星片	兽药典2000版	鸡8日,产蛋鸡禁用
33	恩诺沙星可溶性粉	部颁标准	鸡8日,产蛋鸡禁用
34	恩诺沙星溶液	兽药典2000版	禽8日,产蛋鸡禁用
35	氧氟沙星片	部颁标准	28日,产蛋鸡禁用
36	氧氟沙星可溶性粉	部颁标准	28日,产蛋鸡禁用
37	氧氟沙星注射液	部颁标准	产蛋鸡禁用
38	氧氟沙星溶液(碱性)	部颁标准	28日,产蛋鸡禁用
39	氧氟沙星溶液(酸性)	部颁标准	28日,产蛋鸡禁用
40	氨苯胂酸预混剂	部颁标准	5日,产蛋鸡禁用
41	海南霉素钠预混剂	部颁标准	鸡7日,产蛋期禁用
42	烟酸诺氟沙星可溶性粉	部颁标准	28日,产蛋鸡禁用
43	烟酸诺氟沙星注射液	部颁标准	28日
44	烟酸诺氟沙星溶液	部颁标准	28日,产蛋鸡禁用
45	盐酸二氟沙星片	部颁标准	鸡1日

续表 1-7

序号	兽药名称	执行标准	停药期
46	盐酸二氟沙星粉	部颁标准	鸡 1 日
47	盐酸二氟沙星溶液	部颁标准	鸡 1 日
48	盐酸大观霉素可溶性粉	兽药典 2000 版	鸡 5 日,产蛋期禁用
49	盐酸左旋咪唑	兽药典 2000 版	禽 28 日
50	盐酸多西环素片	兽药典 2000 版	28 日
51	盐酸异丙嗪片	兽药典 2000 版	28 日
52	盐酸沙拉沙星可溶性粉	部颁标准	鸡 0 日,产蛋期禁用
53	盐酸沙拉沙星注射液	部颁标准	鸡 0 日,产蛋期禁用
54	盐酸沙拉沙星溶液	部颁标准	鸡 0 日,产蛋期禁用
55	盐酸沙拉沙星片	部颁标准	鸡 0 日,产蛋期禁用
56	盐酸环丙沙星可溶性粉	部颁标准	28 日,产蛋鸡禁用
57	盐酸环丙沙星注射液	部颁标准	28 日,产蛋鸡禁用
58	盐酸洛美沙星片	部颁标准	产蛋鸡禁用
59	盐酸洛美沙星可溶性粉	部颁标准	28 日,产蛋鸡禁用
60	盐酸洛美沙星注射液	部颁标准	28 日
61	盐酸氨丙啉、乙氧酰胺苯甲酯、磺胺喹噁啉预混剂	兽药典 2000 版	鸡 10 日,产蛋鸡禁用
62	盐酸氨丙啉、乙氧酰胺苯甲酯预混剂	兽药典 2000 版	鸡 3 日,产蛋期禁用
63	盐酸氯苯胍片	兽药典 2000 版	鸡 5 日,产蛋期禁用
64	盐酸氯苯胍预混剂	兽药典 2000 版	鸡 5 日,产蛋期禁用
65	盐霉素钠预混剂	兽药典 2000 版	鸡 5 日,产蛋期禁用
66	酒石酸吉他霉素可溶性粉	兽药典 2000 版	鸡 7 日,产蛋期禁用
67	酒石酸泰乐菌素可溶性粉	兽药典 2000 版	鸡 1 日,产蛋期禁用
68	维生素 B_{12} 注射液	兽药典 2000 版	0 日
69	维生素 B_1 片	兽药典 2000 版	0 日
70	维生素 B_1 注射液	兽药典 2000 版	0 日
71	维生素 B_2 片	兽药典 2000 版	0 日
72	维生素 B_2 注射液	兽药典 2000 版	0 日

续表 1-7

序号	兽药名称	执行标准	停药期
73	维生素 B_6 片	兽药典 2000 版	0 日
74	维生素 B_6 注射液	兽药典 2000 版	0 日
75	维生素 C 片	兽药典 2000 版	0 日
76	维生素 C 注射液	兽药典 2000 版	0 日
77	维生素 K_1 注射液	兽药典 2000 版	0 日
78	氯羟吡啶预混剂	兽药典 2000 版	鸡 5 日，兔 5 日，产蛋期禁用
79	氰戊菊酯溶液	部颁标准	28 日
80	硝氯酚片	兽药典 2000 版	28 日
81	硫氰酸红霉素可溶性粉	兽药典 2000 版	鸡 3 日，产蛋期禁用
82	硫酸卡那霉素注射液(单硫酸盐)	兽药典 2000 版	28 日
83	硫酸安普霉素可溶性粉	部颁标准	鸡 7 日，产蛋期禁用
84	硫酸庆大—小诺霉素注射液	部颁标准	鸡 40 日
85	硫酸黏菌素可溶性粉	部颁标准	7 日，产蛋期禁用
86	硫酸黏菌素预混剂	部颁标准	7 日，产蛋期禁用
87	硫酸新霉素可溶性粉	兽药典 2000 版	鸡 5 日，火鸡 14 日，产蛋期禁用
88	精制马拉硫磷溶液	部颁标准	28 日
89	精制敌百虫片	兽药规范 92 版	28 日
90	蝇毒磷溶液	部颁标准	28 日
91	醋酸泼尼松片	兽药典 2000 版	0 日
92	醋酸氢化可的松注射液	兽药典 2000 版	0 日
93	磺胺二甲嘧啶片	兽药典 2000 版	禽 10 日
94	磺胺二甲嘧啶钠注射液	兽药典 2000 版	28 日
95	磺胺对甲氧嘧啶，二甲氧苄氨嘧啶片	兽药规范 92 版	28 日
96	磺胺对甲氧嘧啶、二甲氧苄氨嘧啶预混剂	兽药典 90 版	28 日，产蛋期禁用

续表 1-7

序号	兽药名称	执行标准	停药期
97	磺胺对甲氧嘧啶片	兽药典 2000 版	28 日
98	磺胺甲噁唑片	兽药典 2000 版	28 日
99	磺胺间甲氧嘧啶片	兽药典 2000 版	28 日
100	磺胺间甲氧嘧啶钠注射液	兽药典 2000 版	28 日
101	磺胺脒片	兽药典 2000 版	28 日
102	磺胺喹噁啉、二甲氧苄氨嘧啶预混剂	兽药典 2000 版	鸡 10 日，产蛋期禁用
103	磺胺喹噁啉钠可溶性粉	兽药典 2000 版	鸡 10 日，产蛋期禁用
104	磺胺氯吡嗪钠可溶性粉	部颁标准	火鸡 4 日、肉鸡 1 日，产蛋期禁用
105	磺胺噻唑片	兽药典 2000 版	28 日
106	磺胺噻唑钠注射液	兽药典 2000 版	28 日
107	磷酸左旋咪唑片	兽药典 90 版	禽 28 日
108	磷酸哌嗪片(驱蛔灵片)	兽药典 2000 版	禽 14 日
109	磷酸泰乐菌素预混剂	部颁标准	鸡、猪 5 日

☞ 73. 食品动物禁用的兽药及其他化合物有哪些?

目前，我国规定的食品动物禁用的兽药及其他化合物见表 1-8。

表 1-8 食品动物禁用的兽药及其他化合物清单

序号	兽药及其他化合物名称	禁止用途	禁用动物
1	β-兴奋剂类：克伦特罗 Clenbuterol、沙丁胺醇 Salbutamol、西马特罗 Cimaterol 及其盐、酯及制剂	所有用途	所有食品动物
2	性激素类：己烯雌酚 Diethylstilbestrol 及其盐、酯及制剂	所有用途	所有食品动物

续表 1-8

序号	兽药及其他化合物名称	禁止用途	禁用动物
3	具有雌激素样作用的物质：玉米赤霉醇 Zeranol、去甲雄三烯醇酮 Trenbolone、醋酸甲孕酮 Mengestrol，Acetate 及制剂	所有用途	所有食品动物
4	氯霉素 Chloramphenicol 及其盐、酯（包括：琥珀氯霉素 Chloramphenicol Succinate）及制剂	所有用途	所有食品动物
5	氨苯砜 Dapsone 及制剂	所有用途	所有食品动物
6	硝基呋喃类：呋喃唑酮 Furazolidone、呋喃它酮 Furaltadone、呋喃苯烯酸钠 Nifurstyrenate sodium 及制剂	所有用途	所有食品动物
7	硝基化合物：硝基酚钠 Sodium nitrophenolate、硝呋烯腙 Nitrovin 及制剂	所有用途	所有食品动物
8	催眠、镇静类：安眠酮 Methaqualone 及制剂	所有用途	所有食品动物
9	林丹（丙体六六六）Lindane	杀虫剂	水生食品动物
10	毒杀芬（氯化烯）Camahechlor	杀虫剂、清塘剂	水生食品动物
11	呋喃丹（克百威）Carbofuran	杀虫剂	水生食品动物
12	杀虫脒（克死螨）Chlordimeform	杀虫剂	水生食品动物
13	双甲脒 Amitraz	杀虫剂	水生食品动物
14	酒石酸锑钾 Antimonypotassiumtartrate	杀虫剂	水生食品动物
15	锥虫胂胺 Tryparsamide	杀虫剂	水生食品动物

续表 1-8

序号	兽药及其他化合物名称	禁止用途	禁用动物
16	孔雀石绿 Malachitegreen	抗菌、杀虫剂	水生食品动物
17	五氯酚酸钠 Pentachlorophenolsodium	杀螺剂	水生食品动物
18	各种汞制剂 包括：氯化亚汞（甘汞）Calomel、硝酸亚汞 Mercurous nitrate、醋酸汞 Mercurous acetate、吡啶基醋酸汞 Pyridyl mecurous acetate	杀虫剂	动物
19	性激素类：甲基睾丸酮 Methyltestosterone、丙酸睾酮 Testosterone Propionate、苯丙酸诺龙 Nandrolone Phenylpropionate、苯甲酸雌二醇 Estradiol Benzoate 及其盐、酯及制剂	促生长	所有食品动物
20	催眠、镇静类：氯丙嗪 Chlorpromazine、地西泮（安定）Diazepam 及其盐、酯及制剂	促生长	所有食品动物
21	硝基咪唑类：甲硝唑 Metronidazole、地美硝唑 Dimetronidazole 及其盐、酯及制剂	促生长	所有食品动物

注：食品动物是指各种供人食用或其产品供人食用的动物。

☞ 74. 禁止在饲料和动物饮水中使用的药物有哪些？

禁止在饲料和动物饮水中使用的药物品种见表 1-9。

表 1-9 禁止在饲料和动物饮水中使用的药物品种

种类	名称
肾上腺素受体激动剂	盐酸克伦特罗、沙丁胺醇、硫酸沙丁胺醇、莱克多巴胺、盐酸多巴胺、西马特罗、硫酸特布他林
性激素	己烯雌酚、雌二醇戊酸雌二醇、苯甲酸雌二醇、氯烯雌醚、炔诺醇、炔诺醚、醋酸氯地孕酮、左炔诺孕酮、炔诺酮、绒毛膜促性腺激素、促卵泡生长激素
蛋白同化激素	碘化酪蛋白、苯丙酸诺龙及苯丙酸诺龙注射液

续表1-9

种　类	名　　称
精神药品	(盐酸)氯丙嗪、盐酸异丙嗪、安定(地西泮)、苯巴比妥、苯巴比妥钠、巴比妥、异戊巴比妥、异戊巴比妥钠、利血平、艾司唑仑、甲丙氨酯、咪达唑仑、硝西泮、奥沙西泮、匹莫林、三唑仑、唑吡旦、其他国家管制的精神药品
其他	各种抗生素滤渣

第二章　消毒防腐药

☞ 75. 什么是消毒防腐药？消毒药和防腐药有什么区别？

消毒防腐药是具有杀灭病原微生物或抑制其生长繁殖的一类药物。与抗生素和其他抗菌药物不同，这类药物的抗菌范围没有明显的抗菌谱。具体地说，消毒药是指能杀灭病原微生物的药物，主用于环境、禽舍、动物排泄物、用具和器械等非生物表面的消毒；防腐药是指能抑制病原微生物生长繁殖的药物，主用于抑制局部皮肤、黏膜和创伤等生物体表的微生物感染，也用于食品及生物制品等的防腐。

防腐药和消毒药是根据用途和特性分类的，两者之间并无严格的界限，低浓度的消毒药仅能抑菌，而高浓度的防腐药也能杀菌。由于有些防腐药用于非生物体表时，不起作用，而有些消毒药会损伤活组织，因而两者不应替换使用。

☞ 76. 理想的消毒防腐药应具备哪些条件？

理想的消毒防腐药应具备以下条件：

(1)抗微生物范围广、活性强，而且在有体液、脓液、坏死组织和其他有机物质存在时，仍能保持抗菌活性，能与去污剂配伍应用。

(2)作用产生迅速，其溶液的有效寿命长。

(3)具有较高的脂溶性和分布均匀的特点。

(4)对人和动物安全，防腐药不应对组织有毒，也不妨碍伤口愈合，消毒药应不具残留表面活性。

(5)药物本身应无臭、无色和着色性，性质稳定，可溶于水。

(6)无易燃性和易爆性。

(7)对金属、橡胶、塑料、衣物等无腐蚀作用。

(8)价廉易得。

77. 如何进行消毒防腐药杀菌效力的鉴定?

消毒防腐药的杀菌效力曾经用酚系数来表示。酚系数是指消毒防腐药在10 min内杀死某标准数量的细菌所需的稀释倍数与具有相等杀菌效力的苯酚的稀释倍数之比。

目前对于消毒防腐药的效力主要从其对革兰氏阳性菌、革兰氏阴性菌、芽孢、结核分枝杆菌、无囊膜病毒和囊膜病毒的杀灭作用来测定。与此同时,从其作用时间的长短、是否具局部毒性或全身毒性、是否易被有机物灭活、是否污染环境和价格等几方面来判断其实用性。

78. 消毒防腐药的作用机理有哪些?

各类消毒防腐药的作用机理各不相同,可归纳为以下3种:

(1)使菌体蛋白变性、沉淀:大部分的消毒防腐药是通过这一机理起作用的,其作用不具选择性,可损害一切生活物质,故称为"一般原浆毒"。由于不仅能杀菌,也能破坏动物组织,因此只适用于环境消毒。酚类、醛类、醇类、重金属盐类等是通过这一机理而产生作用的。然而一种消毒药不只是通过一种途径而起杀菌作用的,例如苯酚在高浓度时是蛋白变性剂,但在低于沉淀蛋白的浓度时,可通过抑制酶或损害细胞膜而呈现杀菌作用。

(2)改变菌体细胞膜的通透性:表面活性剂等的杀菌作用是通过降低菌体的表面张力,增加菌体细胞膜的通透性,从而引起重要的酶和营养物质漏失,水则向菌体内渗入,使菌体溶解和破裂。

(3)干扰或损害细菌生命必需的酶系统:当消毒防腐药的化学结构与菌体内的代谢物相似时,可竞争性地或非竞争性地与酶结合，从而抑制酶的活性，导致菌体的抑制或死亡；也可通过氧化、还原等反应损害酶的活性基团，如氧化剂的氧化，卤化物的卤化等。

☞ 79. 常用消毒方法有哪些？

常用的消毒方法大致可分为3类，即物理消毒法、化学消毒法和生物学消毒法。

(1)物理消毒法：是指用物理因素杀灭或消除病原微生物及其他有害微生物的方法。其特点是作用迅速，消毒物品不遗留有害物质。常用的物理消毒法有：自然净化、机械除菌、热力灭菌和紫外线辐射等。

(2)化学消毒法：是指用化学药品进行消毒的方法。化学消毒法使用方便，不需要复杂的设备，但某些消毒药品有一定的毒性和腐蚀性，为保证消毒效果，减少毒副作用，须严格执行要求的条件和使用说明。

(3)生物学消毒法：是利用某些生物消灭致病微生物的方法。特点是作用缓慢，效果有限，但费用较低。多用于大规模废物及排泄物的卫生处理，常用的方法有生物热消毒技术和生物氧化消毒技术。

☞ 80. 消毒的种类有哪些？

根据消毒的目的不同，消毒可以分为预防消毒、临时消毒和终末消毒3类。

(1)预防消毒：没有明确的传染病存在，对可能受到病原微生物或其他有害微生物污染的场所和物品进行的消毒称为预防性消毒。结合平时的饲养管理对禽舍、场地、用具和饮水等进行定期消毒，以达到预防一般传染病的目的。预防性消毒通常按拟定的消毒制度按期进行，常用的消毒方法是清扫、洗刷，然后喷洒消毒药物，如10％～20％石灰水、10％漂白粉、热的草木灰水等。此外，在家禽生产和禽病诊疗中的消毒，如对种蛋、孵化室、诊疗器械等进行的消毒处理，也是预防性消毒。

(2)临时消毒：当传染病发生时，对疫源地进行的消毒称为临时消毒。其目的是及时杀灭或清除传染源排出的病原微生物。临时消毒是针对疫源地进行的，消毒的对象包括病畜、病禽停留的场所、房舍，病畜、病禽的各种分泌物和排泄物，剩余饲料、管理用具以及管理人员的手、鞋、口罩和工作服等。

临时消毒应尽早进行，消毒方法和消毒剂的选择，取决于消毒对象及传染病的种类。一般细菌引起的，选择价格低廉易得、作用强的消毒剂，由病毒引起的则应选择碱类、氧化剂中的过醋酸、卤素类等。病禽舍、隔离舍的出入口处，应放置浸泡消毒药液的麻袋片或草垫。

(3)终末消毒：在病禽解除隔离、痊愈或死亡后，或者在疫区解除封锁前，为了彻底地消灭传染病的病原体而进行的最后消毒称为终末消毒。大多数情况下，终末消毒只进行1次，不仅病禽周围的一切物品、禽舍等要进行消毒，有时连痊愈家禽的体表也要消毒。消毒时，先用消毒液如3%的来苏儿溶液进行喷洒，然后清扫禽舍。最后，畜禽舍如为水泥地面，就用消毒液仔细刷洗，如为泥地则深翻地面，撒上漂白粉(每平方米用0.5 kg)，再以水湿润压平。

☞ 81. 影响防腐消毒药作用的因素有哪些？

消毒防腐药的抗菌作用不仅取决于其理化性质，而且易受下列因素的影响：

(1)病原微生物类型：不同的种类和处于不同状态的微生物，对同一种消毒药的敏感性不同，例如革兰氏阳性菌对消毒药一般比革兰氏阴性菌敏感；病毒对碱类很敏感，对酚类的抵抗力很大；适当浓度的酚类化合物几乎对所有不产生芽孢的繁殖型细菌均有杀灭作用，但对休眠期的芽孢作用不强。

(2)消毒药溶液的浓度和作用时间：当其他条件一致时，消毒药物的杀菌效力一般随其溶液浓度的增加而增强，或者说，呈现相同杀菌效力所需的时间一般随消毒药浓度的增加而缩短。为取得良好的消毒效果，应选择有效寿命长的消毒药溶液，并应选取其合适浓度和按消毒药的理化特性，达到规定的消毒时间。

(3)温度：消毒药的抗菌效果与环境温度呈正相关，即温度越高，杀菌力越强，一般规律是温度每升高 10℃时消毒效果增强1～1.5 倍。消毒防腐药抗菌效力的检定，通常都在 15～20℃气温下进行。对热稳定的药物，常用其热溶液消毒。

(4)pH 值：环境或组织的 pH 值对有些消毒防腐药作用的影响较大。如戊二醛在酸性环境中较稳定，但杀菌能力较弱，当加入0.3%碳酸氢钠，使其溶液 pH 值达 7.5～8.5 时，因在碱性环境中形成的碱性戊二醛，易与菌体蛋白氨基结合使之变性，杀菌活性显著增强，不仅能杀死多种繁殖型细菌，还能杀死芽孢。含氯消毒剂作用的最佳 pH 值为 5～6。以分子形式起作用的酚、苯甲酸等，当环境 pH 值升高时，其分子的解离程度相应增加，杀菌效力随之减弱或消失。环境 pH 值升高时可使菌体表面负电基团相应地增多，从而导致其与带正电荷的消毒药分子结合数量的增多，这是季铵盐类、氯己定、染料等作用增强的原因。

(5)有机物的存在：消毒环境中的粪、尿等或创伤上的脓血、体液等有机物的存在，可与消毒防腐药结合形成不溶性化合物，或者将其吸附、发生化学反应或对微生物起机械性保护作用，必然会影响抗菌效力。有机物越多，对消毒防腐药抗菌效力影响越大。这是消毒前务必清扫消毒场所或清理创伤的理由。

(6)水质硬度：硬水中的 Ca^{2+} 和 Mg^{2+} 能与季铵盐类、氯己定或碘附等结合形成不溶性盐类，从而降低其抗菌效力。

(7)配伍禁忌：实践中常见到两种消毒药合用，或者消毒药与清洁剂或除臭剂合用时，消毒效果降低，这是由于物理性或化学性配伍禁忌造成的。例如，阴离子清洁剂肥皂与阳离子清洁剂合用时，发生置换反应，使消毒效果减弱，甚至完全消失。又如，高锰酸钾、过氧乙酸等氧化剂与碘酊等还原剂之间可发生氧化还原反应，不但减弱消毒作用，更主要的是会加重对皮肤的刺激性和毒性。

(8)其他因素：消毒物表面的形状、结构和化学活性，消毒液的表面张力，消毒药的剂型以及在溶液中的解离度等，都会影响抗菌作用。

☞ 82. 提高家禽养殖场消毒效果的措施有哪些?

(1)选择合格的消毒剂：家禽养殖场选择消毒剂要在兽医人员指导下，根据场内不同的消毒对象、要求及消毒环境条件等，有针对性地选购经兽药监察部门批准生产的或是经当地畜牧兽医主管部门推荐的消毒剂。

(2)选择适宜的消毒方法：应用消毒药剂时，要选择适宜的消毒方法，根据不同的消毒环境、消毒对象和被消毒物的种类等具体情况，选择对其可产生高效可行的消毒方法。如拌和、喷雾、浸泡、刷拭、熏蒸、撒布、涂擦、冲洗等。

(3)按要求科学配制消毒剂：市面出售的化学消毒药品，因其规格、剂型、含量不同，往往不能直接应用于消毒工作。使用前，要按说明书要求配制实际所需的浓度。配制时，要注意选择稀释后对消毒效果影响最小的水、稀释后适宜的浓度和温度等。

(4)设计科学的消毒程序：有些家禽养殖场消毒效果差，主要是执行的消毒程序不科学。为提高消毒效果，在实践中常采用两次消毒程序，具体为：第一次是使用稀释好的消毒药剂直接进行消毒，待作用一定时间后，清洁被消毒物上的有机物质或其他障碍物质，再用消毒药剂重复消毒1次。这种二次消毒程序，既科学彻底，消毒效果又好。

☞ 83. 苯酚的用途有哪些？应用注意事项是什么？

苯酚又称酚、石炭酸，为一般原浆毒。2%～5%苯酚溶液用于器具、禽舍消毒、排泄物和污物处理等。5%溶液可在 48 h 内杀死炭疽芽孢。碱性环境、脂类、皂类等能减弱其杀菌作用。

苯酚浓度大于 0.5%时，具有局部麻醉作用；5%溶液对组织产生强烈的刺激和腐蚀作用。动物意外吞服或皮肤、黏膜大面积接触会引起全身性中毒，表现为中枢神经先兴奋后抑制，心血管系统受抑制，严重者可因呼吸麻痹致死。苯酚被认为是一种致癌物。

应用苯酚时应注意以下问题：

(1)本品经皮肤和黏膜吸收可中毒，使用时应注意。

(2)橡胶、塑料和纤维品能吸收苯酚，故不能用苯酚消毒。皮肤接触消毒物品，能致灼伤。如引起灼伤，应立即用植物油或50%乙醇洗涤。如创伤面大，可用大量水冲洗后，再用油涂擦。

☞ 84. 煤酚为什么常配成 50%肥皂溶液？如何应用？

煤酚又名甲酚、煤馏油酚，毒性较苯酚小，价格低，但抗菌作用比苯酚约大 3 倍(对球虫属的作用稍次于苯酚)，作消毒药用比苯酚广泛。本品能杀死各种细菌，但对细菌芽孢和病毒无效。因本品在水中溶解度小，故常配成 50%的肥皂溶液即煤酚皂溶液(来苏儿)，供消毒用。本品有特殊异臭味，不宜用于蛋或蛋库的消毒。其常用浓度如下。

皮肤及手的消毒用 1%～2%溶液；治疗疥癣、虱等寄生虫，用 1%～3%溶液；冲洗口腔或直肠黏膜，用 0.5%～1%溶液；器械、用具等消毒，用 3%～5%溶液；排泄物消毒，用 5%～10%溶液。

☞ 85. 复合酚的用途是什么？如何应用？注意事项是什么？

本品又名菌毒敌、畜禽灵，为酚及酸类复合型消毒剂，含酚

41%～49%，醋酸 22%～26%，呈深红褐色黏稠液体，有特异臭味。为广谱、高效、新型消毒剂。可杀灭细菌、霉菌和病毒，对多种寄生虫卵也有杀灭作用。还能抑制蚊、蝇等昆虫和鼠害的滋生。主要用于禽舍、笼具、饲养场地、运输工具及排泄物的消毒。通常用药后药效可维持 1 周。

本品配成水溶液供喷洒消毒用，其浓度为 0.35%～1%。稀释用水的温度应不低于 8℃。在环境较脏、污染较严重时，可适当增加药物浓度和用药次数。

应用本品注意事项如下：

(1)切忌与其他消毒药或碱性药物混合应用，以免降低消毒效果。

(2)严禁使用喷洒过农药的喷雾器械喷洒本品，以免引起家禽意外中毒。

☞ 86. 福尔马林的用途是什么？如何应用？

福尔马林(甲醛溶液)为含 37%～40%甲醛的水溶液，并含有甲醇 8%～15%作为稳定剂，以防止甲醛聚合。对细菌、病毒、霉菌、芽孢有强大的杀灭作用，可用于禽舍、器械、种蛋的消毒以及室内空气的熏蒸消毒，也可用做标本、疫苗的防腐剂。10%福尔马林溶液(含甲醛 4%)用于一般消毒和器械消毒。禽舍熏蒸消毒，每立方米空间用甲醛溶液 15 mL、高锰酸钾 7.5 g，加 7.5 mL 水，密闭熏蒸 4～10 h。熏蒸消毒应杜绝明火；熏蒸的环境湿度应不低于 70%，温度高于 20℃；熏蒸的物体应在密闭的条件下，且作用足够的时间；不得在带动物情况下采用喷雾消毒。

☞ 87. 戊二醛的用途是什么？应用注意事项有哪些？

戊二醛为无色油状液体，有微弱的甲醛气味，挥发度较低。对细菌、病毒、霉菌、芽孢均有杀灭作用，毒性比甲醛低，对皮肤和黏膜的刺激性较弱。酸性溶液稳定，弱碱性溶液（pH 值 7.5～8.5）杀菌作用最强。

由于价格较贵，目前用于不宜加热处理的医疗器械、塑料及橡胶制品等的浸泡消毒。一般配制 2%溶液应用。

应用戊二醛时应注意以下问题：

(1)25%溶液对皮肤、黏膜均有刺激性，应防止与皮肤接触。

(2)本品最大空气允许浓度为 0.2×10^{-6}。

(3)本品溶液中存有 20%血清时，其消毒效力不受影响。

(4)消毒后物品放置 3 h 以上时，便用时需重新消毒。

(5)如用于金属用品消毒，需加防锈剂。本品碱性溶液对镜片有一定腐蚀性。

☞ 88. 如何应用氢氧化钠进行消毒？

氢氧化钠又名苛性钠。消毒用氢氧化钠又叫烧碱或火碱。本品对细菌和病毒均有强大的杀灭能力，刺激性强，能溶解蛋白质。作消毒药，一般都用价格较低的含氢氧化钠 94%左右的粗制烧碱液。常用其 1%～2%热溶液添加 5%生石灰（生石灰可延缓 NaOH 变为 Na_2CO_3 而加强消毒效力）.消毒被细菌（鸡白痢、禽霍乱、布氏杆菌病等）、病毒污染的畜舍、场地、车辆等。消毒炭疽芽孢污染地区时用 3%～5%溶液。

因本品对机体有腐蚀性，消毒禽舍时，应驱出家禽，隔半天以水冲洗饲槽、地面后，方可让家禽进入。高浓度的 NaOH 溶液，能腐蚀铝制品、纺织品等，应注意。

☞ 89. 如何使用草木灰进行消毒？

新鲜草木灰中含有氢氧化钾（氢氧化钾又名苛性钾，其理化性质、作用、用途与用量均与氢氧化钠大致相同）及碳酸钾，故可代替氢氧化钾进行消毒。通常用 30 kg 新鲜草木灰加水 100 L，煮沸

1 h后去渣，再加水至100 L，用来代替氢氧化钾进行消毒，可用于禽舍地面、出入口等处的消毒，其温度宜在70℃以上喷洒，隔18 h后再喷洒1次。

☞ 90. 如何应用氧化钙进行消毒?

氧化钙俗称生石灰，系灰白色块状物，为价廉易得的良好消毒药。本身并无杀菌作用，其与水混合后变成熟石灰(即氢氧化钙)才起作用，但消毒作用不强，对芽孢无效。一般加水配成10%～20%石灰乳，消毒禽舍墙壁、地面等；或将石灰1 kg加水350 mL做成消石灰，撒布于阴湿地面、粪池周围或污水沟等处进行消毒。石灰可从空气中吸收CO_2变成$CaCO_3$失效，应现用现配。

☞ 91. 漂白粉消毒作用的机理是什么？如何应用？

漂白粉又名含氯石灰，为一强力杀菌剂，对细菌、细菌芽孢和病毒均有效。其杀菌作用是由于本品及其制剂生成的活性氯和次氯酸盐，在水中生成不离解的次氯酸(HOCl)抑制微生物的某些巯基酶，阻碍微生物的生长繁殖，同时放出新生态氧，氧化微生物原浆蛋白的活性基团。HOCl杀菌快而强，在碱性环境中易离解成次氯酸离子(次氯酸根，OCl^-)，不易进入细胞，杀菌力减弱。根据研究，HOCl的灭菌效果约为OCl^-的100倍。环境中存在有机物，亦可大大减弱其杀菌力。

因漂白粉对组织刺激性太大，不适用于创伤、皮肤消毒，主要用于饮水、物品和排泄物的消毒。饮水消毒可在每立方米 河水或井水中加漂白粉6～10 g，隔30 min即可饮用。10%～20%乳剂用于禽舍、粪池、车辆和排泄物的消毒。干粉可与粪便以1∶5的比例彻底混合进行消毒。1%～3%澄清液可用于消毒食具、玻璃器皿和各种非金属用具。对金属有腐蚀性，不宜用于金属笼具及有色棉织物的消毒。

用法与用量：饮水消毒，每 50 L 水 1 g。

禽舍等消毒，临用前配成 5%～20%混悬液。

☞ 92. 氯胺-T(氯亚明)的用途是什么？如何应用？

本品为有机氯消毒剂，含有效氯 24%～26%，性较稳定，其水溶液逐渐离解为次氯酸而起杀菌作用。杀菌谱广，对细菌繁殖体、芽孢、病毒、真菌孢子等，都有杀灭作用。本品刺激性和腐蚀性较小，除用于环境和用具的消毒外，还能用于皮肤和黏膜的消毒。

用法与用量：食槽、器皿消毒，0.5%～1%溶液；排泄物与分泌物消毒，3%溶液；饮水消毒，1 L 水用 2～4 mg；黏膜消毒，0.1%～0.5%溶液。配制消毒溶液时，如加入半量或等量的氯化铵，可使消毒溶液活化，大大提高消毒能力；活性溶液应于使用前1～2 h配制，时间过长，效果降低。

☞ 93. 优氯净的消毒特点是什么？如何应用？

本品又名二氯异氰尿酸钠，为有机氯消毒剂，含有效氯60%～64%。是一种安全、广谱、长效的消毒剂，杀菌谱广，杀菌力较大多数氯胺类消毒药为强。对繁殖型细菌和芽孢、病毒、真菌孢子均有较强的杀灭作用。溶液的 pH 值愈低，杀菌作用愈强。加热可加强杀菌效力。有机物对杀菌作用影响较小。有腐蚀和漂白作用。可用于饮水、环境、器具及粪便消毒，也可用于水、加工厂、车辆、食具等的消毒。

用法与用量：环境、器具消毒，0.01%～0.02%；饮水消毒，每升水 4 mg。本品水溶液不稳定，宜现配现用。不宜用于金属笼具及有色棉织物的消毒。

☞ 94. 如何应用二氧化氯进行消毒？

本品又称二元复配型高效消毒剂、超氯、消毒王，主要成分为二氧化氯及活化剂，有液体和粉状两种剂型，制剂有效氯含量多为5%。具有高效、低毒、除臭能力强、无残留等特点，可用于禽舍、场地、器具、种蛋、饮水消毒及带禽消毒。

养殖业中应用的二氧化氯有两类：一类是稳定性二氧化氯溶液（即加有稳定剂的合剂），无色、无味、无臭的透明水溶液，腐蚀性小，不易燃，不挥发，在－5～95℃下较稳定，不易分解，含量一般为5%～10%，用时需加入固体活化剂（酸化），即释放出二氧化氯。另一类是固体二氧化氯，为二元包装，其中一包为亚氯酸钠，另一包为增效剂及活化剂，用时分别溶于水后混合，即迅速产生二氧化氯。

使用前，先将二氧化氯粉或溶液，用适量的洁净水稀释，加入活化剂，搅匀后放置片刻，然后再稀释到使用浓度用于消毒。有效氯含量为5%时，环境消毒，1 L 水加药 5～10 mL，泼洒或喷雾消毒；饮水消毒，100 L 水加药 5～10 mL；用具、食槽消毒，1 L 水加药 5 mg 搅匀后，浸泡 5～10 min。稳定型二氧化氯使用时须用酸活化，现配现用，不得过期使用。为增强稳定性，二氧化氯溶液在保存时加入碳酸钠、硼酸钠等。

☞ 95. 强力消毒王的消毒特点是什么？如何应用？

强力消毒王是一种新型复方含氯消毒剂。主要成分为氯异氰尿酸钠，并加入阴离子表面活性剂等，有效氯含量≥20%。

本品消毒力强，易溶于水，正常使用时对人、禽无害，对皮肤、黏膜无刺激、无腐蚀性，并具有防霉、去污、除臭的效果，且性质稳定、持久、耐贮存；可带禽喷雾消毒或拌料饮水。

(1)本品特点如下：

①广谱、高效，能杀灭多种病毒、细菌和霉菌，如鸡新城疫病毒、鸡马立克病毒、大肠杆菌、沙门氏杆菌等。

②对杀灭家禽寄生虫卵有特效，如球虫卵、鸡虱卵、蚊蝇卵等。

③能杀灭和抑制蚊、蝇等昆虫及鼠类的滋生。

④对人和家禽等动物性病原菌的繁殖体、芽孢和病毒等均有极强的杀灭和抑制能力。

⑤方便、经济、快捷、无毒副作用。

(2)本品主要用途如下：

①用于鸡新城疫、马立克病、法氏囊病等烈性传染病的预防消毒及暴发性疫区、养殖点的紧急消毒。

②用于自来水、井水、河水等饮用水及污染水的净化消毒。

③用于农场、养殖场、肉联厂等的环境卫生消毒。

④用于禽舍、孵化室等环境的消毒、带禽消毒、种蛋浸泡消毒。

⑤用于混饲或饮水(免疫前后 3 天停用)。对预防和杀灭禽霍乱、白痢、大肠杆菌病、呼吸道病、马立克病、法氏囊病、球虫病等效果良好，使用方便。

⑥用于饲养器具及各种车辆、工具、工作人员的服装及手的消毒。

⑦对由霉菌或病原微生物引起的手癣、脚气、毛发癣等皮肤病有特效。能起到消毒杀菌、消除臭味、止痒等作用。

强力消毒王的配比与使用见表 2-1。

表 2-1 强力消毒王的配比与使用

消毒范围	配比浓度(药∶水)	使用方法及用量(mL/m^3)	作用时间(min)
禽舍	1∶800	50 mL/m^3 喷雾	30
家禽	1∶1 000	喷雾、洗刷	10
器具	1∶2 000	浸泡	10
消毒池槽	1∶800	4 天更换 1 次	—
饮用水	5～15 g/m^3	—	15
种蛋	1∶1 000	浸泡	10
带禽常规消毒	1∶1 000	30 mL/m^3 喷雾	15
鸡瘟	1∶500	500 mL/m^3 喷雾	10

续表 2-1

消毒范围	配比浓度（药：水）	使用方法及用量（mL/m³）	作用时间（min）
禽霍乱、法氏囊等传染病	1：800	50 mL/m³ 喷雾同时饮水	10
鸡白痢、球虫、大肠杆菌等疾病	常规预防 1：4 000	饮水 2～3 天	—

☞ 96. 如何应用抗毒威进行消毒？应用注意事项是什么？

抗毒威为新型含氯混合广谱消毒剂，呈白色粉末，易溶于水，水溶液呈中性，性质稳定，毒性低，对人畜无害。可有效杀灭鸡传染性法氏囊、鸡新城疫和鸡马立克病等病毒以及霉形体、大肠杆菌、沙门杆菌、葡萄球菌及巴氏杆菌等鸡场常见致病菌。常用做鸡场内地面、器具、种蛋和饮水消毒，用以预防各种病毒或病原菌引起的传染病。

本品常配成水溶液用做消毒剂。

按 1：400 稀释用于喷洒鸡舍或运动场地面、笼具、仓库等的消毒。可带鸡消毒，每 5～7 天消毒 1 次，每平方米地面用 1 L 水溶液。亦可用该浓度浸泡种蛋、饲养器具等，作用 10 min。

可将粉剂按 1：1 000 比例拌匀于饲料中饲喂，以抑制消化道病原菌生长繁殖。

饮水消毒可按 1：5 000 比例加到饮水中经常让鸡群饮用，可抑制消化道病菌生长。

应用抗毒威时应注意以下问题：

(1)抗毒威为预防消毒剂，可长期使用。

(2)抗毒威用于拌料或饮水消毒时，结合抗生素应用，对控制病情效果更好。

(3)因抗毒威对细菌和病毒均有杀灭作用，因此在接种活疫苗前后两天，不宜使用，两天后可恢复正常使用。

(4)抗毒威用于污染的鸡群时，应适当加大药物浓度。病区喷洒或冲洗或用 1∶200 稀释液，全面消毒，每日 2 次。病鸡饮水可按 1∶500 稀释，让鸡自由饮水，最好配以有关抗生素或抗病毒制剂。

☞ 97. 次氯酸钠的用途是什么？如何应用？

次氯酸钠为澄明微黄的水溶液，含次氯酸钠 5%，性质不稳定，见光易分解，应避光密封保存。本品有很强的杀菌作用，对组织有较大的刺激性，故不用做创伤的消毒剂。常用于家禽用具、禽舍及环境消毒。

用法与用量：0.01%～0.02%水溶液用于家禽用具、器械的浸泡消毒，消毒时间为 5～10 min；0.3%水溶液每立方米空间 30～50 mL 用于禽舍内带鸡气雾消毒；1%水溶液每立方米空间 200 mL用于禽舍及周围环境喷洒消毒。

☞ 98. 84 消毒液有何用途？应用注意事项有哪些？

“84”消毒液是原北京第一传染病医院 1984 年研制成功并投放市场的，故名“84”。84 消毒液的主要化学成分为次氯酸钠及表面活性剂，有效氯浓度通常为 5.5%～6.5%，有强烈刺激性的气味。本品为一种高效、速效、广谱、去污力强的消毒剂，对细菌、细菌芽孢和病毒均有杀灭作用。用于非金属器皿和器械、餐具、家具、衣服、地面等消毒。

注意事项：

(1)本品含有效氯为 5%。如长期存放或保存不当，可使本品中的有效氯含量降低，应测定含量后方可使用。

(2)不可用 50℃以上热水稀释原液。

(3)配制好的稀水溶液在常温下可连续使用 4～5 h。

(4)本品原液对皮肤、棉织物、金属器械有腐蚀作用,对有色织物有漂白作用,不宜使用。

用法与用量:医疗器皿、器械,用1∶200的溶液,浸泡10 min;餐、饮具,用1∶500溶液,浸泡10 min;白色衣物、毛巾,用1∶300溶液,浸泡5～10 min;严重污染和病禽排泄物,用1∶20溶液,浸泡10～20 min。

☞ 99. 过氧乙酸的消毒特点是什么?如何应用?

过氧乙酸又名过氧醋酸、过醋酸,为过氧乙酸和乙酸的混合物。市售20%过氧乙酸溶液纯品为无色透明液体,呈弱酸性,有刺激性酸味,易挥发,易溶于水。性不稳定,遇热或有机物、重金属离子、强碱等易分解。浓度高于45%的溶液经剧烈碰撞或加热可爆炸,而浓度低于20%的溶液无此危险。宜密闭、避光在阴凉处保存。

过氧乙酸兼具酸和氧化剂特性,是一种高效杀菌剂,其气体和溶液均具较强的杀菌作用,并较一般的酸或氧化剂作用强。作用产生快,能杀死细菌、真菌、病毒和芽孢,在低温下仍有杀菌和抗芽孢能力。主要用于禽舍、器具等消毒,腐蚀性强,有漂白作用。稀溶液对呼吸道和眼结膜有刺激性;浓度较高的溶液对皮肤有强烈刺激性。有机物可降低其杀菌效力。

用法与用量:0.5%溶液用于厩舍和车船等喷雾消毒;3%～5%溶液用于空间加热熏蒸消毒;0.04%～0.2%溶液用于器具等消毒;0.02%或0.2%溶液用于黏膜或皮肤消毒。

☞ 100. 过氧化氢溶液杀菌力较弱,为什么临床上还经常应用?

过氧化氢溶液又名双氧水。为无色澄明液体,无臭或有类似臭氧臭。本品含H_2O_2应为2.5%～3.5%,常加入0.025%的乙酰苯胺、苯甲酸或稀磷酸作为稳定剂。本品用于创伤或黏膜,遇有机物、特别是脓血中的触酶，即迅速放出新生态氧，发挥防腐、除臭和清洁等作用。但因其放氧过快，故作用时间短暂，杀菌力很弱，但它放出的大量气泡能机械地松动创伤中脓块和坏死组织，故常用于清洁创面，如清洗恶臭的创伤、瘘管（1%～3%溶液）等。3%以上高浓度溶液对组织有刺激性。

☞ 101. 为什么乙醇作消毒药应用，常用70%～75%浓度？

乙醇是应用最广、也是较好的一种皮肤消毒药。其杀菌作用是由于能使菌体蛋白凝固和脱水，而且由于溶脂的特性还使它易于渗入菌体，有助于发挥作用。75%（体积分数）或70%（质量分数）的乙醇消毒作用最强。浓度过高会使菌体表层蛋白迅速脱水凝固成膜，妨碍渗透而影响杀菌作用；浓度过低，由于渗透脱水作用弱，达不到杀菌作用。

乙醇的杀菌作用不太强，70%乙醇相当于3%苯酚，可杀死一般繁殖型病原菌及某些病毒（如鸡痘病毒），但对细菌芽孢、真菌无效。本品具有溶解皮脂、清洁皮肤、杀菌快、对皮肤的刺激性很弱等适合于皮肤应用的特点，故主要用于手指、体表皮肤、体温计、注射针头及小件医疗器械的消毒。

☞ 102. 应用新洁尔灭消毒时，应注意哪些问题？

本品又名苯扎溴铵、溴苄烷铵。为溴化二甲基苄基烃铵的混合物，属季铵盐类阳离子表面活性剂。其处于溶液状态时，可解离出季铵盐阳离子，后者可与细菌的膜磷脂中带负电荷的磷酸基结合，低浓度呈抑菌作用，高浓度呈杀菌作用。对革兰氏阳性菌的作用比对革兰氏阴性菌的作用强。杀菌作用迅速，刺激性很弱，毒性低，不腐蚀金属和橡胶，但杀菌效力受有机物影响较大，故不适用于禽舍和环境消毒，主要用于创面、皮肤和手术器械的消毒。应用新洁尔灭时应注意以下问题：

(1)新洁尔灭为阳离子表面活性剂,用时禁与肥皂及其他阴离子活性剂、盐类消毒药、碘化物和过氧化物等配伍用。

(2)不宜用于眼科器械和合成橡胶制品的消毒;器械消毒时,需加0.5%亚硝酸钠;其水溶液不得贮存于由聚乙烯制作的容器内,以避免与其增塑剂起反应而使药液失效。

(3)新洁尔灭浓溶液(2%~3%)有腐蚀性,遇皮肤时可引起损坏,甚至深度坏死,以常用浓度长期接触皮肤,对皮肤有刺激性。

(4)棉织品、纤维海绵、塑料、合成橡胶及其他多孔物质浸入本品溶液,可吸附药物而使效力减低。

(5)不可与重金属盐类、有机酸及其盐类、氧化剂、碘和碘化物、碱类等配伍。

用法与用量:新洁尔灭溶液,创面消毒,0.01%溶液;皮肤器械消毒,0.1%溶液。

☞ 103. 如何应用洗必泰进行消毒?

洗必泰又名醋酸氯己定、氯苯双胍己烷。为阳离子表面活性剂,抗菌作用强于苯扎溴铵,其作用迅速且持久,毒性低。与苯扎溴铵联用对大肠杆菌有协同杀菌作用,两药混合液呈相加消毒效力。醋酸洗必泰溶液常用于皮肤、术野、创面、器械、用具等的消毒,消毒效力与碘酊相当,但对皮肤无刺激,也不染色,注意事项同苯扎溴铵。

用法与用量:皮肤消毒,0.5%水溶液或醇(以70%乙醇配制)溶液;黏膜及创面消毒,0.05%溶液;手消毒,0.02%溶液;器械消毒,0.1%溶液。

☞ 104. 度米芬的用途是什么?如何应用?

度米芬又称消毒宁、度灭芬、杜美芬、消毒灵。为白或微黄色片状结晶,能溶于水及醇。系阳离子型表面活性广谱杀菌剂,抗菌谱及抗菌活性与新洁尔灭相似。其作用在碱性中增强，在肥皂、合成洗涤剂、酸性有机物质、脓血存在的情况下则效力下降。适用于口腔、咽喉感染的辅助治疗和皮肤、器械消毒等。

用法与用量：0.02%～1%溶液用于皮肤、黏膜消毒及局部感染湿敷；0.05%(加 0.05%亚硝酸钠)水溶液用于器械消毒，还可用于食品厂用具设备的贮藏消毒。

☞ 105. 辛氨乙甘酸溶液的用途是什么？应用注意事项有哪些？

本品俗称菌毒清，为二正辛基二乙烯三胺、单正辛基二乙烯三胺与氯乙酸反应生成的甘氨酸盐酸盐溶液加适量的佐剂配制而成。含辛基二乙烯三胺甘氨酸盐酸盐应为 45%～5.5%。为黄色澄明液体；有微腥臭，味微苦；强力振摇则发生多量泡沫。

辛氨乙甘酸溶液为双性离子表面活性剂。对化脓球菌、肠道杆菌等及真菌有良好的杀灭作用，对细菌芽孢无杀灭作用。对结核杆菌，1%溶液需作用 12 h，杀菌作用不受血清等有机物的影响。用于环境、器械、种蛋和手的消毒。

应用本品应注意以下问题：

(1)忌与其他消毒药合用。

(2)不宜用于粪便、污秽物及污水的消毒。

用法与用量：禽舍、场地、器械消毒加水稀释 100～200 倍；种蛋消毒加水稀释 500 倍；手消毒加水稀释 1 000 倍。

☞ 106. 百毒杀有何用途？如何应用？

百毒杀又名癸甲溴氨溶液，消毒作用比一般单链季铵盐化合物强数倍。能迅速渗入细胞膜，改变其通透性，因此，具有较强的杀菌作用。对细菌、病毒及真菌都有杀灭作用。由于本品对人畜无毒、无刺激性和副作用，既可用于家禽正常饮水消毒、带禽消毒，亦可用于传染病发生时的紧急消毒。此外，还可用于肉制品、乳制品及器械的消毒。

液体剂型有50%和10%两种浓度。两者适用范围相同，但后者剂量应加大5倍。具体使用方法、稀释倍数如表2-2所示。

表2-2 百毒杀的使用方法

使用范围	稀释倍数		用途
	百毒杀(50%)	百毒杀-S(10%)	
日常饮水消毒	10 000～20 000	2 000～4 000	可长期或定期使用
传染病发生时饮水消毒	5 000～10 000	1 000～2 000	连续饮用5天
正常禽舍、环境、器具、笼具、带禽消毒	3 000	600	喷雾、冲刷、洗涤、浸泡
可能发生传染病时禽舍器具、笼具消毒	2 000	400	
传染病发生时禽舍、笼具紧急消毒	1 000	200	
种蛋消毒	3 000	600	喷雾
孵化器(室)及设备消毒	2 000～3 000	400～600	喷雾、冲刷、浸泡、洗涤

☞ 107. 碘酊的用途是什么?

碘是活性很强的元素，有较强的渗透性能，可直接卤化菌体蛋白质，产生沉淀，使微生物死亡。消毒溶液pH值偏酸性时，游离的碘更多，杀菌作用增强；过多有机物存在可导致消毒效能降低。

本类消毒剂对细菌、霉菌、病毒和芽孢均具有强大的杀灭作用，对金属设施及用具的腐蚀性较低，低浓度时可用于饮水消毒和带禽消毒。

碘酊是常用的有效皮肤消毒药。一般用2%碘酊，其中含碘2%、碘化钾1.5%，加水适量，以50%乙醇配制。为暗红褐色的澄清液体，用于术前和注射前的皮肤消毒。在紧急情况下可用于饮水消毒，每升水中加入 2%碘酊 5～6 滴，15 min 后可供饮用，水无不良气味，且水中各种致病菌、原虫和其他生物可被杀死。

☞ 108. 如何使用复合碘溶液消毒？

复合碘溶液是由碘、碘化钾与酸及适量的佐剂配制成的水溶液，为红棕色黏稠液体，含活性碘一般为 1%～3%，对病毒、细菌、芽孢有较强的杀灭作用，可用于禽舍、场地、器具、车辆、污染物的消毒。

用法与用量：禽舍、器械的消毒，用水将消毒剂稀释 100～300 倍的浓度使用；饮水消毒，用 2% 浓度的碘溶液，每升水加入 0.4 mL。宜现配现用，对金属用品有一定的腐蚀性。

☞ 109. 聚维酮碘的消毒作用有何特点？

聚维酮碘又名碘伏，为碘与聚乙烯吡咯烷酮的络合物，深棕色粉末，含碘量约为 10%。常用制剂一般含聚维酮碘 5%～10%（即相当含碘量为 0.5%～1%），腐蚀性、刺激性较小，水溶液相对较稳定。对病毒、细菌、芽孢有较强的杀灭作用，可用于禽舍、场地、器具、车辆、污染物的消毒。以 0.015%的水溶液（以有效碘计）用于环境、器具消毒。

☞ 110. 碘仿的用途是什么？

碘仿（CHI_3）为黄色有光泽的晶粉。有异臭，易挥发。稍溶于水，可任意溶于苯和丙酮中，1 g 碘仿溶于 7.5 mL 乙醚中。

碘仿本身无防腐作用，与组织液接触时，能缓慢地分解出游离碘而呈现防腐作用，作用持续 1～3 天。对组织刺激性小，能促进肉芽形成。具有防腐、除臭和防蝇作用。常制成 10%碘仿醚溶液治疗深部瘘管、蜂窝织炎和关节炎等；4%～6%碘仿纱布用于充填深而易污染的伤口。

111. 如何使用速效碘消毒?

速效碘为碘、强力络合剂和增效剂络合而成的无毒液体。为新型的含碘消毒液。具有高效(比常规碘消毒剂效力高出5～7倍)、速效(在每升水含25 mg浓度时,60 s内即杀灭一般常见病原微生物)、广谱(对细菌、真菌、病毒等均有效)、对人禽无害(无毒、无刺激、无腐蚀、无残留)等特点,用于环境、用具、畜禽体表、手术器械等多方面的消毒。

注意事项:

(1)不能与碱性药物同时使用,污染严重的环境酌情加量。

(2)有效期为2年,应避光存放于－40～－20℃处。

用法与用量:速效碘具有两种制剂,即SI-Ⅰ型(含有效碘1%),SI-Ⅱ型(含有效碘0.35%)。具体使用方法如表2-3所示。

表2-3 速效碘的使用方法

使用范围	稀释比例		使用方法	作用时间(min)
	SI-Ⅰ	SI-Ⅱ		
饮水	500～1 000	150～300	直接饮用	
禽舍	300～400	100～200	喷雾、喷洒	5～30
禽笼、饲槽、水槽	350～500	100～250	喷雾、洗刷	5～20
蛋盘、蛋箱、器具	350～500	100～250	浸泡、洗刷	5
带鸡	350～450	100～250	喷雾	5～30
传染病高峰期	150～200	50～100	喷雾、同时饮水	5～30
孵化室	300～400	100～250	喷雾	5～10
种蛋	500～800	200～300	浸蘸	1
鸡白痢、大肠杆菌病	400～800	120～300	饮水(免疫前后3天停饮)	1～5
鸡新城疫、法氏囊病	300～500	150～250	喷雾	5～10
手术器械	200～300	50～100	浸泡	5～10

☞ 112. 高锰酸钾的用途有哪些？应用注意事项是什么？

高锰酸钾又名过锰酸钾、灰锰氧、PP。为强氧化剂，遇有机物或加热、加酸或加碱等，均即释出新生态氧(非游离态氧，不产生气泡)呈现杀菌、除臭、解毒作用。在发生氧化反应时，其本身还原为棕色的二氧化锰，后者可与蛋白结合成蛋白盐类复合物，因此高锰酸钾在低浓度时对组织有收敛作用，高浓度时有刺激和腐蚀作用。高锰酸钾的抗菌作用较过氧化氢强，但它极易被有机物分解而作用减弱。

在酸性环境中杀菌作用增强，例如，2%～5%溶液能在 24 h 内杀死芽孢，但如在 1%溶液中加入 1.1%盐酸，则能在 30 s 内杀死炭疽芽孢。用于冲洗皮肤创伤及腔道炎症。

注意事项：

(1)严格掌握不同适应症采用不同浓度的溶液，药液需新鲜配制。

(2)高浓度的高锰酸钾对组织有刺激和腐蚀作用，误服可引起一系列消化系统刺激症状，严重时出现呼吸和吞咽困难、蛋白尿等。

用法与用量：腔道冲洗配成 0.05%～0.1%溶液；创伤冲洗配成 0.1%～0.2%溶液。

☞ 113. 乳酸依沙吖啶有何用途？应用注意事项是什么？

乳酸依沙吖啶又名雷佛奴尔、利凡诺，属吖啶类(或黄色素类)染料，此类为染料中最有效的防腐药。碱基在未解离成阳离子前，不具抗菌活性，即当乳酸依沙吖啶解离出依沙吖啶，在其碱性氮上带正电荷时，才对革兰氏阳性菌呈现最大的抑菌作用。对各种化脓菌均有较强的作用，最敏感的细菌为魏氏梭状芽孢杆菌和酿脓链球菌。抗菌活性与溶液的 pH 值和药物解离常数有关。常以

0.1%～0.3%水溶液冲洗或以浸泡纱布湿敷，治疗皮肤和黏膜的创面感染。在治疗浓度时对组织无损害。抗菌作用产生较慢，但药物可牢固地吸附在黏膜和创面上，作用可维持1天之久。应用本品时应注意以下问题：

(1)本品溶液在保存过程中，尤其曝光下，可分解生成很毒的产物。

(2)与碱类和碘液混合易析出沉淀。

(3)长期使用可延缓伤口愈合。

(4)当有高于0.5%浓度的NaCl存在时，本品可从溶液中沉淀出来，故不能用NaCl溶液配制。

☞ 114. 甲紫的用途是什么？

本品又名龙胆紫、晶紫。为深绿紫色的颗粒性粉末或绿紫色有金属光泽的碎片。臭极微。在乙醇中溶解，在水中略溶。对革兰氏阳性菌有强大的选择作用，也有抗真菌作用。对组织无刺激性。

临床上常用其1%～2%水溶液或醇溶液治疗皮肤、黏膜的创面感染和溃疡。0.1%～1%水溶液用于烧伤，因有收敛作用，能使创面干燥，也用于皮肤表面真菌感染。

☞ 115. 如何应用环中菌毒清进行消毒？应用注意事项是什么？

本品为高效、低毒、广谱杀菌剂，杀菌效果不受有机物干扰。对革兰氏阳性菌、革兰氏阴性菌和某些病毒均有杀灭作用。适用于畜禽饲养场舍、食槽、饮水器、育雏器、育雏室、运输工具、种蛋消毒、带鸡消毒与鸡病治疗。

(1)应用注意事项：

①本品不能与其他消毒剂合用。

②本品毒性虽低，但不能直接接触食物，应用本品消毒过的餐

具要用清水洗净后，方可使用。

③本品不适于粪便及排泄物的消毒。

④本品应贮存于 9℃以上的阴冷干燥处，因气温较低出现沉淀时，应加温溶解再用。

(2)用法与用量：

①鸡舍消毒。对曾发生过传染病或其他疾病及旧鸡舍按下列消毒程序进行：先用本品 500 倍稀释液，按每立方米 0.5 L 全舍喷洒→消除粪便，垃圾→用高压水进行全舍冲洗→通风干燥→500 倍稀释液按每立方米 1.5 L 全舍喷雾消毒→通风干燥→最后以 500 倍稀释液喷雾消毒→进鸡。共需 7～9 天。

鸡舍带鸡消毒：清除粪便→水洗→用 500 倍稀释液喷雾消毒。平时每隔 1～2 周带鸡消毒 1 次。

②饲养设备、器具消毒：食槽、饮水器先用清水洗刷干净，然后用 500 倍稀释液浸泡 10 min；育雏器(室)、运雏箱、运蛋箱等先用常水冲刷干净，用 500 倍稀释液喷雾消毒，待干燥后再进行喷雾消毒 1 次；运输工具用 500 倍稀释液喷雾消毒 1 次即可；种蛋于采集后 2 h 或孵化前用 500 倍稀释液，在 41～43℃温度下浸洗 2～3 min 即可；禽舍入口消毒池的消毒水为 500 倍稀释液，每天更换 1 次。

③病鸡治疗：将本品用清水稀释 1 000～1 500 倍，供鸡饮水或拌料饲喂。

第三章　抗微生物药

☞ 116. 什么是抗微生物药？

微生物是存在于自然界的一群体形微小、结构简单、肉眼看不见、必须借助光学或电子显微镜放大数百倍、数千倍甚至数万倍才能观察到的微小生物。微生物按结构、组成可分为三大类，即原核细菌型微生物（细菌、支原体、立克次体、衣原体、螺旋体、放线菌）、真核细菌型微生物（真菌）和非细菌型微生物（病毒）。

抗微生物药是用于治疗病原微生物感染性疾病的药物，能抑制或杀灭病原微生物，包括抗菌药、抗真菌药和抗病毒药。

☞ 117. 什么是化学治疗药物？

凡是对侵袭性的病原体具有选择性抑制或杀灭作用，而对机体（宿主）没有或只有轻度毒性作用的化学物质，即称为化学治疗药，简称化疗药。包括抗微生物药、抗寄生虫药、抗癌药。

☞ 118. 什么是“化疗三角”？

在使用化疗药防治畜禽疾病的过程中，化疗药物、机体、病原体三者之间存在复杂的相互作用关系，被称为“化疗三角”（图3-1）。例如，在使用抗生素时，在充分发挥其抗菌作用的同时，也要重视动物机体的防御机能，如网状内皮系统和粒细胞的吞噬作用、淋巴细胞和抗体的形成等，以迅速消灭病原菌；另外，药物在作用于病原体的同时，对机体也会带来不良的作用，所以应尽量避免或减少药物对机体的不良反应，否则影响动物的康复。总之，化学治疗要针对性地选药，根据药物的药动学特征，给予充足的剂量与疗程，防止病原体的耐药性和药物不良反应的产生，同时依靠和发挥动物机体的防御能力。

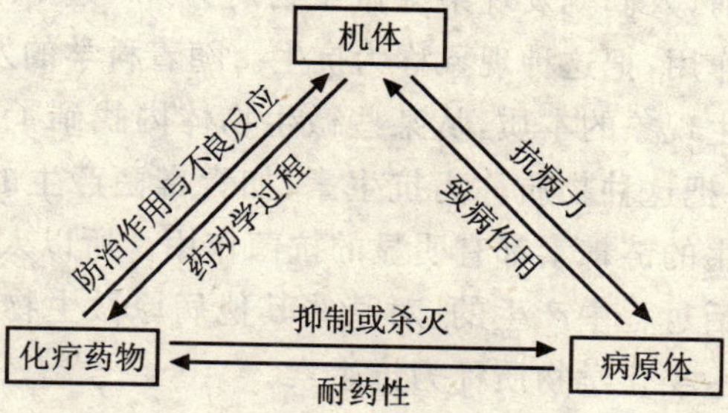

图 3-1 化疗药物、机体、病原体的相互关系

☞ 119. 什么叫化疗指数？

所谓化疗指数，系指动物的半数致死量（LD_{50}）与治疗感染动物的半数有效量（ED_{50}）之比值，或以动物的 5%致死量（LD_5）与治疗感染动物的 95%有效量（ED_{95}）之比值来衡量。化疗指数是评价化疗药的安全度及治疗价值的标准。化疗指数越大，表明药物的毒性越小，疗效越好，临床应用价值越高。

☞ 120. 什么叫抗菌药？

抗菌药是一类对细菌具有抑制和杀灭作用的药物，包括抗生素和人工合成抗菌药物（磺胺类、喹诺酮类等）。抗菌药广泛地应用于治疗或预防畜禽等动物的感染性疾病，在畜牧生产中，有些抗菌药还具有刺激动物生长、提高饲料报酬、降低死亡率的作用，被用做饲料添加剂。

☞ 121. 什么叫抗生素?

很早以前，人们就发现某些微生物对另外一些微生物的生长繁殖有抑制作用，把这种现象称为抗生。随着科学的发展，人们终于揭示出抗生现象的本质，从某些微生物体内找到了具有抗生作用的物质，并把这种物质称为抗生素，如青霉菌产生的青霉素，灰色链丝菌产生的链霉素都有明显的抗菌作用。所以人们把由某些微生物在生活过程中产生的、对某些其他病原微生物具有抑制或杀灭作用的一类化学物质称为抗生素。

由于最初发现的一些抗生素主要对细菌有杀灭作用，所以一度将抗生素称为抗菌素。但是随着抗生素的不断发展，陆续出现了抗病毒、抗衣原体、抗支原体，甚至抗肿瘤的抗生素，并且被用于临床，显然称为抗菌素是不妥的。抗肿瘤抗生素的出现，说明微生物产生的化学物质除了原先所说的抑制或杀灭某些病原微生物的作用之外，还具有抑制癌细胞的增殖或代谢的作用，因此，现代抗生素的定义应当为：由某些微生物产生的化学物质，能抑制微生物和其他细胞增殖的物质叫做抗生素。

☞ 122. 什么叫抗菌谱？如何看待药物的抗菌谱?

抗菌谱是指药物抑制或杀灭病原微生物的范围。凡仅作用于单一菌种或某属细菌的药物称窄谱抗菌药，例如青霉素主要对革兰氏阳性细菌有作用，链霉素主要作用于革兰氏阴性细菌。凡能抑制或杀灭多种不同种类的细菌，抗菌作用范围广泛的药物，称广谱抗菌药，如四环素类、氯霉素类等。半合成的抗生素和人工合成的抗菌药多具有广谱抗菌作用。抗菌谱是兽医临床选药的基础。

20 世纪 90 年代以来，抗生素的种类和应用范围都有了飞速发展，原来窄谱的抗生素如青霉素经过改造，产生了许多半合成的青霉素，扩大了原来的抗菌范围，如氨苄青霉素、羟苄青霉素等，不但对革兰氏阳性菌有效，而且对革兰氏阴性菌也很有效。近年来出现的第三代头孢菌素，抗菌谱也很广。总起来说，窄谱抗生素针对性强，不容易产生二重感染，但在治疗严重或混合多种细菌感染时需要联合用药。而广谱抗生素抗菌谱广，应用范围大，容易产生耐药、二重感染等，针对性也不如窄谱抗生素强。所以广谱抗生素和窄谱抗生素各有利弊，必须正确对待，合理选用。

☞ 123. 什么是抗菌活性？

抗菌活性是指抗菌药抑制或杀灭病原微生物的能力。可用体外抑菌试验和体内实验治疗方法测定。体外抑菌试验对临床用药具有重要参考意义。能够抑制培养基内细菌生长的最低浓度称为最小抑菌浓度（MIC）。以杀灭细菌为评定标准时，使活菌总数减少99％或99.5％以上，称为最小杀菌浓度（MBC）。在一批实验中能抑制50％或90％受试菌所需MIC，分别称为MIC_{50}及MIC_{90}，例如，恩诺沙星对大肠杆菌及沙门氏菌的MIC分别是<0.01～0.5 μg/mL、0.003～0.5 μg/mL；达氟沙星对溶血性巴氏杆菌及多杀性巴氏杆菌的MIC_{90}分别是0.06 μg/mL、0.03 μg/mL。抗菌药的抑菌作用和杀菌作用是相对的，有些抗菌药在低浓度时呈抑菌作用，而高浓度呈杀菌作用。临床上所指的抑菌药是指仅能抑制病原菌的生长繁殖，而无杀灭作用的药物，如磺胺类、四环素类等。杀菌药是指具有杀灭病原菌作用的药物，如青霉素类、氨基糖苷类、氟喹诺酮类等。

☞ 124. 什么是抗菌药后效应？

抗菌药后效应（PAE）是指细菌与抗菌药短暂接触后，将药物完全除去，细菌的生长仍然受到持续抑制的效应。PAE以时间的长短来表示，它几乎是所有抗菌药的一种性质。由于最初只对抗生素进行研究，故称为抗生素后效应。后来发现人工合成的抗菌药也能产生PAE，故称之为抗菌药后效应更为确切一些。此外，处于PAE期的细菌再与亚抑菌浓度的抗菌药接触后，可以进一步被抑制，这种作用称为抗菌药后效应期亚抑菌浓度作用。能产生抗菌药后效应的药物主要有β-内酰胺类、氨基糖苷类、大环内酯类、林可胺类、四环素类、氯霉素类和氟喹诺酮类等。

☞ 125. 什么是微生物的耐药性？什么是交叉耐药性？

耐药性也被称之为抗药性，是自然界微生物间普遍存在的抗生现象的特殊表现形式。各种微生物在求生存的过程中，一方面产生相应的抗生物质，用以杀灭其他微生物；另一方面要积极抵御其他微生物所产生的抗生物质的侵入。当种类不断增加的抗菌药物被用于防治感染性疾病时，各种微生物势必加强其防御能力，即形成了抗菌药物参与的微生物抗生现象。再加上耐药基因的传代、转移、传播、扩散，耐药微生物越来越多，耐药程度不断增加，形成高度和多重耐药性。

耐药性分为天然耐药性和获得耐药性两种。前者属细菌的遗传特征，是不可改变的。例如绿脓杆菌对大多数抗生素不敏感，极少数金黄色葡萄球菌亦具有天然耐药性。获得耐药性，即一般所指的耐药性，是指病原菌在多次接触化疗药后，产生了结构、生理及生化功能的改变，而形成具有抗药性的变异菌株，它们对药物的敏感性下降甚至消失。

某种病原菌对一种药物产生耐药性后，往往对同一类的药物也具有耐药性，这种现象称为交叉耐药性。交叉耐药性有完全交叉耐药性及部分交叉耐药性之分。完全交叉耐药性是双向的，如多杀性巴氏杆菌对磺胺嘧啶产生耐药后，对其他磺胺类药均产生耐药；部分交叉耐药性是单向的，如氨基糖苷类之间，对链霉素耐药的细菌，对庆大霉素、卡那霉素、新霉素仍然敏感，而对庆大霉素、卡那霉素、新霉素耐药的细菌，对链霉素也耐药。

☞ 126. 细菌产生耐药性的机理有哪些?

一般认为,细菌产生耐药性的机理有以下几种:

(1)产生酶使药物失活:主要有水解酶和钝化酶两种。水解酶的典型例子就是β-内酰胺酶类,它们能使青霉素或头孢菌素的β-内酰胺环断裂而使药物失效。钝化酶又名合成酶,常见的有乙酰转移酶、磷酸转移酶及核苷转移酶等。如乙酰转移酶作用于氨基糖苷类的氨基,使其乙酰化而失效;磷酸转移酶及核苷转移酶作用于羟基,使磷酰化及腺酰化而失去抗菌活性。

(2)改变膜的通透性:一些革兰氏阴性菌对四环素类及氨基糖苷类产生耐药性,系由于耐药菌所带的质粒诱导下产生三种新的蛋白,阻塞了外膜亲水性通道,药物不能进入而形成耐药性。革兰氏阴性菌及绿脓杆菌细胞外膜亲水通道功能的改变,也会使细菌对某些广谱青霉素和第三代头孢菌素产生耐药性。

(3)作用靶位结构的改变:耐药菌药物作用点的结构或位置发生变化,使药物与细菌不能结合而丧失抗菌效能。例如,β-内酰胺类抗生素的作用靶位是青霉素结合蛋白(PBPs),β-内酰胺类抗生素耐药菌株体内的 PBPs 的质和量发生改变,导致与药物的结合能力下降;链霉素耐药菌株,主要是细菌核蛋白体 30S 亚基上的链霉素受体(P_{10}蛋白)发生构型改变,使药物不能与菌体结合而失效;红霉素耐药菌株的形成可能与 50S 亚基蛋白质的突变有关。

(4)改变代谢途径:磺胺药是与对氨基苯甲酸(PABA)竞争二氢蝶酸合成酶而产生抑菌作用。例如,金黄色葡萄球菌多次接触磺胺药后,其自身的 PABA 产量增加,可高达原敏感菌产量的 20～100 倍。后者与磺胺药竞争二氢蝶酸合成酶,使磺胺药的作用下降甚至消失。

此外,对四环素类耐药的细菌在胞浆膜可产生“四环素泵”,把菌体内的药物泵出细胞外;对喹诺酮类耐药的细菌细胞膜上亦存在外排系统，能将药物从菌体内排出。

☞ 127. 抗生素是如何进行分类的？

目前，抗生素的生产日新月异，疗效高、副作用少的新品种不断应用于临床医疗。这些抗生素的结构十分复杂，分类方法也有多种，常用的有以下两种：

（一）按化学结构，可分为如下几类。

（1）β-内酰胺类：青霉素类、头孢菌素类等。包括天然青霉素和半合成青霉素，如青霉素G、苯唑青霉素钠、邻氯青霉素钠、羟氨苄青霉素、羧苄青霉素钠等，头孢菌素类如头孢噻吩钠、头孢噻啶、头孢氨苄、头孢唑啉钠等。近年来发展了非典型β-内酰胺类，如碳青霉烯类、单环β-内酰胺类、β-内酰胺酶制剂及氧头孢类等。

（2）氨基糖苷类：如链霉素、卡那霉素、庆大霉素、新霉素、庆大-小诺霉素、阿布拉霉素、妥布霉素、威他霉素、潮霉素B、越霉素A等。

（3）四环素类：如四环素、土霉素、金霉素、脱氧土霉素、二甲胺四环素、美他环素和米诺环素等。

（4）氯霉素类：氯霉素、甲砜霉素、氟苯尼考等。

（5）大环内酯类：红霉素、竹桃霉素、北里霉素、泰乐霉素、螺旋霉素、罗红霉素、替米考星、吉他霉素等。

（6）多肽类：如多黏菌素B、多黏菌素E、杆菌肽、威里霉素、恩拉霉素、硫肽霉素、米加霉素、奥沃霉素等。

（7）多烯类：灰黄霉素、两性霉素B、制霉菌素等。

（8）洁霉素类：洁霉素、克林霉素等。

（9）含磷多糖类：黄霉素、大碳霉素、喹北霉素等，主要用做饲料添加剂。

此外，还有大环内酯类的阿维菌素类抗生素和聚醚类（离子载体类）抗生素如莫能菌素等，均属抗寄生虫药。

（二）按抗菌谱，可分为：

（1）主要作用于革兰氏阳性菌的抗生素如青霉素类、大环内酯类、头孢菌素类、林可胺类、新生霉素、杆菌肽等。

（2）主要作用于革兰氏阴性菌的抗生素如氨基苷类、多肽类等。

（3）广谱抗生素如四环素类、氯霉素类等、

（4）抗真菌抗生素如灰黄霉素、制霉菌素等。

（5）抗寄生虫的抗生素如莫能菌素、盐霉素、马杜霉素、拉沙里菌素、伊维菌素、潮霉素 B、越霉素 A 等。

（6）抗肿瘤抗生素如丝裂霉素 C、正定霉素、博来霉素、光辉霉素等。

（7）促生长抗生素如黄霉素、维吉尼霉素等。

☞ 128. 抗生素的抗菌作用机理是什么?

抗生素的作用机理，目前认为有以下 4 个方面。

（1）影响细菌细胞壁的合成：细胞壁是包围在细菌外面的一层坚韧组织，具有保护和维持菌体正常形态的作用。革兰氏阳性菌细胞壁的主要成分是黏肽，占细胞壁总量约 60％以上；革兰氏阴性菌细胞壁含黏肽在 10％以下。青霉素类和头孢菌素类抗生素能选择地阻碍黏肽的合成，导致细菌失去细胞壁的保护而崩解死亡。因此，青霉素类抗生素对革兰氏阳性菌有明显的抗菌作用，而对革兰氏阴性菌的作用不明显，对生长旺盛的细菌作用强，对细胞壁已形成而处于静息状态的细菌作用弱。人和动物的细胞无细胞壁结构，故青霉素对人体和畜体的毒性低。

（2）影响细菌胞浆膜的通透性：胞浆膜即细胞膜，是包围在菌体原生质外的一层半透性生物膜，具有维持菌体渗透作用、运输营养物质和排泄菌体内的废物并参与细胞壁的合成等功能。胞浆膜受损后，通透性增加，导致菌体内物质外漏，外部物质和水分内渗，

菌体溶解死亡。如多肽类的多黏菌素和多烯类的制霉菌素就具有损伤细菌胞浆膜的作用。

(3)抑制菌体蛋白质的合成:蛋白质的合成是一个非常复杂的生化过程(可根据蛋白质的化学结构分为3个简单的阶段,即起始、延长和终止阶段)。氯霉素类、氨基苷类、四环素类、大环内酯类等在菌体蛋白质合成的不同阶段与核蛋白体的不同部位结合,阻碍蛋白质的合成,从而产生抑菌或杀菌作用。

(4)抑制细菌核酸的合成:新生霉素、制霉菌素和抗肿瘤的抗生素等能抑制或阻碍脱氧核糖核酸(DNA)或核糖核酸(RNA)的合成,从而产生抗菌作用。

☞ 129. 抗生素的计量单位是什么?

效价是评价抗生素效能的标准,也是衡量抗生素活性成分含量的尺度。每种抗生素的效价与重量之间有特定转换关系。抗生素的效价通常以重量或国际单位来表示。

合成及半合成的抗生素都与其他合成药一样,以重量表示其单位(0.125 g/mL 即每毫升含 125 mg),只有非合成抗生素,才需采用特定的单位来表示其效价,如链霉素、土霉素、红霉素等系以纯游离碱 1 μg 作为 1 U。另外还有某些抗生素以某一特定盐 1 μg 作为 1 U,如金霉素、四环素均以其纯盐酸盐 1 μg 作为 1 U;庆大霉素以纯硫酸盐 1 μg 作为 1 U,80 mg 等于 8 万 U。青霉素以国际标准品青霉素 G 钠盐 0.6 μg 为一个单位,所以 1 mg 的青霉素 G 钠(或 G 钾)含有 1 667 IU。

☞ 130. 抗生素对病毒性感染有治疗作用吗?

抗生素绝大多数都是针对细菌的,某些抗生素对衣原体、支原体也有效。近年来,抗真菌、抗肿瘤的抗生素发展很快,并陆续出现了一些抗病毒药物如干扰素等。但一般意义上讲的抗生素,主要还是指针对细菌的抗生素，而这些抗生素对病毒是无效的，因此临床上经常遇到的感冒、上呼吸道感染、病毒性腹泻等病毒性感染，使用抗生素不但达不到治疗作用，反而可导致抗生素毒、副作用的产生，危害动物健康。因此，病毒性感染一般不使用抗生素治疗。

☞ 131. 青霉素 G 的用途是什么？

青霉素 G 属窄谱的杀菌性抗生素，抗菌作用很强，低浓度抑菌，高浓度杀菌。青霉素对革兰氏阳性菌阴性球菌、革兰氏阳性杆菌、放线菌和螺旋体等高度敏感，常作为首选药物。主要用于革兰氏阳性敏感菌所致的疾病，如兽医链球菌病、禽李氏杆菌病、禽丹毒病、创伤性感染及各种呼吸道感染等。对鸡球虫病并发的肠道梭菌感染，可内服大剂量的青霉素。

用法与用量：肌肉注射，1 次量，每千克体重，禽 5 万 IU，每日 2 次。

☞ 132. 为什么青霉素 G 钾(钠)盐注射剂要临用前配制？青霉素 G 可否通过内服给药？

青霉素 G 钾或钠，性质较稳定，可在室温中保存数年而不失去其抗菌活性，也能耐热。溶于水后其稳定性大为降低，水溶液在 pH 值 6.0～6.5 时最稳定，pH 值为 5 以下和 8 以上时即遭破坏，当温度愈高时破坏愈显著。20 万 IU/mL 青霉素溶液于 30℃放置 24 h，效价下降 56%，青霉烯酸增加 200 倍。故青霉素配成水溶液后要及时用完，一般以不超过 24 h 为宜，即便放于冰箱内也不宜过久。

青霉素遇酸、碱、氧化剂、重金属、酒精、甘油等易受破坏，抗菌活性消失。因此，内服给药时可被胃酸破坏，仅约 30% 为小肠所吸收，达不到有效血浓度，故不用于内服。但鸡内服大剂量

(8万～10万IU/kg)青霉素吸收较多,能达到有效浓度。

☞ 133. 青霉素G不宜与哪些药物配伍应用?

(1)丙磺舒、阿司匹林、保泰松、磺胺药对青霉素的排泄有阻滞作用,合用可升高青霉素类的血药浓度,也可能增加毒性。

(2)氯霉素、红霉素、四环素等抑菌剂对青霉素的杀菌活性有干扰作用,不宜使用。

(3)重金属离子(尤其是铜、锌、汞)、醇类、酸、碘、氧化剂、还原剂、羟基化合物及呈酸性的葡萄糖注射液或四环素注射液都可破坏青霉素的活性,禁忌配伍,也不宜接触。

(4)青霉素G钠溶液与某些药物溶液(两性霉素、头孢噻吩、盐酸氯丙嗪、盐酸林可霉素、酒石酸去甲肾上腺素、盐酸土霉素、盐酸四环素、B族维生素及维生素C)不宜混合,否则可产生混浊、絮状物或沉淀。

☞ 134. 什么是青霉素的增效剂?

许多病菌能产生β-内酰胺酶,β-内酰胺酶能水解青霉素类和头孢菌素类结构中的β-内酰胺环而使之失去抗菌活性,如金黄色葡萄球菌、淋球菌和流感杆菌中的部分菌株,因能产生β-内酰胺酶而对青霉素或氨苄西林耐药,大肠杆菌、肺炎杆菌中许多菌株对氨苄西林和羧苄西林耐药。为了克服这些病菌的耐药性,采用一些能够抑制β-内酰胺酶的制剂与青霉素合用,可以增强青霉素的作用,这类药物称为β-内酰胺酶抑制剂。临床上常用的有克拉维酸(又名棒酸)、青霉烷砜(又名舒巴坦)等,这些药物本身仅有微弱的抗菌活性,但与β-内酰胺酶不稳定的抗生素联用,可以保护这些抗生素免受酶的破坏,增强其抗菌活性。临床上棒酸与羧苄西林制成的复合制剂称为奥格门汀,棒酸与替卡西林制成的复合制剂称为泰门汀,氨苄青霉素与舒巴坦复合制剂称为优力新等等,都大大增强了原来青霉素的抗菌能力，所以有人称为青霉素的增效剂。

☞ 135. 什么是半合成青霉素？

青霉素G虽具有杀菌力强、毒性低等优点，但也有抗菌谱窄、不耐酸、金葡菌易产生耐药性及引起过敏反应等缺点，因此，自1959年开始，用酰胺酶水解羰基侧链，再用化学合成方法接上各种基团，从而得到多种半合成青霉素，如氨苄西林、阿莫西林等，根据其特点不同，可分为耐酸、耐酶、广谱、抗革兰氏阴性菌等不同品种。

☞ 136. 氨苄西林的抗菌特点是什么？

氨苄西林又称氨苄青霉素、安比西林。本品耐酸、不耐酶，内服或肌肉注射均易吸收。对大多数革兰氏阳性菌的效力不及青霉素。对革兰氏阴性菌，如大肠杆菌、变形杆菌、沙门氏菌、嗜血杆菌、布鲁氏菌和巴氏杆菌等均有较强的作用，与氯霉素、四环相似或略强，但不如卡那霉素、庆大霉素和多黏菌素。本品对耐药金葡菌、绿脓杆菌无效。本品与庆大霉素、链霉素等合用，用于大肠杆菌病腹膜炎、输卵管炎、气囊病等。对鸡白痢亦有防治作用。不良反应同青霉素。

用法与用量：内服，1次量，每千克体重，家禽20～40 mg，每日2～3次。肌肉或静脉注射，1次量，每千克体重，家禽10～20 mg，每日2～3次(高剂量用于雏禽和急性感染)，连用2～3天。

☞ 137. 阿莫西林的作用特点是什么？

阿莫西林又称羟氨苄西林。本品在胃酸中较稳定，其作用、应用、抗菌谱与氨苄西林基本相似，对肠球菌属和沙门氏菌的作用较氨苄西林强2倍。细菌对本品和氨苄西林有完全的交叉耐药性。

用法与用量：内服，1次量，每千克体重，禽10～15 mg，每日2

次。

☞ 138. 头孢菌素类抗生素的作用特点是什么？

头孢菌素类又称先锋霉素类抗生素，是以头孢菌的培养液提取的头孢菌素C为原料，经催化水解得到7-氨基头孢烷酸，通过侧链改造而得到的半合成抗生素。其作用机制、临床应用与青霉素类相似。本类药物具有抗菌谱广、对酸和β-内酰胺酶较青霉素类稳定、毒性小等优点。按发明先后和抗菌效能的不同，可分为第一、二、三代头孢菌素，因价格昂贵，国内兽医上多用第一代品种如噻孢霉素、头孢氨苄、头孢羟氨苄、头孢唑啉等，仅少数第三代品种如头孢噻肟、头孢三嗪等，用于贵重动物和宠物。

☞ 139. 家禽业常用的大环内酯类抗生素有哪些？其共同特点是什么？

大环内酯类系一族由12～16个碳骨架的大内酯环及配糖体组成的抗生素，家禽业常用的为红霉素、泰乐菌素、替米考星、吉他霉素、螺旋霉素和竹桃霉素等。

其共同特点如下：

(1)本品为阻碍细菌的蛋白质合成而起抑菌作用的抗生素。

(2)抗菌谱类似青霉素而略广，主要作用于需氧革兰氏阳性菌与阴性球菌、某些厌氧菌以及军团菌属、支原体、衣原体等。

(3)与其他常用抗生素之间无交叉耐药性，但本类药物之间有较密切的交叉耐药性。

(4)毒性低，严重不良反应少见。

(5)血液浓度低，但在组织中浓度相对较高，维持时间也较长。

(6)药物不易透过血脑屏障。

(7)对青霉素耐药金黄色葡萄球菌有效，常作为对青霉素过敏者的替代药物。

(8)对近年来流行的支原体肺炎、嗜肺军团菌感染为首选药物。

(9)均为无色有机碱化合物,不耐酸,在碱性环境中抗菌作用强。

☞ 140. 红霉素的作用是什么?如何应用?

本品抗菌谱与青霉素 G 相仿,对革兰氏阳性菌中的金葡菌、链球菌、肺炎球菌、炭疽杆菌、丹毒杆菌和梭状芽孢杆菌有较强的抗菌作用;对革兰氏阴性菌中的流感杆菌、布氏杆菌和巴氏杆菌等也有抑制作用,但对大肠杆菌、沙门氏菌属等肠道阴性杆菌,几无作用。此外,对立克次体和钩端螺旋体等亦有效。

本品主要应用于耐青霉素 G 的金黄色葡萄球菌所引起的严重感染及治疗鸡呼吸道病、传染性鼻炎、溃疡性肠炎、坏死性肠炎、滑膜炎、葡萄球菌病、链球菌病、丹毒病等,亦可混饲用于缓解应激反应及提高产蛋率和孵化率。但由于细菌对红霉素易产生耐药性,所以本品不作为革兰氏阳性菌感染的首选用药。

用法与用量:硫氰酸红霉素可溶性粉,混饮,每升水,鸡 125 mg(效价),连用 3～5 天。

☞ 141. 泰乐菌素的抗菌作用有何特点?其主要用途是什么?

泰乐菌素又名泰乐霉素,为大环内酯类畜禽专用抗生素。对革兰氏阳性菌、支原体、螺旋体等均有抑制作用;对大多数革兰氏阴性菌作用较差。对革兰氏阳性菌的作用较红霉素弱,其特点是对支原体有较强的抑制作用。与其他大环内酯类有交叉耐药现象。

主要用于防治鸡、火鸡和其他动物的支原体感染。此外,亦可用于浸泡种蛋以预防鸡支原体传播。

用法与用量:酒石酸泰乐菌素可溶性粉,混饮,每升水,禽

500 mg(效价),连用 3～5 天。蛋鸡产蛋期禁用,休药期鸡 1 天。

磷酸泰乐菌素预混剂,混饲,每 1 000 kg 饲料,鸡 4～50 g。

☞ 142. 替米考星的用途是什么？如何应用？

替米考星系由泰乐菌素的一种水解产物半合成的畜禽专用抗生素,用于治疗畜禽细菌及支原体感染,对革兰氏阳性菌和部分革兰氏阴性菌、支原体、霉形体、螺旋体均有强大的抑杀作用,较泰乐菌素的抗菌活性更强。主要用于防治禽支原体病。是替代泰乐菌素预防和治疗家禽呼吸道感染的首选药物。

用法与用量：替米考星可溶性粉,混饮,每升水,鸡 100～200 mg,连用 5 天。用于鸡支原体病的治疗(蛋鸡除外)。

☞ 143. 吉他霉素的用途是什么？

吉他霉素又名柱晶霉素、北里霉素,对革兰氏阳性菌、部分阴性菌、立克次体、螺旋体、霉形体和衣原体都有效,特别是对耐药性金葡菌的效力强于四环素、红霉素、竹桃霉素等。本品常用于预防和治疗鸡的慢性呼吸道病,此外,也常用做饲料添加剂,以促进家禽生长和提高饲料转化率。

用法与用量：酒石酸吉他霉素可溶性粉,混饮,每升水,鸡 250～500 mg(效价),蛋鸡产蛋期禁用,肉鸡休药期 7 天。

吉他霉素预混剂,混饲,每 1 000 kg 饲料,鸡 5.5～11 g(用于促生长)。宰前 7 天停止给药。

吉他霉素片,内服,1 次量,每千克体重,鸡 20～50 mg,每日 2 次,连用 3～5 天。

☞ 144. 竹桃霉素的抗菌作用特点是什么？

竹桃霉素系大环内酯类抗生素,为白色无定形或无色结晶,能溶于丙酮、甲醇、乙醇中,难溶于水,较易溶于碱性水溶液。此外,它还有许多种盐类制剂。用做饲料添加剂的多为树脂吸附型竹桃霉素。

竹桃霉素吸收良好，体内分布广泛，具有广泛的抗菌效果。与其他同类抗生素相同，它主要对革兰氏阳性菌、部分阴性菌、螺旋体、支原体、立克次体有效，特别是对葡萄球菌、链球菌感染病症效果显著。竹桃霉素与红霉素有不完全交叉耐药性。

饲料中的添加量：促进生长，提高饲料利用率，每 1 000 kg 饲料，鸡、雏鸡 1～5 g，产蛋鸡禁用。

☞ 145. 林可霉素的用途是什么？

林可霉素又名洁霉素，主要对革兰氏阳性菌、某些厌氧菌和霉形体有较强抗菌作用，抗菌谱较红霉素窄。金黄色葡萄球菌、溶血性链球菌、肺炎球菌及鸡败血霉形体对本品敏感，但肠球菌一般对本品耐药；厌氧菌如拟杆菌属、破伤风杆菌、梭状芽孢杆菌、魏氏梭菌、支原体等亦对本品敏感。主要用于治疗革兰阳性菌特别是耐青霉素的革兰阳性菌所引起的各种感染，霉形体引起的家禽慢性呼吸道病，厌氧菌感染如鸡的坏死性肠炎等。本品与大观霉素合用，对鸡支原体病或大肠杆菌病的效力超过单一药物。

混饲：每 1 000 kg 饲料，禽 22～44 g(效价)，连用 1～3 周；

混饮：每升水，家禽 15～30 mg；

内服：1 次量，每千克体重，鸡 15～30 mg，每日 3 次；

肌肉或静脉注射：1 日量，每千克体重，家禽 20～40 mg，分 2 次注射。

☞ 146. 常用氨基苷类药物有哪些？其共同特点是什么？

氨基糖苷类抗生素，也称氨基糖苷类抗生素，因其分子结构中都有一个氨基环醇环和一个或多个氨基糖分子，并由配糖键连接成苷而得名。包括两大类：一类为来自链霉菌的链霉素、卡那霉素、妥布霉素、大观霉素、新霉素等和来自小单孢菌的庆大霉素、西索米星、小诺霉素、阿司米星等天然氨基糖苷类;另一类为阿米卡星、奈替米星等半合成氨基糖苷类。

兽医临床上常用的有链霉素、卡那霉素、庆大霉素等。它们具有以下共同特征:

(1)均为有机碱,能与酸形成盐。常用制剂为硫酸盐,易溶于水,性质比青霉素稳定,在碱性环境中作用增强。

(2)内服吸收很少,可作为肠道感染用药。全身感染时常注射给药。大部分以原形从尿中排出,适用于泌尿道感染,肾功能下降时,消除半衰期明显延长。

(3)抗菌谱较广,对需氧革兰氏阴性杆菌及结核杆菌有强大作用,但对革兰氏阳性菌的作用较弱。

(4)作用机理均为抑制蛋白质的生物合成,在低浓度时抑菌,高浓度时杀菌,对静止期细菌的杀灭作用较强,为一静止期杀菌剂。

(5)主要不良反应是对第八对脑神经的毒性及肾损伤。

(6)细菌对本类药物易产生耐药性,其发生方式为跃进式,各药间有部分或完全交叉耐药性。

☞ 147. 氨基苷类抗生素的毒、副作用有哪些?

氨基苷类抗生素毒、副作用主要有以下几点。

(1)肾毒性:主要损害近曲小管上皮细胞,出现蛋白尿、管型尿、红细胞,严重时出现肾功能减退,其损害程度与剂量大小及疗程长短成正比。庆大霉素的发生率较高。由于氨基糖苷类主要从尿中排出,为避免药物积聚,损害肾小管,应给患畜足量饮水。

肾脏损害常使血药浓度增高,易诱发耳毒性症状。

(2)耳毒性:可表现为前庭功能失调及耳蜗神经损害。两者可同时发生,亦可出现其中的一种反应。但前者多见于链霉素、庆大霉素等，而后者多见于新霉素、卡那霉素、阿米卡星等。耳毒性的发生机制尚未完全阐明，多认为与内耳淋巴液中药物浓度持久升高，损害内耳柯蒂器的毛细胞有关。早期的变化可逆，超过一定程度则变化不可逆。

(3)神经肌肉阻滞：本类药物可抑制乙酰胆碱的释放，并与Ca^{2+}络合，促进神经肌肉接头的阻滞作用。其症状为心肌抑制和呼吸衰竭，以新霉素、链霉素和卡那霉素较多发生。可静脉注射新斯的明和钙剂对抗。

(4)内服可能损害肠壁绒毛器官而影响肠道对脂肪、蛋白质、糖、铁等的吸收，亦可引起肠道菌群失调，发生厌氧菌或真菌的二重感染。皮肤黏膜感染时的局部应用易引起对该药的过敏反应和耐药菌的产生，宜慎用。

☞ 148. 链霉素的用途是什么？应用注意事项有哪些？

链霉素的抗菌谱较青霉素广，但对革兰氏阳性菌的作用不如青霉素，而对革兰氏阴性菌的作用较强，尤其是对结核菌作用较强，其次是革兰氏阴性杆菌（如鸡沙门氏菌、大肠杆菌、痢疾杆菌、副伤寒杆菌、嗜血杆菌、巴氏杆菌等）。所以，为革兰氏阴性菌感染的首选药。另外对霉形体也有作用。用于禽霍乱、鸡伤寒、副伤寒、传染性鼻炎、溃疡性肠炎、鸡及鸽的慢性呼吸道病（CRD）、雏鸡白痢、禽葡萄球菌病等。此外，对钩端螺旋体也有效。

应用注意：本品用量过大或时间过长，会引起较为严重的毒性反应。鸡每千克体重用0.3 g即可中毒，中毒症状为肢体无力、站立不稳、头下垂、眼无神而思睡、呼吸困难、呼吸次数减少等。另外，本品与新霉素、庆大霉素、卡那霉素之间存有部分交叉耐药性。

用法与用量：硫酸链霉素粉针，肌肉注射量，雏鸡（7～10日龄）0.05 g/只，成年家禽20～30 mg/kg。片剂，家禽以30～120 mg/L混饮。

☞ 149. 庆大霉素的作用和用途是什么?

庆大霉素又名艮他霉素、正泰霉素,在氨基苷类药物中抗菌谱较广,抗菌活性最强。对革兰氏阳性菌和阴性菌均有作用。在阴性菌中如大肠杆菌、变形杆菌、绿脓杆菌、沙门氏菌属和布氏杆菌等均有较强的作用。在阳性菌中,以对耐药金葡菌的作用最强。耐卡那霉素、新霉素、新青霉素和先锋霉素的葡萄球菌,均可为本品所杀灭。其他如溶血性链球菌、炭疽杆菌等阳性菌亦有作用。此外,尚有抗结核杆菌和抗支原体的作用,但对真菌和原虫等无效。本品主要用于耐药金葡菌、绿脓杆菌、变形杆菌和大肠杆菌等所引起的各种严重感染如呼吸道感染、肠道感染、泌尿道感染和败血症等。此外,亦可应用于雏鸡白痢。雏鸡白痢和肠道感染以口服给药为宜,其他的感染则宜采用注射给药。

用法与用量:硫酸庆大霉素注射液,1 次量,每千克体重,家禽 5～7.5 mg。每日 2 次,连用 2～3 天。硫酸庆大霉素片,混饮,每升水,家禽预防用 20～40 mg,治疗用 50～100 mg。

☞ 150. 卡那霉素的用途是什么?

卡那霉素对大多数革兰氏阴性菌如大肠杆菌、变形杆菌、沙门氏菌等都有强大的抗菌作用,对金葡菌和结核杆菌亦有效。链球菌、绿脓杆菌、猪丹毒杆菌对本品多耐药。对青霉素、链霉素、异烟肼、对氨水杨酸、四环素等有耐药的菌株,对本品仍敏感。临床上主要用于治疗对青霉素耐药的金葡菌和多数革兰氏阴性杆菌所引起的感染,如败血症、乳腺炎、肠道感染、泌尿道感染、肺部感染、鸡白痢、禽霍乱等。

用法与用量:硫酸卡那霉素注射液,肌肉注射,1 次量,每千克体重,家禽 10～15 mg。每日 2 次,连用 2～3 天。

☞ 151. 新霉素的用途是什么?

本品对大多数革兰氏阳性菌和阴性菌及结核杆菌都有明显的抑制作用,对绿脓杆菌、螺旋体、放线菌及变形虫也有效。细菌不易对本品产生耐药性。

本品肌肉注射易吸收,但毒性大,易损伤肾脏和第八对脑神经。剂量过大时,可抑制呼吸,故注射给药在临床上较少应用。本品内服吸收很少,可用于肠道感染,或外用 0.5%水溶液或软膏,治疗皮肤、创伤、眼、耳、口腔等感染。间或用于治疗各种抗生素无效的各种严重感染。此外也可通过气雾给药法,防治呼吸道感染。

用法与用量:硫酸新霉素可溶性粉,混饮,每升水,禽 70~75 mg。

☞ 152. 阿米卡星的用途是什么?

阿米卡星又名丁胺卡那霉素。作用、抗菌谱与庆大霉素相似。其特点是对庆大霉素、卡那霉素耐药的绿脓杆菌、大肠杆菌、变形杆菌、克雷白杆菌等仍有效;对金葡菌亦有较好作用。临床用于治疗耐药菌引起的菌血症、败血症、呼吸道感染、腹膜炎及敏感菌引起的各种感染等。不良反应与链霉素相似。

用法与用量:硫酸阿米卡星注射液,肌肉注射,1 次量,每千克体重,家禽 5~7.5 mg,每日 2 次。

☞ 153. 大观霉素的用途是什么?

大观霉素又名壮观霉素、奇霉素、奇放线菌素,对革兰氏阳性菌、阴性菌及霉形体均有作用,如对革兰氏阳性菌中的金黄色葡萄球菌、链球菌,革兰氏阴性菌中的大肠杆菌、沙门氏杆菌、巴氏杆菌及鸡败血霉形体、火鸡霉形体等均有抑制作用。主要用于禽葡萄球菌、大肠杆菌、沙门氏菌及巴氏杆菌感染。本品与林可霉素配伍的复方制剂，主要用于控制禽类的大肠杆菌病、霉形体及霉形体与细菌合并感染。

用法与用量：

混饮，每升水，鸡 500～1 000 mg。

内服，1 次量，每羽，雏鸡（1～3 日龄）5 mg；育成鸡 20～80 mg；成鸡 100 mg。

肌肉注射，1 次量，每千克体重，禽 30 mg。

☞ 154. 安普霉素的用途是什么？应用注意事项有哪些？

本品又名阿普拉霉素。抗菌谱较广，对大肠杆菌、沙门杆菌、巴氏杆菌、变形杆菌等多数革兰氏阴性菌、某些链球菌等部分革兰阳性菌、密螺旋体和支原体等有较强的抗菌活性。

内服后吸收不良，适于治疗肠道感染。肌肉注射后吸收迅速，生物利用度高。主要用于治疗雏禽的大肠杆菌、沙门杆菌感染，亦可用于治疗家禽的支原体病。

应用注意：①本品遇铁锈能失效，饮水系统中要注意防锈，也不要与微量元素补充剂相混合；②饮水给药必须当天配制。

用法与用量：

混饮：每升水，禽 250～500 mg，连用 5 天。

肌肉注射：1 次量，每千克体重，家禽 20 mg，每日 2 次，连用3 天。

☞ 155. 四环素类抗生素的作用特点是什么？

四环素类抗生素是一类碱性广谱抗生素。包括从链霉菌培养物提取的四环素、土霉素、金霉素以及多种半合成四环素如多西环素、美他环素、米诺环素等。四环素类早在 20 世纪的 60～70 年代即广泛应用，以致细菌对四环素类的耐药现象颇为严重，一些常见病原菌的耐药率很高。

四环素类对多种革兰氏阳性菌和阴性菌及立克次氏体、支原体、螺旋体等均有效，其抗菌作用强弱次序为米诺环素＞多西环素＞金霉素＞四环素＞土霉素。本类药物对革兰氏阳性菌的作用优于革兰氏阴性菌，而对变形杆菌、绿脓杆菌无作用。半合成四环素类对许多厌氧菌有良好作用，70％以上的厌氧菌对多西环素敏感。

本类药物为快效抑菌药，其作用机理相似于氨基糖苷类，系通过细胞外膜的亲水性孔，由内膜上能量依赖性转移系统进入细胞，与核糖体 30S 亚基特异结合，阻止氨基酰-tRNA 联结，从而抑制肽链延长和蛋白质合成。此外，亦可改变细菌细胞膜通透性，导致胞内重要成分外漏，迅速抑制 DNA 的复制。高浓度也有杀菌作用。细菌在体外对四环素的耐药性产生较慢，同类品种间呈交叉耐药。肠杆菌科细菌通过耐药质粒介导耐药性，可传递、诱导其他敏感菌耐药。

四环素可全身应用于敏感菌所致的呼吸道、肠道、泌尿道及软组织等部位感染和某些支原体病。金霉素现仅供局部应用，亦可与土霉素一样作为饲料药物添加剂用于畜牧生产。

用法与用量：

(1)土霉素片，内服，1 次量，每千克体重，禽 25～50 mg。每日 2～3 次，连用 3～5 天。

盐酸土霉素可溶性粉，混饮，每升水，禽 150～250 mg。

(2)盐酸四环素片，内服，1 次量，每千克体重，禽 25～50 mg。每日 2～3 次，连用 3～5 天。

盐酸四环素可溶性粉，混饮，每升水，禽 150～250 mg。

(3)盐酸多西环素片，内服，1 次量，每千克体重，禽 15～25 mg。每日 1 次，连用 3～5 天。

☞ 156. 内服土霉素时，为什么不宜同服钙、镁等含量高的饲料或药物？

土霉素内服后主要在小肠的上段被吸收，但吸收不规则、不完全。1次内服后,鸡吸收较快,1 h达血药峰浓度。如与乳类制品或含钙、镁、铝、铁、锌、锰等多价金属离子同服时,因能与本品形成难溶的螯合物,不仅抑制药物吸收,而且降低抗菌活性。因此土霉素不宜与含多价金属离子的药品或饲料、乳制品共服。

☞ 157. 甲枫霉素的用途是什么?

甲砜霉素又名甲砜氯霉素、硫霉素。属广谱抑菌性抗生素,对革兰氏阳性菌和革兰氏阴性菌都有作用,但对阴性菌的作用较阳性菌强。主要用于畜禽的细菌性疾病,尤其是大肠杆菌、沙门氏菌及巴氏杆菌感染。不产生再生障碍性贫血,但可抑制红细胞、白细胞和血小板生成,程度比氯霉素轻。

用法与用量:甲砜霉素片,内服,1次量,每千克体重,家禽20～30 mg。每日2次。

☞ 158. 氟苯尼考的用途是什么?

氟苯尼考又名氟甲砜霉素、氟洛芬尼,是甲砜霉素的单氟衍生物,属动物专用的广谱抗生素,具有广谱、高效、低毒、吸收良好、体内分布广泛和无潜在的致再生障碍性贫血等特点。对革兰氏阴性、阳性菌,某些支原体及某些对甲砜霉素、土霉素或磺胺耐药的菌株都有效,且抗菌活性优于甲砜霉素。体外抑菌试验表明,本品在低浓度时抑菌,高浓度时能缓慢杀灭细菌。本品对人工感染的禽慢性呼吸道病、雏鸡白痢及大肠杆菌病的疗效要明显优于甲砜霉素,且能显著提高雏鸡的增重率。本品与多西环素合用治疗人工感染的雏鸡大肠杆菌病的疗效显著好于等量氟苯尼考单药对照治疗组。

养禽业主要用于鸡大肠杆菌病、霍乱等。不引起骨髓抑制或再生障碍性贫血。

用法与用量:氟苯尼考注射液,肌肉注射,1次量,每千克体重，鸡 20 mg，每日 1 次，连用 2 次。

☞ 159. 杆菌肽的作用是什么？如何应用？

本品系由苔藓样杆菌培养液中获得。内服几乎不吸收，大部分在 2 天内随粪便排出。连续按 0.1% 的浓度混料饲喂蛋鸡 5 个月、肉鸡 8 周、火鸡 15 周，在肌肉、脂肪、皮肤、胆汁、血液中几乎无药物残留。肌肉注射易吸收，但对肾脏毒性大，不宜用于全身感染。

对革兰氏阳性菌具高度抗菌活性，尤其对金黄葡萄球菌和链球菌属作用强大。对某些螺旋体、放线菌属也有一定作用。对革兰氏阴性杆菌无效。本品主要抑制细菌细胞壁的合成，也能损伤细胞膜，使细菌胞内重要物质外流，属慢效杀菌剂。二价金属离子（特别是锌离子）能加强本品的抗菌效能。本品的抗菌作用不受环境中脓、血、坏死组织或组织渗出液的影响。细菌对本品较少产生耐药性，且与其他抗生素无交叉耐药现象。

用法与用量：混饲，每 1 000 kg 饲料，16 周龄以下禽 4～40 g（以杆菌肽计）。

☞ 160. 黏菌素的用途是什么？

黏菌素又名多黏菌素 E、抗敌素。为窄谱杀菌剂，对革兰氏阴性杆菌的抗菌活性强。主要敏感菌有大肠杆菌、沙门氏菌、巴氏杆菌、布鲁氏菌、痢疾杆菌、绿脓杆菌等。尤其对绿脓杆菌具有强大的杀菌作用。临床上主要用于控制各种革兰氏阴性菌特别是绿脓杆菌和大肠杆菌引起的各种感染。如与庆大霉素合用或交替使用有协同作用。内服不吸收，主要用于治疗大肠杆菌性肠炎及对其他药物耐药的菌痢。

用法与用量：

(1)内服：1 次量，每千克体重，家禽 3～8 mg。每日 1～2 次。

(2)混饮：每升水，鸡 20～60 mg(效价)。连用 5 天。宰前 7 天停止给药。

(3)混饲(用于促生长)：每 1 000 kg 饲料，鸡 2～20 g(效价)。宰前 7 天停止给药。

☞ 161. 恩拉霉素有何用途？应用时注意什么？

恩拉霉素由链霉菌培养液中取得。按干燥品计算每毫克的效价不得少于 40 恩拉霉素单位。为白色或微黄色结晶性粉末。易溶于稀盐酸，可溶于甲醇、含水乙醇，难溶于乙醇和丙酮，不溶于醋酸、氯仿、苯等。

对革兰氏阳性菌有显著抑菌作用，主要阻碍细菌细胞壁的合成。敏感细菌有金黄色葡萄球菌、表皮葡萄球菌、柠檬色葡萄球菌、酿脓链球菌等。而肺炎球菌、枯草杆菌、炭疽杆菌、破伤风梭菌、肉毒梭菌、产气荚膜梭菌亦较敏感。布鲁氏菌、沙门氏菌、志贺氏菌属等革兰氏阴性菌对本品耐药。

本品内服难吸收。内服安全，每 1 000 kg 饲料添加 22 g，给鸡饲喂 300 天，对增重及产蛋等性能均无不良影响。常用做饲料药物添加剂，促进鸡的生长，提高饲料效率。

应用注意：禁与四环素、吉他霉素、杆菌肽、弗吉尼亚霉素并用。

用法与用量：作为雏鸡生长促进剂，其用量为 1 000 kg 饲料 2.5～20 g。休药期，鸡 7 天。

☞ 162. 阿伏霉素的用途是什么？

阿伏霉素又名安巴素，主要适用于革兰氏阳性菌。在胃肠道能被吸收，也能全部排出体外，毒性小，未见不良作用的报道。促生长效果很好，是较安全有效的生长促进剂。广泛应用于鸡等家禽，起促进生长、提高饲料效率、降低幼雏禽死亡率的作用。

用法与用量：混饲，每 1 000 kg 饲料添加 7.5～15 g。

☞ 163. 硫肽霉素的用途是什么？

硫肽霉索（TP）由 TP-B 和 TP-A（包括 A_1～A_4）组成，主要是 B_1。为白色至淡黄色结晶性粉末，无臭或微有特异臭味。易溶于氯仿，不溶于水。稳定性较高，口服在消化道难吸收，排泄迅速，约 24 h 全部排出，无残留问题，毒性小。

硫肽霉素主要对革兰氏阳性菌有很强的抗菌作用，与其他抗生素无交叉耐药性，因此。对许多抗生素（青霉素、新霉素）耐药性菌（G^+）也有抗菌作用。且对莱氏支原体（*Mycoolasma laidlawii*）A 有强抗菌力。

硫肽霉素是畜禽专用抗生素，一般不用于治疗，主要用于鸡饲料以促进雏鸡生长、提高饲料效率。

用法与用量：添加剂量：鸡（＜10 周龄）每 1 000 kg 饲料添加 0.6～10 g。休药期 7 天。

☞ 164. 诺西肽的用途是什么？

诺西肽是一种含硫环状多肽类抗生素，对革兰氏阳性菌，特别是葡萄球菌有较高的抗菌作用。是一种安全有效的鸡生长促进剂。

诺西肽用于促生长、提高饲料效率的剂量：生长鸡和肉用仔鸡全期每 1 000 kg 饲料 1～10 g。休药期 5 天。

☞ 165. 维吉尼亚霉素的作用是什么？如何应用？

本品又名纯霉素，为淡黄褐色粉末，有特异臭味，易溶于水和其他多种溶剂。其粉末稳定，耐热。水溶液在中性时最稳定，随 pH 值增或减稳定性下降。在碱性条件下极不稳定，试验表明，在高 pH 值液状饲料（含水 78％以上）中会失去促生长作用。

维吉尼亚霉素在消化道难吸收，体内无残留。主要对革兰氏阳性菌有抗菌作用，细菌对其不易产生耐药性，与其他各种化学治疗剂无交叉耐药性。在粪便中变质快，因此，对环境和植物没有污染的危险，是较理想的抗生素添加剂。为专门的畜禽抗生素添加剂，国外普遍应用于促进畜禽生长、提高饲料效率、控制细菌性痢疾。

用法与用量：促进生长及改进饲料利用率：每千克饲料，鸡（<4周龄）20～50 g；鸡（4～6周龄）5～20 g。产蛋期鸡禁用。鸡休药期1天。

☞ 166. 比考扎霉素的用途是什么？

本品又称双环霉素，是用做鸡饲料添加剂的一种二重环状多肽抗生素，主要对大肠杆菌、沙门氏杆菌等革兰氏阴性菌具有强烈的抗菌活性。研究显示，以低剂量添加于饲料中，不但可以阻止肠内沙门氏杆菌的附着，减少肠内恶性大肠杆菌的数目，而且不影响其他正常细菌群的生长，具有较好的促生长、改进饲料效率的作用。长期低剂量的使用不会促进耐药性的产生，与现有的抗生素之间未见产生交叉耐药性。

比考扎霉素在动物胃、肠道中吸收性差，残留少，在粪便和土壤中很快分解，且毒性低。用于鸡饲料以预防大肠杆菌、沙门氏菌感染，促进生长，提高饲料效率。

推荐剂量：生长期鸡，每1 000 kg饲料，5～20 g。

☞ 167. 泰妙菌素有何用途？应用时应注意什么问题？

泰妙菌素又名泰妙灵、支原净。其抗菌谱与大环内酯类相似。对革兰氏阳性菌（如金葡菌、链球菌）、支原体（鸡败血支原体）等有较强的抗菌作用。用于防治鸡慢性呼吸道病等。

泰妙菌素能影响莫能菌素、盐霉素等的代谢，合用时易导致中毒，引起鸡生长迟缓、运动失调、麻痹瘫痪，直至死亡。因此，禁止本品与聚醚类抗生素合用。

用法与用量：延胡索酸泰妙菌素可溶性粉，混饮，每升水，鸡 125～250 mg。连用 3～5 天。

☞ 168. 黄霉素的用途是什么？如何应用？

本品又称黄磷脂素、黄磷脂霉素、斑伯霉素、默诺霉素等。

黄霉素是由 9 种化学及生物学上极其相似的成分组成的一种含磷糖脂质抗生素，为无色、无臭粉末，易溶于水，微溶于甲醇，稳定性好。其粉末在饲料中有很高的稳定性，在 90℃以下条件的制粒饲料中能保持完整的有效成分。与其他饲料的配伍性好。

本品口服几乎不被吸收，家禽组织无残留。毒性低，无副作用，也无致癌等作用。口服条件下家禽对其耐受性很强，使用大剂量也不会中毒。目前，其应用在医学和卫生方面未引起任何疑义。

黄霉素主要对革兰氏阳性菌（包括对其他抗生素产生耐药性的革兰氏阳性菌）有很强的抗菌作用，对部分革兰氏阴性菌也有抗菌效果，但对霉菌、病毒、肿瘤等无作用。与目前使用的抗生素不发生交叉耐药性。

黄霉素不用于治疗，主要用做生长促进剂，广泛地添加于各种家禽各阶段的饲料中。对各种家禽都有很好的促生长、提高饲料效率、降低死亡率的效果，对提高产蛋率也有很好的效果。

用法与用量：促进生长，提高饲料效率：每 1 000 kg 饲料，火鸡、鸡、鸭 1～4 g；雏火鸡 8 g。

产蛋鸡提高产蛋率，节约饲料：每 1 000 kg 饲料，2～8 g。

☞ 169. 洛克沙生的用途是什么？如何应用？

又名羟硝苯胂酸，即 3-硝基-4 羟基苯胂酸。为白色或微黄色粉末，难溶于水。洛克沙生具有广谱抗菌活性，用做饲料添加剂有促进生长、改善饲料效率、提高产蛋量的作用。它还有利于色素沉着，并有抗球虫作用。主要用于鸡、火鸡饲料中。

用法与用量：混饲，促生长，每1 000 kg饲料，鸡25～50 g。蛋鸡、肉鸡禁用。

☞ 170. 常用抗真菌抗生素有哪些？

真菌种类很多，根据其感染部位不同可分为体表浅部真菌感染和深部真菌感染两大类。前者主要病原如毛癣菌、小孢子菌、表皮癣菌及念珠菌等。常感染皮肤、羽毛、趾甲（爪）、鸡冠、肉髯、口腔、消化道等部位，引起各种癣症和炎症。后者主要病原有白色念珠菌、新型隐球菌、组织胞浆菌、曲霉菌等，常感染深部组织及内脏器官如脑、肺、肝脏等，引起全身性真菌病。

在真菌中，除放线菌对青霉素、链霉素敏感，广谱抗生素和磺胺药对奴卡氏菌有效外，其余真菌感染用一般抗菌药均无效，须用抗真菌抗生素才能取得治疗效果。

在抗真菌药物中，多烯类抗生素具有良好的疗效，适用于深部真菌感染。其缺点是毒性较大，不良反应较多，因而限制了在临床上的广泛应用。多烯类抗生素中的常用药物有二性霉素B、制霉菌素和曲古霉素等。二性霉素B主供静脉注射用，其余的则为口服给药。

另外，灰黄霉素和克霉唑也为常用的抗真菌药。前者适用于浅部真菌感染，缺点是疗程较长；后者为广谱抗真菌药，但用于严重的深部真菌病时，仍需与二性霉素B等多烯类抗生素合用，方可获得较好的疗效。养禽业常用的抗真菌药有灰黄霉素、制霉菌素及克霉唑等。

☞ 171. 灰黄霉素的抗真菌特点是什么？

灰黄霉素为内服抗浅表真菌感染药，对毛癣菌、小孢子菌和表皮癣菌等均有较强作用。外用不易透入皮肤，难以取得疗效。临床以内服为主，用于治疗各种浅表癣病，但对家禽毛癣的疗效较差。

本品的给药疗程，取决于感染部位和病情，需持续用药至病变组织完全为健康组织所代替为止，皮癣、毛癣一般为 3～4 周，趾间、爪感染则需数月至痊愈为止。用药期间，应注意改善卫生条件，可配合使用能杀灭真菌的消毒药定期消毒环境和用具。

用法与用量：内服，1 日量，每千克体重，家禽 40 mg。

☞ 172. 制霉菌素的抗真菌特点是什么？

制霉菌素为广谱抗真菌药，对念珠菌属的抗菌活性最为明显，对隐球菌、烟曲霉菌、毛癣菌、表皮癣菌和小孢子菌有较强抑制作用，对组织胞浆菌、芽生菌、球孢子菌亦有一定的抗菌活性。内服难吸收，临床混饲或内服用于消化道真菌感染，如鸡、鸽的念珠菌病、鸡嗉囊真菌病等，或用于防治长期应用广谱抗菌药物所引起的真菌性二重感染，外用治疗体表的真菌感染，如禽冠癣等。

本品内服不易吸收，常规剂量混饲或内服，对全身真菌感染无明显疗效。本品用于雏鸡霉菌性肺炎（曲霉菌病）时，拌料混饲有助于控制进一步感染，或减少饲料中的霉菌量，但由于几乎不吸收，当雏鸡呼吸道症状较严重时，应配合使用其他抗真菌药物或采用气雾给药法。

用法与用量：

混饲：每千克饲料，家禽 50 万～100 万 IU，连用 1～3 周（治疗白色念珠菌病），或 3～5 天（治疗雏鸡曲霉菌病）。

气雾用药：每立方米，鸡 50 万 IU，吸入 30～40 min。

内服：1 次量，雏鸡、雏鸭 5 000 IU，每日 2 次。

☞ 173. 克霉唑的抗真菌特点是什么？

克霉唑又名三苯甲咪唑、抗真菌 1 号。为合成广谱抗真菌药，对多种致病性真菌有抑制作用，对皮肤真菌的抗菌效力与灰黄霉素相似，对内脏致病性真菌如白色念珠菌、新型隐球菌、球孢子菌和组织胞浆菌等，均有良好的作用。真菌对本品不易产生耐药性。

本品内服易吸收，可内服治疗全身性及深部真菌感染，如烟曲霉菌病、白色念珠菌病、隐球菌病、球孢子菌病及真菌性败血症等。对严重的深部真菌感染，宜与两性霉素B合用。外用亦可治疗浅表真菌感染，如鸡冠癣、体癣、毛癣等。

用法与用量：混饲，雏鸡每羽10 mg。

☞ 174. 为什么抗生素用药不当会引起深部真菌感染？

深部真菌感染是在抗生素应用过程中，最常见的二重感染之一。长期应用广谱抗生素，抑制了体内敏感的菌群，而未被抑制者则乘机大量繁殖。有报告称，在发生真菌感染的60例病例中，93.8%应用过三种抗生素达1个月以上，另外还有资料表明抗生素还具有直接促进念珠菌生长的毒性作用。抗生素的长期使用所造成的肝、肾、骨髓组织和功能的损伤也均有利于真菌的生长，特别是危重病例、使用激素及免疫抑制剂等使免疫功能降低，均容易导致真菌内源性和外源性感染的发生和传播。所以，长期应用抗生素的动物，要注意检查化验有无真菌感染的迹象，一旦发现应及时处理。

☞ 175. 常用抗病毒药有哪些？如何应用？

病毒是目前已知的最小微生物，包括DNA及RNA病毒，它们严格寄生在细胞内，利用宿主细胞代谢系统进行增殖复制，按病毒基因提供的遗传信息合成病毒的核酸与蛋白质，然后病毒颗粒装配成熟并从细胞内释放出来。有效的抗病毒药应能深入宿主细胞，抑制病毒复制的同时不损害宿主细胞的功能。由于病毒严格的胞内寄生特性及病毒复制时依赖于宿主细胞的许多功能，因此抗病毒药物的发展较慢。目前，在兽医临床应用的抗病毒药有以下几种。

(1)金刚烷胺：人工合成的饱和三环癸烷的氨基衍生物。为窄谱抗病毒药。对亚洲甲型流感病毒选择性高。此外，亦能抑制丙型流感病毒、仙台病毒和假性狂犬病毒的复制，但对乙型流感病毒、疱疹病毒、麻疹病毒、腮腺炎病毒等无效。主要用于甲型流感的防治。对禽流感的防治，与抗菌药合用，可控制继发感染并可提高疗效。禽产蛋期不宜使用。

用法与用量：混饲，每 1 000 kg 饲料，禽 100～200 g；混饮，每升水，禽 50～100 mg。

复方金刚烷胺片，每片含金刚烷胺 0.1 g、氨基比林 0.15 g、扑尔敏 0.003 g。内服，每千克体重，鸡(感染呼吸道病毒)0.025 g，混入饮水中给药。

(2)吗啉胍：又名病毒灵。为广谱抗病毒药。对流感病毒、副流感病毒、鼻病毒、呼吸道合胞体病毒等 RNA 病毒有作用，对 DNA 型的某些病毒、鸡马立克氏病毒也有一定的抑制作用。主要用于流感、病毒性支气管炎、水痘疱疹等。对鸡传染性支气管炎、鸡传染性喉气管炎、鸡痘、禽流感的防治，与抗菌药物合用，可控制继发感染，并提高疗效。

用法与用量：混饲，每 1 000 kg 饲料，鸡 500 g；混饮，每升水，鸡 250 mg。

(3)利巴韦林：又名病毒唑、三氮唑核苷。为广谱抗病毒药。对 DNA 病毒及 RNA 病毒均有抑制作用。敏感的病毒包括流感病毒、副流感病毒、腺病毒、疱疹病毒、正黏液病毒、副黏液病毒、痘病毒、细小核糖核酸病毒、棒状病毒、轮状病毒和逆病毒。可用于防治禽流感、鸡传染性支气管炎、鸡传染性喉支气管炎等。

种鸡产蛋期不宜使用。

用法与用量：混饲，每 1 000 kg 饲料，鸡 100～200 g；混饮，每升水，鸡 50～100 mg。

☞ 176. 为什么提倡使用磺胺药?

磺胺药虽然在抗生素问世后受到一定的限制，但由于磺胺药具有自己的优势与特点，目前仍然受到重视。磺胺药抗菌谱广，给药方便，口服后吸收迅速，血浓度可达有效水平，且能广泛分布到全身各组织和体液中。新的长效、高效和速效而副作用低的磺胺药的出现，使磺胺药的抗菌能力增强，治疗范围也扩大，更重要的是磺胺药为化学合成药物，不像抗生素在培养过程中消耗粮食，而且性质稳定，易于保存，价格便宜，因此值得提倡使用磺胺药。

☞ 177. 磺胺类药物是怎样分类的?

根据磺胺药在肠道吸收的难易程度和不同的用药目的，一般将磺胺药分为三类：

(1)肠道易吸收的磺胺药：可用于全身性感染，如磺胺噻唑、磺胺嘧啶、磺胺二甲基嘧啶、磺胺二甲异嘧啶、磺胺异噁唑、磺胺甲基异噁唑、磺胺二甲异噁唑、磺胺苯吡唑、磺胺间甲氧嘧啶、磺胺对甲氧嘧啶、磺胺氯吡嗪、磺胺甲基苯吡唑、磺胺乙氧嗪、磺胺间二甲氧嘧啶、磺胺邻二甲氧嘧啶等。

(2)肠道难吸收的磺胺药：由于内服后吸收很少，在肠道形成较高浓度，适用于肠道感染的治疗，如磺胺脒、琥珀酰磺胺噻唑、酞磺胺噻唑、酞磺胺醋酰、酞磺胺甲氧嗪、羟喹酞磺胺噻唑等。

(3)外用磺胺药：用于创伤感染，如磺胺、磺胺嘧啶银盐、磺胺醋酰钠、甲磺灭脓等。

☞ 178. 磺胺类药物的抗菌谱是什么?

磺胺药的抗菌谱较广，能抑制大多数革兰氏阳性菌和一些阴性菌。根据细菌对磺胺药敏感的程度，可将其分为高度敏感和中度敏感两类：高度敏感的有链球菌、肺炎球菌、沙门氏菌和化脓棒状杆菌等；中度敏感的有葡萄球菌、马鼻疽杆菌、大肠杆菌、炭疽杆菌、巴氏杆菌、布氏杆菌、产气荚膜杆菌、肺炎杆菌、变形杆菌、痢疾杆菌、李氏杆菌等。

此外，某些磺胺药还能选择性地作用于某些原虫，如磺胺喹噁啉、磺胺二甲氧嘧啶、磺胺间甲氧嘧啶、磺胺二甲基嘧啶可用于球虫病等。磺胺药对螺旋体和结核杆菌完全无效；对立克次体不但不能抑制，反而能刺激其生长，应予注意。

☞ 179. 磺胺类药物的抗菌作用机理是什么?

磺胺类药为人工合成的抗菌药，其对细菌的作用主要是抑制其生长繁殖，其抑菌机制一般认为是磺胺药与对氨苯甲酸(PABA)的竞争性对抗所致。

对磺胺药敏感的细菌，在生长繁殖过程中，不能直接利用其周围环境中的叶酸以合成核蛋白，而只能利用一种叫做 PABA 的物质，PABA 同二氢喋啶在二氢叶酸合成酶的作用下，形成二氢叶酸，再经二氢叶酸还原酶的作用生成四氢叶酸，四氢叶酸参与核酸的合成，而核酸是菌体蛋白的主要成分。由于磺胺类药物的基本化学结构与 PABA 很相似，能与 PABA 竞争二氢叶酸合成酶，但磺胺药并不能作为合成叶酸的原料，因此最终阻碍了二氢叶酸的合成，使菌体的核蛋白不能形成，细菌的生长繁殖停止而达到抑菌的目的。

☞ 180. 磺胺嘧啶的抗菌作用特点是什么？如何应用?

磺胺嘧啶(SD)内服吸收迅速，有效血药浓度维持时间较长，血清蛋白结合率较低，可通过血脑屏障进入脑脊液，是治疗脑部细菌感染的首选药物。常与抗菌增效剂(TMP)配伍，用于敏感菌引起的脑部、呼吸道及消化道感染，亦常用于治疗弓形体病(多与乙胺嘧啶或 TMP 同用),还可用于治疗全身性感染。

用法与用量:混饲,每 1 000 kg 饲料,家禽 2 000 g;混饮,每升水,家禽 1 000 mg。

内服、静脉或肌肉注射,1 次量,每千克体重,家禽 0.07～0.14 g,每日 3 次。

☞ 181. 磺胺甲基异噁唑的抗菌作用特点是什么?如何应用?

磺胺甲基异噁唑(SMZ)又称磺胺甲噁唑、新诺明、新明磺。抗菌力强,与 TMP 同用,疗效可提高数倍至数十倍。缺点为乙酰化率高,且乙酰化物的溶解度低,易析出结晶,故宜与碳酸氢钠同服。通常用于呼吸道及泌尿道感染。

用法与用量:混饲,每 1 000 kg 饲料,家禽 1 000～2 000 g;混饮,每升水,家禽 600～1 200 mg。

☞ 182. 磺胺异噁唑的抗菌作用特点是什么?如何应用?

磺胺异噁唑(SIZ)又称磺胺二甲异噁唑、菌得清、净尿磺,抗菌作用较 SD 强,对葡萄球菌和大肠杆菌的作用较为突出。吸收快,排泄快,不易维持血中有效浓度,需频繁给药。本品乙酰化率低,尿中不易析出结晶,故为治疗尿路感染的较好药物。亦可用于其他全身性细菌感染。

用法与用量:混饲,每 1 000 kg 饲料,家禽 1 000～2 000 g;混饮,每升水,家禽 1 000 mg。

内服,1 次量,每千克体重,家禽 0.07～0.14 g,每日 3～4 次。

☞ 183. 磺胺二甲基嘧啶的抗菌作用特点是什么?如何应用?

磺胺二甲基嘧啶(SM_2)抗菌效力不及 SD,但本品及其乙酰化物均易溶于水,不易引起结晶尿和血尿,因此不良反应较少。本品成本低,又有抗球虫作用,故在家禽业较为常用。

用法与用量：家禽混饲，每 1 000 kg 饲料，400～500 g。

☞ 184. 磺胺甲氧嗪的抗菌作用特点是什么？如何应用？

磺胺甲氧嗪（SMP）抗菌范围同其他磺胺药，抗菌作用较 SD 弱，内服吸收缓慢，排泄较慢，作用维持时间较长，适用于中、轻度的全身性细菌感染。用于治疗家禽的大肠杆菌性败血症、伤寒及霍乱等。

用法与用量：混饲，每 1 000 kg 饲料，家禽 2 000 g；混饮，每升水，家禽 1 000 mg。

☞ 185. 磺胺间甲氧嘧啶的抗菌作用特点是什么？如何应用？

磺胺间甲氧嘧啶（SMM、DS-36）又名磺胺-6-甲氧嘧啶、制菌磺。体外抗菌作用在本类药物中最强，除对大多数革兰氏阳性菌和革兰氏阴性菌有抑制作用外，对球虫、住白细胞原虫、弓形体等亦有较强作用。本品内服吸收良好，有效血药浓度维持时间较长，乙酰化率很低，较少引起泌尿系统损害。主要用于防治鸡传染性鼻炎、住白细胞原虫病、鸡球虫病及敏感菌所引起的呼吸道、泌尿道和消化道细菌感染等。

用法与用量：混饲，每 1 000 kg 饲料，家禽治疗 1 000～2 000 g，预防 500～1 000 g。混饮，每升水，家禽 250～1 000 mg。

内服，1 次量，每千克体重，家禽 0.05～0.1 g，每日 1～2 次。连喂 4～6 天。

静脉或肌肉注射，1 次量，每千克体重，家禽 0.05～0.1 g，每日 2 次。

☞ 186. 磺胺对甲氧嘧啶的抗菌作用特点是什么？如何应用？

磺胺对甲氧嘧啶（SMD）又名磺胺-5-甲氧嘧啶。抗菌范围广，抗菌作用较 SMM 弱，但副作用小，乙酰化率低，且溶解度高，对泌尿道感染疗效较好。本品内服吸收迅速，排泄缓慢，有效血药浓度维持时间较长。与抗菌增效剂二甲氧苄氨嘧啶（DVD）配合（5∶1），对金黄色葡萄球菌、大肠杆菌、变形杆菌等的抗菌活性，可增强10～30倍。与TMP联用，增效较其他磺胺药显著。主要用于防治球虫病、敏感菌引起的呼吸道、消化道、皮肤感染及败血症等。

用法与用量：混饲，每1 000 kg饲料，家禽治疗1 000～2 000 g，预防500～1 000 g；混饮，每升水，家禽250～1 000 mg。

☞ 187. 磺胺间二甲氧嘧啶的抗菌作用特点是什么？如何应用？

磺胺间二甲氧嘧啶（SDM）又名磺胺二甲氧嘧啶，抗菌作用、临床疗效与SD相似。内服吸收迅速而排泄较慢，作用维持时间长，体内乙酰化率低，不易引起泌尿道损害。本品除有广谱抗菌作用外，尚有显著的抗球虫、抗弓形体作用。主要用于防治鸡球虫病，亦用于防治鸡传染性鼻炎、禽霍乱、卡氏住白细胞原虫病。

用法与用量：混饲，每1 000 kg饲料，家禽1 000～2 000 g；混饮，每升水，禽250～1 000 mg；内服，1次量，每千克体重，家禽0.1～0.2 g，每日1次，连喂3～6天。

☞ 188. 磺胺邻二甲氧嘧啶的抗菌作用特点是什么？如何应用？

磺胺邻二甲氧嘧啶（SDM′）又名磺胺-5，6-甲氧嘧啶、周效磺胺。本品抗菌谱同SD，但效力稍弱。人的有效血浓度可维持1周，故名周效磺胺。对家禽无周效特点。本品毒副作用小，不易引起泌尿道损害。临床主要用于敏感菌引起的轻、中度呼吸道和泌尿道感染。

用法与用量：内服，1次量，每千克体重，家禽0.05～0.1 g。

☞ 189. 磺胺脒的抗菌作用特点是什么？如何应用？

磺胺脒（SG）又名磺胺胍，内服后吸收较少（30%～50%），在肠道内维持较高浓度，对肠道细菌的作用较强，主要用于细菌性痢疾、肠炎、白痢、球虫病等。

用法与用量：混饲，每 1 000 kg 饲料，家禽 2 000～4 000 g；内服，1 次量，每千克体重，家禽 0.05～0.2 g，每日 2～3 次。

☞ 190. 琥珀酰磺胺噻唑的抗菌作用特点是什么？如何应用？

琥珀酰磺胺噻唑（SST）又称琥磺胺噻唑。体外无抗菌作用。内服后肠道极少吸收，经肠道细菌的作用，在肠道内释出游离 ST 而呈抗菌作用，副作用少，疗效较 SG 好，适用范围同 SG。

用法与用量：混饲，每 1 000 kg 饲料，家禽 2 000～4 000 g。

☞ 191. 酞磺胺噻唑的抗菌作用特点是什么？如何应用？

酞磺胺噻唑（PST）内服后，比 SG 更不易吸收，并在肠内逐渐释放出磺胺噻唑而呈现抑菌作用。本品副作用较少而疗效较好，对于预防手术前、后感染是一种较好的肠道磺胺药。

用法与用量：混饲，每 1 000 kg 饲料，家禽 2 000～4 000 g；内服，1 次量，每千克体重，家禽 0.05～0.2 g，每日 2～3 次。

☞ 192. 酞磺胺醋酰的抗菌作用特点是什么？如何应用？

酞磺胺醋酰（PSA）又称息拉米。内服不易吸收，在肠道内逐渐分解，释放出磺胺醋酰而呈现抑菌作用，对志贺氏菌属细菌较为有效。主要用于菌痢、肠炎及预防手术前后的细菌性感染。

用法与用量：混饲，每 1 000 kg 饲料，家禽 2 000～4 000 g；内服，1 次量，每千克体重，家禽 0.05～0.2 g，每日 2～3 次。

☞ 193. 磺胺米隆抗菌作用特点是什么？如何应用？

磺胺米隆（SML）又名甲磺灭脓，是对位氨甲基磺胺药物，因此其抗菌作用不受脓汁和坏死组织的影响。对绿脓杆菌、金葡菌及破伤风杆菌有效。能迅速渗入创面及焦痂中，并能促进创面上皮生长愈合及提高植皮成活率，适用于烧伤和大面积创伤后感染。

用法与用量：溶液剂，10%灭菌生理盐水溶液；冷霜，10%灭菌粉剂。

☞ 194. 磺胺嘧啶银的抗菌作用特点是什么？如何应用？

磺胺嘧啶银(SD-Ag)又称烧伤宁。能发挥SD及硝酸银两者的抗菌作用，抗菌谱同SD，但对绿脓杆菌有强大的抗菌作用。治疗烧伤等有控制感染、促进创面干燥和加速愈合等功效。临床上适用于创面感染和Ⅱ、Ⅲ度烧伤、烫伤。用药后不发生电解质紊乱或代谢性酸中毒等不良反应，对组织无污染现象。使用此药处理的创面，可以安全的进行植皮。

用法与用量：1%～2%溶液或软膏，外用。

☞ 195. 磺胺醋酰钠的抗菌作用特点是什么？如何应用？

磺胺醋酰钠(SA-Na)又称磺胺乙酰钠。本品在水中溶解度大，溶液接近中性，局部应用几乎无刺激性，穿透力强，临床上主要用于眼部感染，如结膜炎、角膜化脓性溃疡等。此药不能与强的松龙合用。

用法与用量：10%～30%溶液或软膏，用于眼部感染。

☞ 196. 磺胺类药物的不良反应有哪些？

磺胺类药物的不良反应一般不太严重，主要表现为急性和慢性中毒两种。

(1)急性中毒：多见于磺胺钠盐静脉注射时速度过快或剂量过大，内服剂量过大时也会发生。主要表现为神经兴奋、共济失调、肌无力、呕吐、昏迷、厌食和腹泻等症状。

(2)慢性中毒：多因剂量偏大、用药时间过长而引起。主要症状为：

①泌尿系统损伤，结晶尿、血尿、蛋白尿、尿闭、肾水肿；

②消化系统障碍，食欲不振，呕吐、腹泻、肠炎；

③造血机能破坏，粒细胞、血小板减少，溶血性贫血，凝血障碍；

④雏禽免疫系统抑制，免疫器官出血及萎缩；

⑤影响产蛋，产蛋率下降，蛋破损率和软壳率增高；

⑥过敏反应，药热、皮疹等。

☞ 197. 如何合理选用磺胺药？

(1)全身性感染：以选用肠道易吸收的磺胺药如 SMM、SMZ、SD、SM_2 等较好，或与 TMP 同用，则可提高疗效，缩短疗程。对于病情严重病例或首次用药、则可用磺胺药的钠盐做静脉注射或肌肉注射。

(2)泌尿道感染：如大肠杆菌、变形杆菌、葡萄球菌、链球菌等所致和尿路感染，以选用抗菌作用强、从尿中排泄快、乙酰化率低、尿中药物浓度高的磺胺药如 SIZ、SMZ、SMD、SM_2 和 SD 等为好，加用 TMP 则可提高疗效、克服或延缓耐药性的产生。

(3)肠道感染：如雏鸡白痢和肠炎等，以选用肠道难吸收的磺胺药 PST、SST 和 SG 等为宜。

(4)局部创面感染：如链球菌、金葡菌、绿脓杆菌等所致的创伤、烧伤感染及脓肿、蜂窝织炎等，选用外用磺胺药如 SN、SD-Ag 等。SN 常用其结晶粉末，撒于新鲜创口，以发挥其防腐作用。SD-Ag 对绿脓杆菌的作用较强，且有收敛作用，可使创面干燥结痂，并且其所用的浓度较低，对创面无明显的刺激性。

若有发热等全身症状时，则宜同时服用 SD、SM_2、SMM 等。

(5)原虫感染：如禽球虫病等，选择有抗原虫作用的磺胺药如 SM_2、SMM、SDM、SQ 等为宜。一般混入饲料和饮水中给予。

(6)其他:治疗脑部细菌感染,宜选用SD,因其在脑脊液中含量较多;治疗眼部感染时,宜选用SA的钠盐,因其溶液近乎中性,局部刺激性较小。

198. 使用磺胺类药物应注意哪些问题?

在使用磺胺类药物时,应注意以下问题:

(1)磺胺药只有抑菌作用,没有杀菌功效,仅为机体杀灭病原微生物创造了有利条件。因此,在疾病治疗期间,必须加强饲养管理,以提高机体内部的防御机能,为彻底治愈疾病发挥决定性作用。

(2)磺胺药的抑菌机制一般认为是磺胺药与对氨苯甲酸(PABA)的竞争性对抗所致。由于细菌的酶系统与PABA的亲和力比对磺胺药的亲和力强(PABA浓度等于磺胺药浓度的1/5 000～1/15 000时,即可对抗磺胺药的抑菌作用)。为了维持有效的抑菌浓度并大大超过组织中PABA的浓度,保证磺胺药与PABA竞争的优势,首次采用突击剂量(相当于维持量的2倍),以后按各种磺胺药的具体情况,每隔一定时间给予维持量,待症状消失后可给予半量,继续维持2～3天,以达彻底治愈。如血中不能达到有效水平或停药过早,不仅得不到疗效,而且往往使细菌产生耐药性。

(3)急性或严重感染的病畜,为使血中迅速达到有效浓度,应选用磺胺药的钠盐注射液。由于其钠盐碱性很强(pH值8.5～10.5),宜深层肌肉注射或缓慢静脉注射,静脉注射时不可漏出血管外,并且忌与酸性药物如维生素B、维生素C、青霉素、四环素、氯化钙、盐酸麻黄素等配伍。

(4)为了预防某些磺胺药在尿中析出对肾脏造成毒害,用药时应同服等量碳酸氢钠以碱化尿液,增加磺胺药的溶解度。用药时应充分给予饮水或必要时的灌水。

(5)治疗感染创时,应彻底清除创面的脓汁、黏液和坏死组织等,以免对抗磺胺药的作用;同时,应用磺胺药期间应避免使用含 PABA 的药物如普鲁卡因、苯佐卡因、丁卡因等。

(6)全身性酸中毒、肝脏病、肾脏病和重症溶血性贫血时,应慎用或禁用磺胺药。

☞ 199. 何谓抗菌增效剂?其作用机理是什么?

抗菌增效剂发现于 1969 年,曾称磺胺增效剂,其抗菌谱与磺胺类药物基本相似,与磺胺类药物并用时能显著提高疗效。后来发现,它不但能增强磺胺药的作用,也能增强多种抗生素的作用,同时,它本身也有抗菌作用,且较磺胺药为强,故称抗菌增效剂。

本类药物的抗菌作用机理与磺胺药相似,也是干扰细菌的叶酸代谢,但其主要是能选择性地抑制二氢叶酸还原酶,使二氢叶酸不能还原成四氢叶酸,从而妨碍菌体核酸和蛋白质的生物合成。当其与磺胺药合用时,则可分别阻碍细菌叶酸合成过程中的前后两个不同环节而起双重阻断作用。因而抗菌作用可增强数倍至数十倍,甚至使抑菌作用变为杀菌作用,使对磺胺药有耐药性的菌株如大肠杆菌、变形杆菌、化脓球菌等亦有作用,并可减少耐药菌株的产生。

☞ 200. 甲氧苄氨嘧啶的作用是什么?如何应用?

甲氧苄氨嘧啶又称三甲氧苄氨嘧啶、甲氧苄啶、抗菌增效剂、磺胺增效剂、TMP。主要用于链球菌、葡萄球菌、革兰氏阴性杆菌所引起的呼吸道、消化道、泌尿生殖道感染、败血症以及皮肤、创伤感染、蜂窝织炎、乳腺炎等。因单用易产生耐药性,临床上常与 SMZ 合用,因两药的体内过程和半衰期大致相同,体内药物浓度可保持较稳定的比例,以发挥协同作用。二者的剂量比为 1∶5。其他合用的药物还有 SMD、SMM、SD 等。

用法与用量：

增效磺胺甲基异噁唑片((TMP+SMZ)：每片含TMP 0.08 g，SMZ 0.4 g。

增效磺胺对甲氧嘧啶片(TMP+SMD)：每片含 TMP 0.08 g，SMD 0.4 g。

增效磺胺间甲氧嘧啶片(TMP+SMM)：每片含 TMP 0.08 g，SMM 0.4 g。

以上复方片剂的口服用量(按两药总量计算)，各种家禽 20～25 mg/kg，每 12～24 h 1 次。

增效磺胺嘧啶注射液(TMP+SD)：每支 10 mL 含TMP 0.2 g，SD 1 g。

增效磺胺对甲氧嘧啶(TMP+SMD)：每支 10 mL 含TMP 0.2 g，SMD 1 g。

以上复方注射液的肌肉注射、静脉注射量(按两药总量计算)，家禽可在每 5 000 mL 饮水中加 1 mL 供饮用。

☞ 201. 二甲氧苄氨嘧啶的作用是什么？如何应用？

二甲氧苄氨嘧啶又称敌菌净、DVD。其抗菌作用等与 TMP 同。但本品内服吸收差，其最高血浓度仅为 TMP 的 1/5，但在胃肠道内保持较高浓度，适合作消化道抗菌增效剂，效果比 TMP 优越。临床上一般按 1∶5 的比例与磺胺药配合应用于防治鸡球虫病、鸡白痢、禽霍乱等，均获良好疗效。

用法与用量：二甲氧苄氨嘧啶(DVD)，粉剂，口服，禽 10 mg/kg，每日 2 次。复方粉剂：内含 DVD 1 份+SMD 5 份。口服用量(按两药总量计算)：禽 20～25 mg/kg，每日 2 次。

☞ 202. 喹诺酮类药物的抗菌作用特点是什么？

喹诺酮类是指一类具有 4-喹诺酮结构的药物。自 1962 年发现第一个喹诺酮类抗菌药萘啶酸以来，特别是近十余年来取得了飞跃进展。目前，我国批准在兽医临床应用的有诺氟沙星（氟哌酸）、培氟沙星（甲氟哌酸）、氧氟沙星（氟嗪酸）、环丙沙星（环丙氟哌酸）、洛美沙星、恩诺沙星（乙基环丙氟哌酸）、达氟沙星（单诺沙星）、二氟沙星（双氟哌酸）、沙拉沙星等，其中后面4种为动物专用的氟喹诺酮类药物。国外上市的动物专用药还有麻保沙星、奥比沙星等。

本类药物的抗菌作用具有下列特点：

(1)抗菌谱广、杀菌力强：除对霉形体、大多数革兰阴性菌敏感外，对某些革兰氏阳性菌及厌氧菌亦有作用。例如对畜禽多种致病霉形体、革兰氏阴性菌中的大肠杆菌、沙门杆菌属、嗜血杆菌属、巴氏杆菌、绿脓杆菌、波特杆菌及革兰氏阳性菌中的金黄色葡萄球菌、链球菌、丹毒杆菌等，均有较强的杀灭作用。

(2)动力学性质优良：本类药物绝大多数内服、注射均易吸收，体内分布广泛，给药后除中枢神经系统外，大多数组织中的药物浓度高于血清药物浓度，亦能渗入脑脊液，故对治疗全身感染和深部感染有效。

(3)作用机制独特：本类药物作用机制与其他抗菌药不同，是抑制细菌DNA合成酶之一的回旋酶，造成细菌染色体的不可逆损害而呈选择性杀菌作用。目前，一些细菌对许多抗生素的耐药性可因质粒传导而广泛传播，而本类药物则不受质粒传导耐药性的影响。本类药与其他抗菌药间无交叉耐药性，如对磺胺与三甲氧苄氨嘧啶复方制剂耐药的细菌、对庆大霉素耐药的绿脓杆菌、对泰妙灵或泰乐菌素耐药的霉形体仍然有效。

(4)毒副作用小：对产蛋鸡不影响产蛋，对雏鸡、仔鸡不影响生长。

(5)化学性质为酸碱两性的化合物，难溶或微溶于水，在醋酸、盐酸、烟酸或氢氧化钠（钾）溶液中易溶。

(6)使用方便:供临床应用的有散剂、口服液、可溶性粉、片剂、胶囊剂、注射剂等多种剂型,可供内服(包括混饲、混饮)、注射等多种途径给药。

☞ 203. 吡哌酸的用途是什么?

吡哌酸又名吡卜酸,为第二代喹诺酮类抗菌药。可抑制细菌脱氧核苷酸的合成,对革兰氏阴性杆菌如大肠杆菌、沙门氏菌、痢疾杆菌、绿脓杆菌等有较强的抑菌和杀菌作用。对革兰氏阳性菌的敏感性较差。细菌对本品与常用抗菌药如青霉素、头孢菌素、链霉素、四环素及氯霉素之间无交叉耐药性。与抗菌增效剂(TMP)合用时,抗菌作用增强,二者联合应用比单服吡哌酸的疗程缩短。与庆大霉素等联合应用具有协同抗菌作用。

主要用于治疗敏感菌引起的急、慢性尿路及肠道感染,如鸡白痢、肠炎等病症。常用的制剂有片剂和散剂。

用法与用量:内服,1次量,每千克体重,家禽10 mg。

☞ 204. 诺氟沙星的用途是什么?

诺氟沙星又名氟哌酸,为第三代喹诺酮类合成抗菌药。具有抗菌谱广、抗菌作用强等优点。对绝大多数革兰氏阴性菌,特别是大肠杆菌、痢疾杆菌、变形杆菌、绿脓杆菌等有高效,对葡萄球菌、肺炎双球菌等革兰氏阳性球菌也有较好作用。适用于泌尿系统和肠道的细菌感染,如鸡白痢、鸡大肠杆菌病等。

由于诺氟沙星几乎不溶于水,所以常用其乳酸盐、烟酸盐、盐酸盐等,这几种盐均在水中易溶。

用法与用量:混饲,每1 000 kg饲料,禽类100～200 g(以诺氟沙星计);混饮,每升水,禽50～100 mg,预防量减半;内服,1次量,每千克体重,禽10 mg;肌肉注射,1次量,每千克体重,禽5 mg。

☞ 205. 恩诺沙星的用途是什么？

恩诺沙星又名乙基环丙沙星、恩氟沙星，是动物专用药物。本品为广谱杀菌药，对支原体有特效，对大肠杆菌、克雷白杆菌、沙门氏菌、变形杆菌、绿脓杆菌、嗜血杆菌、多杀性巴氏杆菌、溶血性巴氏杆菌、副溶血性弧菌、金葡菌、链球菌、化脓棒状杆菌、丹毒杆菌等的最小抑菌浓度（MIC）的平均值为 0.008～0.75 μg/mL，对禽败血支原体、滑液囊支原体、依阿华支原体和火鸡支原体的 MIC 为 0.01～1 μg/mL。其抗支原体的效力比泰乐菌素和泰妙菌素强。对耐泰乐菌素、泰妙菌素的支原体，本品亦有效。

本品可用于各种支原体感染（败血支原体、滑液囊支原体、火鸡支原体和依阿华支原体）；大肠杆菌、鼠伤寒沙门氏菌和副鸡嗜血杆菌感染；鸡白痢沙门氏菌、亚利桑那沙门氏菌、多杀性巴氏杆菌、丹毒杆菌、葡萄球菌、链球菌感染等。

用法与用量：恩诺沙星片，内服，1 次量，每千克体重，禽 5～7.5 mg。每日 2 次，连用 3～5 天。

恩诺沙星可溶性粉，混饮，每升饮水，禽 50～75 mg。

☞ 206. 马波沙星的用途是什么？

马波沙星又名麻波沙星，为动物专用新型广谱抗菌药物，抗菌谱、抗菌作用与恩诺沙星相似。各种霉形体、溶血性巴氏杆菌等，对其高度敏感。内服、肌肉或皮下注射，吸收均迅速而完全，消除半衰期较长；体内分布广泛，在皮肤中的浓度约为血药浓度的 1.6 倍。家禽业主要用于治疗敏感菌引起的禽类的大肠杆菌病、霉形体病及霉形体与大肠杆菌混合感染。

用法与用量：混饮，每升水，家禽 25～50 mg；肌肉或皮下注射，1 次量，每千克体重，鸡 2 mg，每日 1 次。

☞ 207. 二氟沙星的用途是什么?

二氟沙星是属于第三代氟喹诺酮类广谱抗菌剂,对多种革兰氏阴性菌与革兰氏阳性杆菌和球菌以及支原体等均有良好抗菌活性,包括大多数克雷白氏菌、葡萄球菌属、大肠杆菌、肠杆菌属、弯曲杆菌属、志贺氏菌属、变形杆菌属。某些假单孢菌(绿脓杆菌)和大多数肠球菌对本品耐药。二氟沙星与其他氟喹诺酮药相似,对大多数厌氧菌作用微弱。敏感菌对本品可产生耐药性。

国内在对鸡进行的药动学研究中发现,二氟沙星肌肉注射和内服后吸收迅速,血药达峰时间短,表观分布容积大,消除缓慢。鸡吸收不完全。

主要用于防治鸡的敏感菌感染。

用法与用量:混饮,每千克体重鸡 10 mg(约 1 L 水 50 mg),连用 5 天。休药期,鸡 1 天。产蛋鸡禁用。

☞ 208. 沙拉沙星有何用途?

沙拉沙星又名福乐星。为动物专用广谱抗菌药物,对革兰氏阳性菌、革兰氏阴性菌及霉形体的作用,均明显优于诺氟沙星。内服吸收迅速,但不完全,从动物体内消除迅速,宰前休药期短。混饲、混饮或内服,对肠道感染疗效突出,主要用于治疗畜禽的大肠杆菌、沙门杆菌等敏感菌所引起的消化道感染,如肠炎、腹泻等;"口渴法"混饮或肌肉注射,可治疗霉形体病或敏感菌引起的呼吸道、消化道感染和败血症等。

用法与用量:混饲,每 1 000 kg 饲料,家禽 50～100 g;混饮,每升水,家禽 25～50 mg;内服、肌肉注射,1 次量,每千克体重,鸡 2.5 mg,每日 2 次。

☞ 209. 达氟沙星有何用途？

达氟沙星又名单诺沙星、达诺沙星、丹乐星。为动物专用抗菌药物，系广谱杀菌药。其特点是在肺组织的药物浓度可达血浆的5～7倍。内服、肌肉注射和皮下注射的吸收均较迅速和完全。对鸡大肠杆菌、多杀性巴氏杆菌、败血支原体等均有较强的抗菌活性。主要用于禽大肠杆菌病、禽霍乱、慢性呼吸道病等。

用法与用量：甲磺酸达氟沙星可溶性粉，内服，1次量，每1 kg体重，鸡2.5～5 mg，每日1次。混饮，每升饮水，鸡25～50 mg。

☞ 210. 培氟沙星的用途是什么？如何应用？

培氟沙星又名甲氟哌酸。其甲磺酸盐为白色或微黄色粉末，易溶于水。抗菌谱、体外抗菌活性与诺氟沙星相似，对耐β-内酰胺类和氨基糖苷类的菌株仍然有效。内服吸收良好，生物利用度优于诺氟沙星，心肌浓度是血药浓度的1～4倍，较易通过血脑屏障。主要用于敏感菌引起的呼吸道感染、肠道感染、脑膜炎、心内膜炎、败血症、禽霍乱、禽伤寒、副伤寒及禽霉形体病。

用法与用量：混饮，每升水，家禽50～100 mg；内服，1次量，每千克体重，禽10 mg，每日2次；肌肉注射，1次量，每千克体重，禽2.5～5 mg。

☞ 211. 罗美沙星的用途是什么？

罗美沙星也称洛美沙星。其盐酸盐为白色至灰黄色粉末，略溶于水。其抗菌谱、抗菌活性与诺氟沙星相似或略优，内服吸收良好，生物利用度较高，消除半衰期较长，临床用途同诺氟沙星。

用法与用量：混饮，每升水，家禽50～100 mg；肌肉注射，1次量，每千克体重，家禽5～10 mg，每日1～2次。

☞ 212. 氧氟沙星的用途是什么?

氧氟沙星又名氟嗪酸、泰利必妥,为第三代喹诺酮类抗菌药,对革兰氏阳性菌、阴性菌均有较强的抗菌作用,对厌氧菌和肺炎支原体有良好的作用,对金黄色葡萄球菌、溶血链球菌等的抗菌活性较氟哌酸强。主要用于畜禽细菌和支原体感染。

用法与用量:混饮,每升水,家禽 50～100 mg;肌肉注射,1 次量,每千克体重,禽 2.5～5 mg,每日 2 次。

☞ 213. 环丙沙星的用途是什么?

环丙沙星又名环丙氟哌酸、悉复欢。本品属第三代喹诺酮类抗菌药中抗菌活性较强的一个。抗菌谱广,杀菌效果好。几乎对所有细菌的抗菌活性均比诺氟沙星高 2～4 倍,特别是对耐药菌引起的严重感染有效;与其他抗菌药无交叉耐药性;肾功能不全者不必减量。主要用于家禽细菌和支原体感染。

用法与用量:盐酸环丙沙星可溶性粉,每升水,禽 25～50 mg。

盐酸环丙沙星注射液,肌肉注射,1 次量,每千克体重,家禽 5 mg。每日 2 次。

☞ 214. 如何合理使用喹诺酮类药物?

(1)掌握药物的适应症。本类药物主要适用于霉形体病及敏感菌引起的呼吸道、消化道、泌尿生殖道感染及败血症等,尤其适用于细菌与细菌或细菌与霉形体混合感染,亦可用于控制病毒性疾病的继发细菌感染。除霉形体及大肠杆菌所引起的感染外,一般不宜作其他单一病原菌感染的首选药物,更不宜将本类药视为万能药物,不论何种细菌性疾病都予使用。

(2)注意本类药物的抗菌活性及药动学性质。本类药物体外抗菌作用以达诺沙星、环丙沙星、恩诺沙星、麻波沙星最强,沙拉沙星次之，氧氟沙星（对某些霉形体作用很强）、罗美沙星、诺氟沙星、培氟沙星稍弱。从动力学性质方面看，氧氟沙星内服吸收最好，尤其适合于集约化养鸡场混饮给药；达诺沙星给药后在肺部浓度很高，特别适合于呼吸系统感染；沙拉沙星内服后，在肠内浓度较高，较适合肠道细菌感染；麻波沙星较适合皮肤感染及泌尿系统感染。

（3）用于治疗为主，不宜用做预防药。本类药为杀菌药物，主要用于治疗，在集约化养殖业中，除用于雏鸡以消除由胚胎垂直传播的霉形体及沙门杆菌外，一般不宜用做其他细菌病的预防用药。

（4）采用合适的剂量。本类药物安全范围广，使用治疗量的数倍用药量一般无明显的毒副作用，但近年来本类药物的用药量有不断加大之趋势，由于其杀菌作用与剂量间呈双相变化关系，即在1/4 MIC（最小抑菌浓度）～MBC（最小杀菌浓度）范围内，抗菌作用随药物浓度的增加而迅速加强，以后逐渐趋于恒稳值，而在大于MBC后杀菌作用逐渐减弱，故临床不宜过大剂量使用。

（5）防止细菌耐药。细菌对本类药物一般不易发生耐药性，但由于广泛应用，近年已有耐药性的报道，且耐药菌株有逐年增加趋势，故临床仍应根据药敏试验合理选用，不可滥用。

（6）注意配伍禁忌。利福平和氯霉素均可使本类药物的作用减弱，不宜配伍使用。镁、铝等盐类在肠道可与本类药物结合而影响吸收，从而降低血药浓度，亦应避免合用。

☞ 215. 如何防止细菌耐药性的产生？

随着抗菌药物的广泛应用，细菌对抗菌药物的耐药性逐年增加，其中以金葡菌、大肠杆菌、痢疾杆菌、绿脓杆菌和结核杆菌尤为多见，因此，耐药性成了流行病学和临床治疗学上的严重问题。

在临床医疗工作中，在考虑如何充分发挥药物治疗作用的同时，也应考虑防止或减少细菌产生耐药性，控制耐药菌株的传播。在处理感染性疾病时，应注意以下问题：

(1)严格掌握适应症,不滥用抗菌药。凡属可用可不用的尽量不用,用一种药物能解决问题时就不使用两种,以减少细菌接触药物的机会。

(2)严格掌握用药指征,剂量充足,疗程适当。

(3)尽可能避免局部用药,杜绝不必要的预防用药。

(4)对于耐药菌株感染时,应选用对细菌敏感的药物或采用联合用药。联合用药时可从不同环节阻断细菌的生化代谢过程,从而抑制耐药菌。

(5)有计划地分批、分期交替使用抗菌药物,是一项减少耐药菌株的有效措施。

☞ 216.如何正确地联合应用抗菌药?

联合应用抗菌药物的目的是为了增强疗效,更好地控制感染,减轻毒性反应及延缓或减少细菌产生耐药性。联合用药可产生增强、相加、无关、拮抗四种效果。

为了便于临床上合理地联合使用抗菌药物,常根据不同抗菌药物的抗菌机理和性质,将它们分为4类:第一类为繁殖期杀菌剂,如青霉素、先锋霉素等;第二类为静止期杀菌剂,如氨基苷类、多黏菌素类等;第三类为速效抑菌剂,如四环素类和氯霉素类等;第四类为慢效抑菌剂,如磺胺药和抗菌增效剂等。

第一类和第二类都是杀菌剂,联合用药常可获得增强作用。例如,青霉素与链霉素合用,在链霉素的作用下,细菌合成了无功能的蛋白质,但蛋白质合成并未停止,因此细菌细胞继续生长而体积增大,这就有利于青霉素阻碍细菌细胞壁的合成,导致细胞壁缺损,胞浆内渗透压增高而使菌体肿大、变形、裂解而死亡。青霉素破坏细菌细胞壁的完整性,也有利于链霉素进入细胞内而发挥作用。

第三类和第四类合用,由于都是抑菌剂,一般可获得相加作用。

第一类和第三类合用，常可使抗菌作用明显减弱。如青霉素与四环素类合用时，由于四环素使细菌蛋白质的合成迅速被抑制，细菌处于静止状态，致使青霉素干扰细胞壁合成的作用不能充分发挥，故呈现拮抗作用。

第二类和第三类合用，常可获得增强或相加作用。

第一类和第四类合用，相互影响不大，但有指征时青霉素可与磺胺药合用。例如，当脑膜炎时，由于青霉素透过血脑屏障的能力较差，可与易透过血脑屏障的 SD 合用以提高疗效。

此外，同类型抗菌药物亦可考虑联合应用，如链霉素与多黏菌素合用等；但作用机理相同的不宜合用（特别是氨基苷类），以免增加毒性。

在兽医临床上，青霉素和链霉素、磺胺药和抗菌增效剂的联合应用是在兽医工作中取得成功的例子，但对其他抗菌药联合应用尚缺乏有证实价值的例子，故应注意从实践中总结经验，不可滥用。

☞ 217. 联合应用抗菌药物时需要有哪些指征？

联合应用抗菌药物虽可获得增强或相加作用，但有时亦可产生拮抗现象和增强毒性反应。因此，联合用药必须有下列明确的指征：

（1）病因不明或病情危急的严重感染或败血症。

（2）单用一种抗菌药不能有效控制的严重混合感染，如严重烧伤、创伤性心包炎等。

（3）需长期用药的疾病，为防止耐药菌的出现，可采用联合用药。

（4）对某些不易透过感染病灶的抗菌药，亦可采用联合疗法。

第四章　抗寄生虫药

☞ 218. 什么叫抗寄生虫药？抗寄生虫药可分为哪几类？

家禽的寄生虫种类繁多，分布较广，感染普遍，如防治不利，常会给家禽业造成重大损失。抗寄生虫药是用于驱除和杀灭家禽体内外寄生虫的药物。根据药物抗虫作用和寄生虫分类，可将抗寄生虫药分为以下 3 类：

(1)抗蠕虫药：又称驱虫药。根据蠕虫的种类，又可将此类药物分为驱线虫药、驱绦虫药、驱吸虫药和抗血吸虫药。

(2)抗原虫药：包括抗球虫药、抗锥虫药、抗梨形虫药和抗滴虫药等。

(3)杀虫药：又称杀昆虫药和杀蜱螨药。

☞ 219. 理想的抗寄生虫药，应具备哪些条件？

自从 1907 年化学合成胂凡纳明(606)后，为抗感染的化学治疗开辟了新的途径。从此，抗寄生虫药的品种，数量不断增加，特别是近年来，由于科学技术的飞跃发展，研制合成了许多新品种，使抗寄生虫药的生产和应用取得了很大成绩。目前，理想的抗寄生虫药，要求具备广谱、高效、低毒的条件；无致癌、致突变、致畸胎的“三致”作用；除此之外，尚要求具备投药方便、适口性好、剂量小、无残毒残留和不易产生耐药性等条件，这些是衡量抗寄生虫药的临床价值标准，也是选用抗寄生虫药的基本原则。

(1)安全：良好的抗寄生虫药，应该是对寄生虫有强大的毒性，而对宿主无毒或毒性很低。其化疗指数或称为安全指数(最大耐受量/最低有效量)越大，表示药物对机体的毒性愈小，而疗效愈高。一般认为安全指数必须要大于3时，才有临床应用意义。凡是对虫体毒性大、对宿主毒性小或无毒性的抗寄生虫药是安全的。

(2)高效:高效的抗寄生虫药应该是使用小剂量即能起到满意的效果。所谓高效的抗寄生虫药，应当是对成虫、幼虫甚至虫卵均有较高的驱杀效果。驱杀效果的判定标准，临床上是以驱净率来衡量，高效抗寄生虫药在使用单剂1次投服的驱净率，应达到50%以上.但目前较好的抗寄生虫药，仅对成虫有较好的效果，对未成熟虫体效果很差，且多数为无效。因此，希望对成虫、未成熟虫体以及虫卵均有良好的效果，这样可以避免成虫驱除后，又要等到幼虫成熟后再驱虫，因而可延长二次驱虫的间隔时间。

(3)广谱:广谱是指驱虫范围广。家畜受寄生虫侵袭多属混合感染，因此，使用广谱驱虫杀虫药，在兽医临床上就显得更为重要。但目前已有的广谱驱虫药，以广谱驱线虫药而言，也不是对所有的线虫都有作用，更谈不上对绦虫，吸虫等有效。故在混合感染时，除选用广谱驱虫药外，还应根据感染范围，并用几种驱虫药，以达到治疗混合感染的目的。

(4)具有适于群体给药的理化特性:

①以内服途径给药的驱内寄生虫药应无味、无特臭、适口性好，可混饲给药。若还能溶于水，则更为理想，可将药物混饮给药。

②用于注射给药者，对局部应无刺激性。

③杀外寄生虫药应能溶于一定溶媒中，以喷雾等方法群体杀灭外寄生虫。

④更为理想的广谱抗寄生虫药在溶于一定溶媒中后，以浇淋方法给药或涂擦于动物皮肤上，既能杀灭外寄生虫，又能在透皮吸收后，驱杀内寄生虫。

(5)价格低廉:可在畜牧生产上大规模推广应用。

(6)无残留:食品动物应用后，药物不残留于肉、蛋及其制品中，或可通过遵守休药期等措施，控制药物在动物性食品中的残留。

实际上,完全符合上述条件的抗寄生虫药目前还很少,所以,以比较接近这几个条件的药物,作为选择的目标。

☞ 220. 抗寄生虫药的作用机理是什么?

抗寄生虫药种类繁多,化学结构和作用不同,因此作用机理亦各不相同。此外,迄今对某些寄生虫的生理生化系统尚未完全了解,故药物的作用机理也不完全清楚,已初步弄清的,大概可归纳为如下几方面:

(1)抑制虫体内的某些酶:不少抗寄生虫药通过抑制虫体内酶的活性,而使虫体的代谢过程发生障碍。例如,左旋咪唑、硫双二氯酚、硝硫氰胺和硝氯酚等,能抑制虫体内的琥珀酸脱氢酶(延胡索酸还原酶)的活性,阻碍延胡索酸还原为琥珀酸,阻断了 ATP 的产生,导致虫体缺乏能量而致死;有机磷酸酯类能与胆碱酯酶结合,使酶丧失水解乙酰胆碱的能力,使虫体内乙酰胆碱蓄积,引起虫体兴奋、痉挛,最后麻痹死亡。

(2)干扰虫体的代谢:某些抗寄生虫药能直接干扰虫体的物质代谢过程,例如苯并咪唑类药物能抑制虫体微管蛋白的合成,影响酶的分泌,抑制虫体对葡萄糖的利用,引起虫体死亡;三氮脒能抑制动基体 DNA 的合成,而抑制原虫的生长繁殖;氯硝柳胺能干扰虫体氧化磷酸化过程,影响 ATP 的合成,使绦虫缺乏能量,头节脱离肠壁而排出体外;氨丙啉的化学结构与硫胺相似,故在球虫的代谢过程中可取代硫胺而使虫体代谢不能正常进行。

(3)作用于虫体的神经肌肉系统:有些抗寄生虫药可直接作用于虫体的神经肌肉系统,影响其运动功能或导致虫体麻痹死亡。例如哌嗪有箭毒样作用,使虫体肌细胞膜超极化,引起弛缓性麻痹;阿维菌素类则能促进 γ-氨基丁酸(GABA)的释放,使神经肌肉传递受阻,导致虫体产生弛缓性麻痹,最终可引起虫体死亡或排出体外;噻嘧啶能与虫体的胆碱受体结合,产生与乙酰胆碱相似的作用,引起虫体肌肉强烈收缩,导致痉挛性麻痹。

(4)干扰虫体内离子的平衡或转运:聚醚类抗球虫药能与钠、钾、钙等金属阳离子形成亲脂性复合物,使其能自由穿过细胞膜,使子孢子和裂殖子中的阳离子大量蓄积,导致水分过多地进入细胞,使细胞膨胀变形,细胞膜破裂,引起虫体死亡。

☞ 221. 应用抗寄生虫药时,应当注意哪些问题?

应用抗寄生虫药时,应当注意以下问题:

(1)因地制宜,合理选用抗寄生虫药。合理选用抗寄生虫药是综合防治寄生虫病的重要措施之一,在选择药物时不仅要了解寄生虫种类、寄生部位、严重程度、流行病学资料等,更应了解动物品种、性别、年龄、体质、病理过程、饲养管理条件等对药物作用反应的差异,从而才能结合本地、本场的具体情况,选用理想的抗寄生虫药,以获得最佳防治效果。

(2)结合实际,选择适用剂型和给药途径。为提高抗虫效果,减轻毒性和给药方便,使用抗寄生虫药应根据具体情况,选用适合的剂型和给药途径。

通常驱除消化道寄生虫宜选用内服剂型,消化道以外的寄生虫可选择注射剂,而体外寄生虫以外用剂型为妥。为投药方便,大群禽群可选择预混剂混饲或饮水投药法,杀灭体外寄生虫目前多选药浴、浇泼和喷雾给药法。

(3)防患于未然,避免药物中毒事故。一般来说,日前除聚醚类抗生素驱虫药对动物安全范围较窄外,大多数抗寄生虫药,在规定剂量范围内,对动物都较安全,即使出现一些不良反应,亦都能耐过,但用药不当,如剂量过大、疗程太长、用法不妥时亦会引起严重的不良反应,甚至中毒死亡。因此,对本地、本场还未使用过的较新型的抗寄生虫药时,为防意外,在大规模防治前,应先把禽群中少数具有代表性动物（即不同年龄、性别、体况）进行预试，取得经验后，再进行全群驱虫，以防不测。

(4)密切注意，防止产生耐药虫株。随着抗寄生虫药的广泛应用，世界各地均已发现耐药虫株，这是使用抗寄牛虫药值得注意的重大问题。耐药虫株一旦出现，不仅对某种药物具耐受性，使驱虫效果降低或丧久，甚至还出现交叉耐药现象，给寄生虫防治带来极大困难。现已证实，产生耐药虫株多与小剂量（低浓度）长期和反复使用有关。因此，在制定驱虫计划时，应定期更换或交替使用不同类型的抗寄生虫药，以减少耐药虫株的出现。

(5)注重环境保护，保证人体健康。通常抗寄生虫药对人体都存在一定的危害性，因此，在使用药物时，应尽力避免药物与人体直接接触，采取必要防护措施，避免因使用药物而引起对人体的刺激、过敏、甚至中毒死亡等事放发生。

某些药物还会污染环境，因此，接触这些药物的容器、用具、必须妥善处理，以免造成环境污染，遗留后患。

为保证人体健康，世界各国均对抗寄生虫药在动物产品（如肉、蛋等）中的残留量进行了大量研究，并制定了最高残留限量和休药期规定。我国对此亦有若干具体规定，应按章执行。

防治畜禽寄生虫病必须制定切实可行的综合性防治措施，使用抗寄生虫药仅是综合防治措施中一个重要环节而已。因此，对寄生虫病应贯彻“预防为主”方针，如加强饲养管理，消除各种致病因素，搞好禽舍卫生和环境卫生，消灭寄生虫的传染媒介和中间宿主。

☞ 222. 抗寄生虫药的应用方法有哪些？

抗寄生虫的应用方法，主要有以下几种。

(1)混合驱虫法：根据家畜寄生虫病常有混合感染的特点，常采用两种或两种以上的药物联合应用，既起到了协同作用，扩大了驱虫范围，提高了治疗效果，且不增加毒性，并可减少驱虫次数，节省时间，节省人力，从而可以提高防治家畜寄生虫病的工作效率。

（2）个体驱虫法：在饲养家禽不多的情况下发生寄生虫病时，可采用个体口服或注射给药，其优点是用药量准确，缺点是手续麻烦，工效不高，不适于大规模驱虫，仅可供农家饲养少数家禽时使用。

（3）成群驱虫法：随着家禽业的发展，大型饲养场以及工厂化养鸡场的建立，为了节省人工，有必要采用混饮法、混饲法、气雾法、熏蒸法和药浴法等成群驱虫或杀虫。这些方法通过试用证明，均为安全有效，其特点是用法简便，费用低廉，并可节省劳动力，有重要的实践意义。

☞ 223. 越霉素 A 的用途是什么？

越霉素 A 是一种由链霉菌发酵产生的氨基苷类抗生素，除越霉素 A 外，还含少量越霉素 B，为黄色或黄褐色粉末。

越霉素 A 主要用于驱除禽蛔虫，有抑制产卵与驱除成虫等作用。此外，对革兰氏阳性菌、阴性菌，特别是对植物的病原性霉菌，均具有较强的抗菌作用。本品属氨基苷类抗生素，内服后极少吸收，因此，体内各组织中均无药物分布。目前，多以本品制成预混剂，长期连续饲喂做预防性给药。

由于越霉素预混剂的规格众多，用时应以越霉素 A 效价做计量单位。

用法与用量：混饲，每 1 000 kg 饲料，禽 5～10 g。连续饲喂 8～10 周。休药期，禽 3 天，产蛋期禁用。

☞ 224. 潮霉素 B 的用途是什么？

潮霉素 B 与鸡的蛔虫、盲肠虫长期接触时，可影响其生殖机能而抑制产卵，并对虫体有损害作用。此外，本品对革兰氏阳性、阴性菌和某些放线菌及抗酸菌也有抗菌作用。主要作为家禽专用抗生素，用于驱除鸡的肠道线虫。此药毒性小，长期饲用无毒、副作用。

用法与用量：混饲，每1 000 kg 饲料，禽 8～12 g。

☞ 225. 伊维菌素的用途是什么？

伊维菌素为大环内酯类新型的广谱、高效、低毒抗生素类抗寄生虫药，对体内外寄生虫特别是线虫和节肢动物均有良好驱杀作用。但对绦虫、吸虫及原生动物无效。

伊维菌素对线虫及节肢动物的驱杀作用，在于增加虫体的抑制性递质 γ-氨基丁酸（GABA）的释放以及打开谷氨酸控制的 Cl^- 通道，增强神经膜对 Cl^- 的通透性，从而阻断神经信号的传递，最终神经麻痹，使肌肉细胞失去收缩能力，而导致虫体死亡。由于吸虫和绦虫不以 GABA 为传递递质，并且缺少受谷氨酸控制的 Cl^- 通道，故本类药物对其无效。

本品无论内服还是皮下注射，均能吸收完全。进入体内的伊维菌素能分布于大多数组织，包括皮肤，所以，经给药后可驱除体内线虫和体表寄生虫。对家禽线虫如鸡蛔虫和封闭毛细线虫以及家禽体表寄生的节肢动物，如膝螨、羽虱等，按 200～300 μg/kg 量内服或皮下注射，均有高效。但本品对鸡异刺线虫无效。

☞ 226. 甲苯达唑的用途是什么？

本品属于噻苯唑衍生物，具有高效、低毒、广谱驱线虫作用，并有驱绦虫作用。对于线虫可引起虫体肠细胞浆微管消失，阻断葡萄糖转运，导致虫体糖原和三磷酸腺苷耗尽；对于绦虫能延长细胞内水解酶的存留，因而加速绦虫皮层的自家溶解。

甲苯咪唑对禽类，以 60 mg/kg 药料连用 7 天，对气管比翼线虫、鸡蛔虫、异刺线虫、毛细线虫成虫及幼虫均有高效。较大剂量

(25～50 mg/kg)对棘盘赖利绦虫、有轮赖利绦虫驱除率100%。本品对长鼻分咽线虫效果不佳。

感染气管比翼线虫的火鸡，患裂口线虫或混合感染鹅裂口线虫和细颈棘头虫的鸭、鹅，以125 mg/kg的药料，连喂14天，症状可全部消失。

本品能影响产蛋率和受精率，蛋鸡以不用为宜；此外，鸽子对本品敏感，应禁用。

用法与用量：混饲，每1 000 kg饲料，禽60～120 g。连用14天。

☞ 227. 氧苯达唑的用途是什么？

氧苯达唑为高效低毒苯并咪唑类驱虫药，虽然毒性极低，但因驱虫谱较窄，仅对胃肠道线虫有高效，因而应用不广。家禽1次内服40 mg/kg，对鸡蛔虫成虫、幼虫以及鸡异刺线虫有效率接近100%；对卷棘口吸虫也有良效。本品对钩状唇旋线虫、毛细线虫无效。

用法与用量：内服，1次量，每千克体重，禽30～40 mg。

☞ 228. 氟苯达唑的用途是什么？

氟苯达唑为白色或类白色粉末，无臭，在甲醇或氯仿中不溶，在稀盐酸中略溶。氟苯达唑为甲苯达唑的对位氟同系物。它不仅对胃肠道线虫有效，而且对某些绦虫亦有一定效果。国外主要用于禽的胃肠蠕虫病。氟苯达唑对鸡蛔虫、鸡毛细线虫、鹅裂口线虫、鹅毛细线虫、微细毛圆线虫和气管比翼线虫也具极佳驱除效果。

用法与用量：混饲，每1 000 kg饲料，禽30 g，连用4～7天。

☞ 229. 阿苯达唑的用途是什么？

阿苯达唑又名丙硫苯咪唑，肠虫清。本品脂溶性高，比其他本类药物更易从消化道吸收，由于有很强的首过效应，血中的原形药物很少或不能测到，主要在肝脏代谢为阿苯达唑亚砜和砜等代谢物，亚砜具有抗蠕虫活性。除亚砜和砜外，尚有羟化、水解和结合产物，经胆汁排出体外。本品对动物线虫、吸虫、绦虫均有驱除作用。

本品对鸡蛔虫成虫及未成熟虫体有良好效果，对赖利绦虫成虫亦有较好效果。但对鸡异刺线虫、毛细线虫作用很弱。25 mg/kg 对鹅剑带绦虫、棘口吸虫疗效为 100%，50 mg/kg 对鹅裂口线虫、棘口吸虫有高效。

用法与用量：内服，1 次量，每千克重，禽 10～20 mg。

☞ 230. 芬苯达唑的用途是什么？

本品又名苯硫苯咪唑、硫苯咪唑，为广谱、高效、低毒的苯并咪唑类驱虫药。它不仅对动物胃肠道线虫成虫、幼虫有高度驱虫活性，而且对网尾线虫、矛形双腔吸虫和绦虫亦有较佳效果。

对家禽胃肠道和呼吸道线虫有良效。按 8 mg/kg 剂量连用 6 天，对鸡蛔虫、毛细线虫和绦虫有高效。对火鸡蛔虫 1 次有效剂量为 350 mg/kg。但若以 45 mg/kg 饲料浓度连喂 6 天，则全部驱净火鸡蛔虫、异刺线虫和封闭毛细线虫。对雉、鹧鸪、松鸡、鹅、鸭的最佳驱虫方案是 60 mg/kg 饲料浓度连用 6 天。自然感染封闭毛细线虫和鸽蛔虫的家鸽，以 100 mg/kg 混饲，连用 3～4 天，有效率几近 100%。

用法与用量：内服，1 次量，每千克体重，禽 10～50 mg。

☞ 231. 左咪唑的驱虫作用机理是什么？如何应用？

左咪唑又名左旋咪唑，为广谱、高效、低毒的驱线虫药，对多种动物的胃肠道线虫和肺线虫成虫及幼虫均有高效。

关于左咪唑的驱虫机理，传统的看法认为，本品对多种虫体的延胡索酸还原酶有抑制作用。即药物通过虫体表皮吸收,迅速到达相应酶的作用部位,药物分子发生水解形成不溶于水的化合物与酶活性中的一个或数个 —SH 基相互作用,使延胡索酸还原酶失去活性,形成稳定的 S—S 链,从而影响能量产生。

近年来多数试验还证实,左旋咪唑是一种神经节兴奋剂,即药物能使虫体处于静息状态的神经肌肉去极化,引起肌肉持续收缩而导致麻痹。此外,药物的拟胆碱作用亦有利于麻痹虫体的迅速排出。

左旋咪唑对动物还有免疫增强作用。即能使免疫缺陷或免疫抑制的动物恢复其免疫功能,但对正常机体的免疫功能作用并不显著。

禽按 36 mg 或 48 mg/kg 体重日量,给雏鸡饮水给药,对鸡蛔虫、鸡异刺线虫、封闭毛细线虫成虫驱除率在 95%以上。对未成熟虫体及幼虫的驱除率亦较佳。上述用法,适口性好,尚未发生中毒症状。饮水给药对鸡眼虫(孟氏尖旋尾线虫)也很有效。用 10%左旋咪唑溶液直接滴入鸡眼内无刺激性,且在 1 h 内能杀灭所有虫体。

按 3.6 mg/kg 日量,连续饮用 3 天,对火鸡气管比翼线虫颇为有效,饮用药液后,约 16 h 即排除火鸡口腔内所有虫体。

应用(70 mg/kg)左旋咪唑内服,对鹅裂口线虫病也有良效。

患鸽蛔虫的肉鸽,按 40 mg/kg 量,内服 2 次(间隔 24 h),虫卵转阴率 92%左右。

☞ 232. 哌嗪的驱虫作用特点是什么?

哌嗪又名哌哔嗪、驱蛔灵。临床上用的有枸橼酸哌嗪和磷酸哌嗪两种,均为白色结晶性粉末。前者易溶于水,后者难溶于水。均应遮光、密封保存于干燥处。

哌嗪的各种盐类均属低毒、有效驱蛔虫药,此外,对食道口线虫、尖尾线虫也有一定效果，曾广泛用于兽医临床。哌嗪各种盐类的驱虫作用，取决于制剂中哌嗪基质，国际上通常均以哌嗪水合物相等值表示，即 100 mg 哌嗪水合物相当于 125 mg 枸橼酸哌嗪或 104 mg 磷酸哌嗪。

哌嗪的驱虫活性，取决于对蛔虫的神经肌肉接头处发生抗胆碱样作用，从而阻断神经冲动的传递；同时对虫体产生琥珀酸的功能亦被阻断。药物是通过虫体抑制性递质——γ-氨基丁酸（GABA）而起作用。哌嗪的抗胆碱活性是由于兴奋 GABA 受体和阻断非特异性胆碱能受体的双重作用，结果导致虫体麻痹，失去附着于宿主肠壁的能力，并借肠蠕动而随粪便排出体外。

本品的作用特点是在麻痹虫体前，很少引起虫体的兴奋现象，故不致因刺激虫体而引起胆道或肠道梗塞，且对畜禽无对抗乙酰胆碱的作用，因而用药比较安全，但驱虫范围窄，用量大。

磷酸哌嗪和枸橼酸哌嗪按每只成年鸡用 0.3 g 剂量，混于饲料中连用 3 天，对鸡蛔虫驱除率极佳。但对鸡盲肠虫（鸡异刺线虫）效果较差。

哌嗪对鹅裂口线虫成虫有效率 100%；对 6 日龄和 12 日龄虫体驱除率分别为 92.9%和 66.5%。

用法与用量：枸橼酸哌嗪，内服，1 次量，每千克体重，禽 0.25 g。

磷酸哌嗪，内服，1 次量，每千克体重，禽 0.2～0.5 g。

☞ 233. 吡喹酮抗绦虫和抗血吸虫的作用机理是什么？如何应用？

吡喹酮是较理想的新型广谱抗绦虫和抗血吸虫药，目前广泛用于世界各国。

吡喹酮能使宿主体内血吸虫（包括日本分体血吸虫、曼氏分体血吸虫、埃及分体血吸虫）向肝脏移动，并在肝组织中死亡。此外，对大多数绦虫成虫及未成熟虫体均有良效。加之本品对动物毒性极小,是较理想的抗寄生虫药物。

试验证实,吡喹酮能被绦虫和吸虫迅速吸收,首先使寄生虫发生瞬间的强直性收缩,然后使合胞体外皮迅速形成空泡,并逐渐扩大,最终表皮糜烂,终至溶解。当试管内药物浓度达到治疗血清浓度(约 0.3 μg/mL)后 30 s 即发生上述现象,但在体内则需 15 min。

皮层的空泡形成,绦虫仅发生于虫体前端部位,而吸虫则发生于全部体表外皮,空泡形成只发生于合胞体层,随时间延长而扩大病变范围。皮层破坏后,影响虫体吸收与排泄功能,更重要的是其体表抗原暴露,从而易遭受宿主免疫攻击,促使虫体死亡。

除上述原发性变化外,吡喹酮还能引起继发性作用,使虫体表膜去极化,皮层碱性磷酸酶活性明显降低,以致葡萄糖的摄取受阻,内源性糖原耗竭。此外,吡喹酮尚可抑制虫体的核酸与蛋白质合成。

用法与用量:本品以 10～20 mg/kg 量 1 次内服,对鸡有轮赖利绦虫、漏斗带绦虫和节片戴文绦虫驱虫率接近 100%。对鹅、鸭矛形剑带绦虫、斯氏双睾绦虫、片形皱缘绦虫、细小匙沟绦虫、微细小体钩绦虫和冠状双盔绦虫亦有高效,10～20 mg/kg 量,药效接近 100%。

☞ 234. 氢溴酸槟榔碱的用途是什么?

槟榔碱是从棕榈科植物槟榔树种子中提出的一种生物碱,现也可人工合成。具有毒蕈碱样(M 样)和菸碱样(N 样)作用,临床上主要用以驱除绦虫,对绦虫有较强的麻痹作用,使虫体瘫痪,失去附着于肠黏膜的能力,加之本品能增强肠蠕动,有利于虫体的排出。一般可连用 2～3 次,每次间隔 7～10 天,效果较好。

用法与用量:内服,1 次量,每千克体重,鸡 3 mg,鸭、鹅 1～2 mg。

☞ 235. 氯硝柳胺有何用途？

氯硝柳胺又称灭绦灵、育米生、血防-67。具有驱绦范围广、驱虫效果好、毒性低、使用安全等优点。氯硝柳胺通过抑制虫体线粒体内的氧化磷酸化过程而干扰绦虫的三羧循环，使乳酸蓄积而发挥杀绦作用。用于畜禽绦虫病，对绦虫头节和体节具有同等驱排效果；治疗量对鸡各种绦虫几乎全部驱净。通常绦虫与药物接触1 h，虫体萎缩，继则头节脱落而死亡，一般在用药48 h，虫体即全部排出。氯硝柳胺还有较强的杀钉螺（血吸虫中间宿主）作用，对螺卵和尾蚴也有杀灭作用。

用法与用量：内服，1次量，每千克体重，禽50～60 mg。

☞ 236. 硫双二氯酚有何用途？应用注意事项是什么？

硫双二氯酚为广谱驱虫药，对畜禽多种绦虫及吸虫均有驱除效果。用于治疗肝片形吸虫病、前后盘吸虫病、姜片吸虫病和绦虫病。本品内服，仅少量迅速由消化道吸收，并由胆汁排泄，大部分未吸收药物均由粪便排泄，因而可驱除胆道吸虫和胃肠道绦虫。

本品安全范围较小，对宿主肠道有拟胆碱作用，多数动物用药后均出现暂时性腹泻症状，但多在2天内自愈。为减轻副作用，可以小剂量连用2～3次。

本品禁用乙醇或增加溶解度的溶媒配制溶液内服，否则会造成大批中毒死亡事故。不宜与四氯化碳、吐酒石、吐根碱、六氯乙烷、六氯对二甲苯联合应用，否则毒性增强。

用法与用量：硫双二氯酚对鸡有轮赖利绦虫、四角赖利绦虫、漏斗带绦虫、致疡棘壳绦虫等，每千克体重100～200 mg，每天1次，连用2天，有明显驱除效应；鹅应用600 mg/kg量，4天后再服1次，对大多数绦虫（特别是剑带绦虫）有良效。

☞ 237. 目前我国用于抗球虫的药物有哪些？

球虫病是分布很广的一种原虫病，是集约化畜牧业最为多发、危害严重且防治困难的疾病之一，也是所有动物疾病中经济损失最严重的疾病之一。自从 1939 年在生产中使用氨苯磺胺控制球虫病以来，用于预防鸡球虫病的药物达 50 余种，其中一些药物（如早期应用的呋喃类、四环素类和大多数磺胺药）由于疗效不佳，毒性太大已逐渐被淘汰。目前在我国应用于生产的一般为广谱抗球虫药，大致分为两大类：一类是聚醚类离子载体抗生素，如莫能菌素、盐霉素、拉沙霉素、马杜霉素、山度霉素等；另一类是化学合成的抗球虫药，如二硝托胺、尼卡巴嗪、氨丙啉、氯羟吡啶、常山酮、地克珠利等。

☞ 238. 为什么使用抗球虫药时要注意药物的作用峰期？

抗球虫药的作用峰期，是指球虫对药物。

最敏感的生活史阶段，或药物主要作用于球虫发育的某生活周期。也可按球虫生活史（即动物感染后）的第几日来计算。抗球虫药绝大多数作用于球虫的无性周期，但其作用峰期并不相同。掌握药物作用峰期，对合理选择和使用药物具有指导意义。

一般说来，作用峰期在感染后第一二天的药物，其抗球虫作用较弱，多用做预防和早期治疗用。而作用峰期在感染后第三四天的药物，其抗球虫作用较强，多作为治疗药应用。由于球虫的致病阶段是在发育史的裂殖生殖和配子生殖阶段，尤其是第二代裂殖生殖阶段，因此，应选择作用峰期与球虫致病阶段相一致的抗球虫药作为治疗性药物。属于这种类型的抗球虫药有尼卡巴嗪、托曲珠利、磺胺氯吡嗪钠、磺胺喹噁啉、磺胺二甲氧嘧啶、二硝托胺等。

由于抗球虫药抑制球虫发育阶段的不同，会直接影响鸡对球虫产生免疫力。例如,作用于第一代裂殖体的药物,影响鸡产生免疫力,故多用于肉鸡,而蛋鸡和肉用种鸡一般不用或不宜长时间应用;作用于第二代裂殖体的药物,不影响鸡产生免疫力,故可用于蛋鸡和肉用种鸡。

☞ 239. 常用抗球虫药的作用峰期各是多少?

目前,常用抗球虫药的作用峰期见表 4-1。

表 4-1 常用抗球虫药的作用峰期

药 物	抗球虫范围	活性峰期	抑制球虫生长阶段	休药期(天)
氨丙啉	柔嫩、堆型、布氏等	感染后第3天	第一代裂殖体	7
氯苯胍	柔嫩、毒害、堆型、布氏等	感染后第3天	第二代裂殖体	5
球痢灵	毒害、柔嫩、波氏、巨型等	感染后第3天	第二代裂殖体	0
尼卡巴嗪	柔嫩、堆型、巨型、毒害、波氏等	感染后第4天	第二代裂殖体	4
氯羟吡啶	柔嫩、毒害、变位、堆型等	感染后第1天	子孢子期	0～5
常山酮	柔嫩、毒害、巨型、变位、堆型等	感染后2～3天	第一、二代裂殖体	5
莫能菌素	毒害、柔嫩、巨型、变位、波氏、堆型等	感染后第2天	第一代裂殖体	3
盐霉素	柔嫩、堆型、毒害、变位等	感染后第2天	第一代裂殖体、子孢子滋养体	5
马杜拉霉素	毒害、柔嫩、堆型、巨型、布氏、变位等	感染后1～2天	第一代裂殖体、子孢子	5

续表 4-1

药 物	抗球虫范围	活性峰期	抑制球虫生长阶段	休药期（天）
拉沙里霉素	柔嫩、毒害、巨型、变位等	感染后第2天	第一代裂殖体、子孢子滋养体	5
磺胺喹噁啉	巨型、布氏、堆型等	感染后第4天	第一代裂殖体、子孢子	10
地克珠利	毒害、柔嫩、堆型、巨型、布氏、变位等	感染后1～3天	第一代裂殖体、子孢子	5
妥曲珠利	堆型、波氏、巨型、毒害、柔嫩等	感染后1～6天	裂殖阶段、配子阶段	8

☞ 240. 如何减少球虫产生耐药性？

球虫病目前主要以预防为主，将抗球虫药混饲定期饲喂，效果较好。但长期以低浓度的抗球虫药饲喂雏禽等，也出现了对某些药物产生耐药性的虫株，甚至有交叉耐药的现象。目前，避免或延缓耐药虫株的产生的办法，主要是通过穿梭用药、轮换用药和联合用药等措施。

所谓穿梭用药，就是在一个饲养期内，换用2～3种不同类型的抗球虫药，在雏鸡阶段用一种药物，中鸡阶段用一种药物，大鸡阶段再换用另一种药物，以缩短球虫与药物接触的时间。轮换用药是定期地或季节性地变换药物，也即在某种药物产生耐药性虫株之前将其替换下来。联合用药即同时使用几种药物，利用药物之间的协同作用以增强药效，延缓耐药性虫株的产生。

不同的抗球虫药物，具有不同的作用峰期。作用峰期在球虫发育第1～2天的药物，宜作预防药；作用峰期在球虫发育第3～4天的药物，既能作预防药，亦可作为治疗药应用。

在执行穿梭或轮换用药方案时，一般先选作用于第一代裂殖体的药物，然后再换用做用于第二代裂殖体的药物，这样不仅可减少或避免耐药性的产生，而且可提高药物的防治效果。药物的作用峰期与免疫力的建立有关，作用于第一代裂殖体的药物会影响鸡对球虫产生免疫力，故这类一般只用于肉鸡，而不适宜用于蛋鸡和肉种鸡；作用于第二代裂殖体的药物不影响鸡建立抗球虫免疫力，适用于包括蛋鸡和肉种鸡在内的各种类型鸡。

☞ 241. 在联合使用抗球虫药时，应注意什么问题？

联合应用两种以上的抗球虫药时，相互之间不能有配伍禁忌。值得注意的是，现在市售配合饲料中一般都同时应用多种饲料添加剂，因此，还应注意所选用的抗球虫药物不与饲料中其他添加剂产生拮抗作用。例如，盐霉素、莫能菌素、氨丙啉、常山酮、尼卡巴嗪等药物之间有配伍禁忌，不能同时使用两种或两种以上的这些药物；盐霉素、莫能菌素也不能与泰乐菌素和竹桃霉素同时使用，否则能引起生长抑制，甚至中毒死亡；氨丙啉、二甲硫胺与维生素 B_1 有明显的拮抗作用，在使用这两种药物时，应控制每千克饲料中维生素 B_1 含量低于 10 mg。

☞ 242. 为什么聚醚类离子载体抗生素仅用于球虫病的预防？

聚醚类抗生素具有促进离子通过细胞膜的能力，被广泛应用于养鸡业，这类药物具有很广的抗虫谱，对常见的 6 种鸡艾美耳球虫都有抗虫活性，而且没有严重的球虫耐药性问题。聚醚类离子载体抗生素对鸡艾美耳球虫的子孢子和第一代裂殖生殖阶段的初期虫体具有杀灭作用，但是对裂殖生殖后期和配子生殖阶段虫体的作用却极小。因此，聚醚类离子载体抗生素仅用于鸡球虫病的预防。

☞ 243. 莫能菌素是怎样产生抗球虫作用的？应用注意事项有哪些？

莫能菌素又名瘤胃素、莫能星，为单价离子载体类抗生素，对鸡柔嫩、毒害、堆型、巨型、布氏、变位艾美耳球虫等6种常见球虫均有高效杀灭作用，用于预防鸡球虫病。莫能菌素主要杀死鸡球虫生活周期中之早期（子孢子）阶段，作用峰期为感染后第二天。其预混剂添加于肉鸡或育成期蛋鸡饲料中，用于预防鸡球虫病。

莫能菌素杀球虫作用是通过干扰球虫细胞内 K^+ 及 Na^+ 离子之正常渗透，使大量的 Na^+ 进入细胞内，随后为平衡渗透压，大量的水分进入球虫细胞，引起肿胀。为了排除细胞内多余的 Na^+，球虫细胞耗尽了能量，并且因细胞过度肿胀而死亡。

除了杀球虫作用外，莫能菌素对动物体内产气荚膜芽孢梭菌亦有抑制作用，可预防坏死性肠炎的发生。在应用较低剂量时，机体可逐渐产生较强的免疫力。对蛋鸡只能应用较低剂量，这样既能预防鸡球虫病，又不影响免疫力的产生。

应用注意事项如下：

(1)产蛋期禁用，鸡休药期3天。

(2)禁与泰妙菌素、竹桃霉素及其他抗球虫药伍用。

(3)工作人员搅拌配料时，应防止本品与皮肤和眼睛接触。

用法与用量：莫能菌素钠预混剂（含莫能菌素钠20%）混饲，每1 000 kg饲料，禽90～110 g。

☞ 244. 盐霉素的抗球虫作用有何特点？应用注意事项是什么？

盐霉素又名沙利霉素，用于预防禽球虫病。盐霉素能杀灭多种鸡球虫，但对巨型和布氏艾美耳球虫作用较弱。盐霉素对尚未进入肠细胞内的球虫子孢子有高度杀灭作用，对无性生殖的裂殖体有较强抑制作用。

应用注意事项如下：

(1)配伍禁忌与莫能菌素相似。

(2)安全范围较窄，应严格控制混饲浓度。若浓度过大或使用时间过长，会引起采食量下降、体重减轻、共济失调和腿无力。

(3)成年火鸡禁用。

用法与用量：盐霉素钠预混剂（含盐霉素钠10%），混饲，每1 000 kg 饲料，禽 60 g。休药期，禽 5 天。

☞ 245. 拉沙菌素的抗球虫作用有何特点？应用注意事项是什么？

拉沙菌素又名拉沙洛西，为二价聚醚类离子载体抗生素，用于预防禽球虫病。对 6 种常见的鸡球虫均有杀灭作用，其中对柔嫩艾美耳球虫的作用最强，对毒害和堆型艾美耳球虫的作用稍弱。拉沙菌素对子孢子、早期和晚期无性生殖阶段的球虫有杀灭作用。拉沙菌素的作用机理与莫能菌素相似，但拉沙菌素可捕获和释放二价阳离子。虽然在使用规定剂量时，本品是聚醚类离子载体抗生素中毒性最小的一种，但由于其对二价阳离子代谢的影响，引起鸡体水分排泄量明显增加，在使用较高剂量时，则会导致垫料潮湿。

本品可与泰妙菌素配伍应用。产蛋期母鸡连续饲喂 1 周拉沙菌素，在鸡蛋中可出现残留。

应用注意事项如下：

(1)严格按规定剂量用药，饲料中药物浓度超过 150 mg/kg 会导致生长抑制和动物中毒。

(2)产蛋期禁用。

用法与用量：拉沙菌素预混剂（有 15%和 45%两种预混剂），混饲，每 1 000 kg 饲料，鸡 75～125 g。休药期 5 天。

☞ 246. 马杜霉素的抗球虫作用机制是什么？如何应用？

马杜霉素又名马度米星、抗球王、加福。本品为聚醚类一价单糖苷离子载体抗生素，抗球虫谱广，对子孢子和第一代裂殖体具有抗球虫活性。其抗球虫活性较其他聚醚类抗生素强，广泛用于预防鸡球虫病。

马杜霉素的抗球虫作用机理，系其本身具有促进阳离子通过细胞膜的能力，对金属离子有特殊的选择性，可与钾、钠等一价阳离子结合成络合物，选择性地输送钾、钠离子进入球虫的子孢子和第一代裂殖体，使球虫细胞内钾(钠)离子浓度急剧增加，为平衡渗透压，大量的水分进入球虫细胞，从而破坏了球虫细胞膜内外离子的正常平衡和移动能力，对经过生物膜的细胞内外运输的糖、氨基酸、有机酸等的通透性以及离子特异性蛋白质与核酸的机能均产生影响，最终导致球虫新陈代谢紊乱，虫体膨胀而死。

本品能有效控制 6 种致病的鸡艾美耳球虫，而且也能有效控制对其他聚醚类离子载体抗生素具有耐药性的虫株。本品对鸭球虫病也有良好的预防效果。以推荐预防量 5 mg/kg 混饲，对鸡是安全的，但由于马杜霉素的安全范围很窄，混饲浓度超过 6 mg/kg 对生长有明显抑制作用，也影响饲料报酬；以 7 mg/kg 浓度混饲，即可引起鸡不同程度的中毒。马杜霉素和化学合成的抗球虫药之间不存在交叉耐药性。

用法与用量：马杜霉素铵预混剂（含马杜霉素铵 1%），混饲，每 1 000 kg 饲料，鸡 5 g。休药期 5～7 天。产蛋期禁用。

☞ 247. 家禽马杜霉素中毒的症状是什么？防治对策有哪些？

家禽马杜霉素中毒一般为急性过程，家禽食用高于推荐剂量药物后即可出现中毒症状。超急性死亡的动物几乎不出现任何症状即很快死亡。急性死亡(1～2 天内死亡)的动物一般会出现典型的中毒症状，如乱飞乱跳、口吐黏液、兴奋亢进等神经症状，或水样腹泻、腿软、行走及站立不稳，严重的两腿麻痹向后伸，昏睡直至死亡。亚慢性中毒表现为食欲不振，精神沉郁，腹泻，腿软，增重及饲料转化率降低。产蛋鸡中毒表现为产蛋下降，火鸡对马杜霉素更敏感，中毒主要表现为呼吸困难等症状；鹅、鸭和鹧鸪中毒可见脚爪痉挛内收、睑冠发紫等。

目前，对于离子载体抗生素的中毒无特效解毒药。治疗的首要原则还是排毒、保肝、补液和调节机体钾、钠离子平衡。应用抗氧化剂维生素 E 或硒(Se)，可以降低聚醚类离子载体抗生素对动物的毒性作用。在临床实践中，可在饲料中添加维生素 E 或硒(Se)减轻毒性作用。除此之外，尚应注意以下问题：

(1)立即停止饲喂含马杜霉素的词料，更换新饲料。

(2) 24 h 供饮水溶性电解质多维或口服补液盐水（每 1 000 mL 水中加 2.5 g 氯化钠、1.5 g 氯化钾、2.5 g 碳酸氢钠、20 g 葡萄糖）。

(3)挑出中毒严重的动物，单独饲养，皮下注射 5～10 mL 含 50 mg 维生素 C 或 20～40 mg 维生素 B_2 的 5%葡萄糖生理盐水，每日 2 次。

(4)为防止鸡只因中毒抵抗力下降，继发感染，可适量应用广谱抗生素，如恩诺沙星等。

☞ 248. 赛杜霉素钠的抗球虫作用特点是什么？应用注意事项有哪些？

赛杜霉素系由变种的玫瑰红马杜拉放线菌培养液中提取后再进行结构改造的半合成抗生素。属单价糖苷聚醚离子载体半合成抗生素，是最新型的聚醚类抗生素。用于肉鸡球虫病。

赛杜霉素对球虫子孢子以及第 1 代、第 2 代无性周期的子孢子、裂殖子均有抑杀作用。主要用于预防肉鸡球虫病，对鸡堆型、巨型、布氏、柔嫩、和缓艾美耳球虫均有良好的抑杀效果。本品主用于肉鸡。产蛋鸡及其他动物禁用本品。

用法与用量:混饲,每 1 000 kg 饲料肉鸡 25 g。休药期,肉鸡 5 天。

☞ 249. 海南霉素钠的抗球虫特点是什么?应用注意事项有哪些?

海南霉素系由我国海南岛土壤中分离的一种稠李链霉菌东方变种培养液中提取的聚醚类抗生素,属单价糖苷聚醚离子载体抗生素。是我国独创的主要用于肉鸡的聚醚类抗球虫药。据国内试验表明,本品对鸡柔嫩、毒害、巨型、堆型、和缓艾美耳球虫都有一定的抗球虫效果,其卵囊值、血便及病变值均优于盐霉素,但增重率明显低于盐霉素。

应用本品应注意以下问题:

(1)本品是聚醚类抗生素中毒性最大的一种抗球虫药,治疗浓度即明显影响增重。估计对人及其他动物的毒性更大,用时需密切注重防护,喂药鸡粪切勿加工成饲料,更不能污染水源。

(2)限用于肉鸡。产蛋鸡及其他动物禁用。

(3)禁与其他抗球虫药物并用。

用法与用量:混饲,每 1 000 kg 饲料,鸡 5～7.5 g。休药期 7 天。

☞ 250. 球痢灵对哪些球虫作用较好?

球痢灵又名二硝托胺、二硝苯甲酰胺、硝苯酰胺。本品对鸡毒害、柔嫩、波氏、巨型艾美耳球虫均有良好防治效果,特别是对小肠最有致病性的艾美耳球虫效果最好,但该药对堆型艾美耳球虫效果稍差。球痢灵主要影响球虫第二期无性周期的裂殖体增殖阶段(即感染第三天),如果在球虫感染 48 h 后于饲料中开始应用本品，并且连续应用 36 h，就能完全抑制毒害艾美耳球虫和柔嫩艾美耳球虫的感染。但停药 5～6 天后，有时能使潜在性球虫病复发。

本品应用治疗量对鸡的生长发育、增重、产蛋及蛋的品质和孵化率均无影响。

用法与用量：25％二硝托胺预混剂，混饲，每 1 000 kg 饲料，鸡 500 g。

☞ 251. 尼卡巴嗪的抗球虫作用有何特点？在预防用药过程中应注意什么问题？

本品又名双硝苯脲二甲嘧啶酚、力更生，是等分子的二硝基二苯脲与二甲基嘧啶酚的复合物。内服后被消化道吸收，双硝苯脲的吸收比二甲基嘧啶酚快，但是自组织中消除较缓慢。二者均有抗球虫作用，主要是抑制第二个无性繁殖体的生长繁殖，其作用峰期在感染后的第四日，对球虫生活史的其他各期无效。

本品是肉鸡、火鸡球虫病的良好预防药，但不适用于产蛋鸡。尼卡巴嗪对鸡盲肠(柔嫩艾美耳球虫)和堆型、巨型、毒害、波氏艾美耳球虫(小肠球虫)均有良好预防效果。据现场试验，高浓度(超过 125 mg)饲喂，其杀灭球虫的效应更为明显，但能影响增重。此外，球虫对其他抗球虫药已产生耐药性时，如改用本品，仍然有效。

在预防用药过程中，若因大量接触感染性卵囊，而暴发球虫病时，应迅速改用磺胺药治疗。盛夏鸡舍应通风降温，若室温达 40℃，如用尼卡巴嗪，能增加雏鸡死亡率。产蛋鸡禁用。肉鸡上市前应停用 4 天。

用法与用量：尼卡巴嗪预混剂(含尼卡巴嗪 20％)，混饲，每 1 000 kg 饲料，禽 125 g。休药期 4 天。

尼卡巴嗪、乙氧酰胺苯甲酯预混剂，混饲，每 1 000 kg 饲料，鸡 500 g。休药期 9 天。

☞ 252. 氨丙啉抗球虫作用的机制是什么？用药时应注意什么问题？

氨丙啉又名氨保宁、安宝乐。为传统使用的抗球虫药，具有较好的抗球虫效果，广泛应用于世界各国。其抗球虫作用的机制系氨丙啉的化学结构与硫胺（VB_1）相似，能竞争性颉颃球虫体内硫胺的代谢。宿主体内缺乏 VB_1 时，氨丙啉在虫体内的含量增高，反之则减弱其抗球虫作用。以鸡艾美耳属球虫为例，作用峰期在感染后第三天，抑制球虫第一代裂殖体生长繁殖，对配子体和孢子体也有一定程度的抑制作用。

氨丙啉对鸡的脆弱艾美耳球虫和堆型艾美耳球虫作用最强，对毒害、波氏、巨型、变位艾美耳球虫作用较差。

由于氨丙啉对盲肠球虫效果好，而对鸡的某些小肠球虫效果不佳，国外广泛与其他抗球虫药合用以增强效应。国内可供合用的药物有磺胺喹噁啉和乙氧酰胺苯甲酯等，它们主要作用于小肠球虫，合用（混饲或饮水给药）后可以扩大抗球虫范围，而且安全有效，也可制成预混剂使用。如，本品与磺胺喹噁啉各以 0.006％浓度混饲，或以磺胺喹噁啉 0.018％、氨丙啉 0.024％混饮。

氨丙啉毒性较小，雏鸡内服治疗浓度连喂 23 周亦无毒性反应。但若用药浓度过高，亦能引起雏鸡硫胺缺乏症而表现为多发性神经炎，增喂硫胺虽可使鸡群康复，但亦影响氨丙啉抗球虫活性。据报道，每千克饲料中维生素 B_1 含量超过 10 mg 时，氨丙啉抗球虫效果即开始减弱，用时应注意。

用法与用量：治疗鸡球虫病：以 125～250 mg/kg 浓度混饲，连喂 3～5 天；接着以 60 mg/kg 浓度混饲再喂 1～2 周。也可混饮，加入饮水的氨丙啉浓度为 60～240 mg/L。

预防球虫病：常与其他抗球虫药一起制成预混剂。

☞ 253. 为什么常用氯羟吡啶作球虫病的预防用药?

氯羟吡啶又名克球粉、可爱丹、氯吡醇、球落。本品对鸡各种球虫均有效,尤其对柔嫩艾美耳球虫作用最强。其活性峰期是子孢子期(即感染第一天),因此,作预防药较为合适,比氨丙啉、球痢灵、尼卡巴嗪好,且无明显毒副作用,但对球虫病治疗毫无意义。

缺点是氯羟吡啶能抑制鸡对球虫产生免疫力,过早停药往往导致球虫病暴发,且球虫对此药易产生耐药性。用于预防禽球虫病。

用法与用量:氯羟吡啶预混剂(含氯羟吡啶25%),混饲,每1 000 kg 饲料,鸡500 g。产蛋期禁用,休药期鸡5天。

☞ 254. 常山酮的抗球虫作用特点是什么?应用注意事项有哪些?

常山酮又名卤夫酮、速丹。是从药用植物常山中提取出来的一种生物碱,已能人工合成。有效成分为黄常山碱衍生物。为广谱抗球虫药。主要作用于第一代和第二代的裂殖体。对鸡的6种艾美耳球虫以及对火鸡危害最大的2种艾美耳球虫均有较强的抑制作用。按推荐预防剂量使用后鸡无不良反应,与其他抗球虫药无交叉耐药性。

注意事项:

(1)本品治疗量对鸡、兔较安全,但抑制鸭、鹅生长,应禁用。

(2)每千克饲料含常山酮3 mg效果良好,6 mg即影响适口性,使部分鸡采食减少,9 mg则大部分鸡拒食。因此,混料一定要均匀,并严格控制其使用剂量。

(3)产蛋期禁用,休药期肉鸡4天。

用法与用量:常山酮预混剂(含常山酮0.6%),混饲,每1 000 kg 饲料,鸡500 g(务必混合均匀,否则影响药效)。

☞ 255. 地克珠利抗球虫作用的特点是什么?

本品又名杀球灵、二氯三嗪苯乙腈。为高效、低毒的抗球虫药,也是目前混饲浓度最低的一种抗球虫药,抗球虫作用峰期可能在子孢子和第一代裂殖体早期阶段。抗球虫效果优于莫能菌素、氨丙啉、拉沙菌素、那拉菌素、尼卡巴嗪和氯羟吡啶等抗球虫药。长期用药可能出现耐药性,因此可与其他药交替使用。本品作用半衰期短,用药 2 天后作用基本消失,因此应连续用药,以防球虫病再度暴发。由于混饲浓度极低,必须充分混匀。

用法与用量:地克珠利预混剂(有 0.2%和 0.5%两种预混剂):混饲,每 1 000 kg 饲料,禽 1 g(按原料药计)。

地克珠利溶液(含地克珠利 0.5%),混饮,每升水,鸡 0.5～1 mg(按原料药计)。

☞ 256. 托曲珠利的抗球虫作用特点是什么?

托曲珠利的化学名为甲苯三嗪酮,属均三嗪类新型广谱抗球虫药。市售 2.5%托曲珠利溶液,又名百球清。抗球虫谱广,作用于鸡、火鸡所有艾美耳球虫在机体细胞内的各个发育阶段;对鹅、鸽球虫也有效,而且对其他抗球虫药耐药的虫株也十分敏感。由于干扰球虫细胞核分裂和线粒体,影响虫体的呼吸和代谢功能,因而本品具有杀球虫作用。安全范围大,用药动物可耐受 10 倍以上的推荐剂量,不影响鸡对球虫产生免疫力,用于治疗和预防鸡球虫病。

用法与用量:混饮,每升水,鸡 25 mg,连用 2 天。

☞ 257. 磺胺喹噁啉的抗球虫作用特点是什么?

又名磺胺喹沙啉。主要作用于无性繁殖期第二代裂殖体,故在感染后第 3～4 天作用最强。对巨型、布氏、堆型艾美耳球虫具有较强抑制作用。用药后不影响鸡对球虫产生免疫力。与氨丙啉或抗菌增效剂合用，可产生协同作用。与其他磺胺类药之间容易产生交叉耐药性。主要用于治疗鸡、火鸡球虫病。预防给药浓度为 120 mg/kg（饲料）或 66 mg/L（饮水）；治疗给药浓度可比预防浓度高 4～5 倍。若给药浓度超过规定的 1～2 倍以上，连用 5～10 天，鸡可能会出现中毒症状，表现为循环障碍、肝脾出血、坏死、红细胞和淋巴细胞减少、产蛋量下降以及其他与维生素 K 缺乏有关的症状。连续饲喂不得超过 5 天；产蛋期禁用。

用法与用量：磺胺喹噁啉、二甲氧苄氨嘧啶预混剂：混饲，每 1 000 kg饲料，鸡 500 g。休药期 10 天。

磺胺喹噁啉钠可溶性粉：混饲，每升水，鸡 3～5 g。休药期 10 天。

☞ 258. 禽宁的用途是什么？注意事项有哪些？

本品为磺胺喹噁啉钠、三甲氧苄氨嘧啶与乳糖等配制而成的淡黄色水溶性粉末。抗球虫与抗菌作用特点和磺胺氯吡嗪相似，但三甲氧苄氨嘧啶可明显增强磺胺喹噁啉的抗球虫与抗菌作用。主要用于防治鸡巴氏杆菌病、沙门杆菌病、大肠杆菌病及鸡球虫病。

注意事项：雏鸡高浓度、长时间饮用本品，能引起与维生素 K 缺乏有关的出血现象，因而使用时间以不超过 7 天为宜；能降低鸡产蛋率和使蛋壳变薄，故禁用于产蛋鸡；肉鸡休药期 7 天。

用法与用量：混饮，每升水，禽 0.28 g，连用 5～7 天。

☞ 259. 什么是杀虫药？杀虫药的应用方式有哪几种？各有何特点？

具有杀灭体外寄生虫作用的药物叫杀虫药。

由螨、蜱、虱、蚤、蝇蚴、蚊等节肢动物引起的畜禽外寄生虫病，能直接危害动物机体，夺取营养，损坏皮毛，妨碍增重，传播疾病，不仅给畜牧业造成极大损失，而且传播许多人禽（畜）共患病，严重地危害人体健康。为此，选用高效、安全、经济、方便的杀虫药具有重要的意义。

杀虫药的应用方式有以下几种。

（1）局部用药：多用于个体局部杀虫，一般应用粉剂、溶液、混悬液、油剂、乳剂和软膏等局部涂擦、浇淋和撒布等。任何季节均可进行局部用药，剂量亦无明确规定，只要按规定有效浓度使用即可，但用药面积不宜过大，浓度不宜过高。涂擦杀虫药的油剂可经皮肤吸收，使用时应注意。透皮剂（或浇淋剂）中含促透剂，浇淋后可经皮肤吸收转运至全身，也具驱杀内寄生虫的作用。

（2）全身用药：多用于群体杀虫，一般采用喷雾、喷洒、药浴，适用于温暖季节。药浴时需注意药液的浓度、温度以及动物在药浴池中停留的时间。饲料或饮水给药时，杀虫药进入动物消化道内，可杀灭寄生在体内的寄生虫；药物经消化道吸收进入血液循环，可杀灭吸吮动物血液的体外寄生虫；消化道内未吸收的药物则经粪便排出后仍可发挥杀虫作用。全身应用杀虫药时须注意药液的浓度和剂量。

☞ 260. 使用杀虫药时应注意什么问题？

一般来说，杀虫药对动物都有一定的毒性，甚至在规定剂量范围内，也会出现程度不等的不良反应，因此，在使用杀虫药时，除依规定的剂量及用药方法使用外，还需密切注意用药后的动物反应，遇有中毒迹象，应立即采取抢救措施。

杀虫药一般对虫卵无效，因而必须间隔一定时间重复用药。

☞ 261. 蝇毒磷的用途是什么？

蝇毒磷是常用的杀虫药和驱虫药。其杀虫机理是能与虫体的胆碱酯酶相结合，使乙酰胆碱大量蓄积，从而使虫体神经肌肉功能失常，先兴奋，后麻痹，直至死亡。连续喂药，对鸡毛细线虫驱除效果最佳，对鸡蛔虫和盲肠虫（异刺线虫）疗效稍差。

用法与用量：混饲，每1 000 kg饲料，家禽30～40 g，连喂10～14天。

☞ 262. 敌敌畏的杀虫作用机理是什么？如何应用？

敌敌畏（DDVP）为淡黄棕色油状液体，稍带芳香味，易挥发，微溶于水，能溶于有机溶剂。市售品为80％敌敌畏乳油或50％敌敌畏乳剂。在强碱和沸水中易水解，在酸性溶液中较稳定。应遮光、密封保存。

敌敌畏为广谱杀虫、驱虫剂，对家禽的多种外寄生虫有杀灭作用，其驱虫、杀虫作用机理，主要是能抑制虫体内的胆碱酯酶，导致虫体内乙酰胆碱蓄积增多，引起虫体肌肉兴奋、痉挛，最后因麻痹而死亡。本品除以接触毒、胃毒和吸入毒的方式作用于虫体外，还具有内吸杀虫作用，可使昆虫食、吸应用过敌百虫的动、植物组织等，而发生中毒或死亡。对各种外寄生虫的杀灭效力比敌百虫大8～10倍。

注意事项：敌敌畏同样也能抑制动物体内的胆碱酯酶，出现各种不良反应，如肠音增强、排稀便、腹痛、流涎、呼吸迫促等，甚至因呼吸中枢麻痹而死亡。解救措施是迅速注射阿托品、解磷定等，同时进行对症治疗。

用法与用量：禽舍灭蝇可用0.5％药液空间喷洒，但不可喷至禽体、蛋、饲料及饮水中，以同样浓度湿润粪便，可以杀灭蝇蛆。

☞ 263. 西维因的作用是什么？如何应用？

西维因又称胺甲萘，纯品为白色结晶。工业品纯度为95％以上。微溶于水，稍溶于有机溶剂。对光、热稳定，遇碱易水解失效。

宜与非碱性杀虫剂配合使用。

本品能杀灭多种农作物害虫与畜、禽体外寄生虫。其杀虫原理与有机磷类杀虫剂相似，能使虫体胆碱酯酶发生氨基甲基化，从而阻碍其水解乙酰胆碱的功能。以触杀为主，兼有胃毒作用。对蚊、蝇击倒速度较快，但麻痹后有部分蚊、蝇复苏，混用其他杀虫药可防止复苏。常用于杀灭鸡体外寄生虫如虱、螨、蜱以及蝇等。

用法与用量：用 2%药液喷洒，处理禽舍墙、地板缝隙蜱的易停留处。必要时可于 28 天后重新处理。

☞ 264. 除虫菊的作用特点是什么？如何应用？

本品为菊科植物白花除虫菊的干燥花序，有效成分为除虫菊酯甲与除虫菊酯乙。除虫菊酯为淡黄色油状液体。不溶于水，溶于有机溶剂。遇热、碱、空气、阳光等均可变质失效。应遮光、密封保存。

本品为天然杀虫药，其有效成分的杀虫作用极为迅速（即击倒率高），对多数昆虫有效。接触虫体后迅速渗入体内，作用于虫体的神经肌肉系统，开始兴奋，继而运动失调、麻痹而死亡。但是其作用弱而不持久，中毒轻的于 1 日内可复活。目前，多用各种人工合成的除虫菊酯的衍生物。本品对宿主毒性小，排泄快，一般无残毒。主要用于杀灭蚊、蝇、蜱、虱等。

用法与用量：除虫菊花序干粉复方制剂（干粉 0.37～0.75 g，加煤油 1.8 L）或 0.2%除虫菊酯煤油溶液，可杀灭各种昆虫；1%～3%乳剂或煤油浸出液，外用可治疗家禽疥癣。

☞ 265. 拟除虫菊酯类杀虫药的作用特点是什么？

除虫菊酯为菊科植物除虫菊干燥花序的有效成分，具有杀灭各种害虫的作用，特别是击倒力甚强。由于除虫菊人工栽培产量有限，天然除虫菊酯性质不稳定，受到光、热条件易被氧化而失效，杀灭害虫力度不强，虽被击落但不能彻底杀死。为此，人们在天然除虫菊酯化学结构基础上，人工合成了一系列的除虫菊酯的拟似物，即拟除虫菊酯类。

拟除虫菊酯类化合物的特点如下：

(1)高效。拟除虫菊酯的杀虫力比常用杀虫剂一般高1～2个数量级，且速效性好，击倒力强。

(2)广谱。对农林、园艺、畜牧、卫生、仓库等多种害虫均有良好防治效果。

(3)低毒。大多数拟除虫菊酯对人畜的毒性较有机磷化合物低得多，对家禽也很安全。

(4)低残留。在自然界易分解，在动物体内转化迅速，不易污染环境，也不会导致动物性食品的药物残留。

当然，拟除虫菊酯也有其不足之处，比如，多数品种没有熏蒸和内吸作用，害虫易产生耐药性，这些就需要在用药时给予注意。

☞ 266. 二氯苯醚菊酯的杀虫作用有何特点？如何应用？

二氯苯醚菊酯又名除虫精，为淡黄色油状液体，有除虫菊酯的芳香气味，不溶于水，能溶于丙酮、乙醇等有机溶剂。工业品为4种异构体的混合物，其纯度因各厂而异，顺式异构体的杀虫效力为反式的2倍。其特点是在空气和阳光下稳定，残效期长。本品在碱性环境下易水解。

本品为高效、速效、无残毒、不污染环境的广谱杀虫药，对人、畜安全无毒。对多种农作物害虫和家禽外寄生虫，如蚊、蝇、蟑螂、虱、蜱、螨、虻等，均有很好的杀灭作用。给鸡1次喷雾此药(20 mg/只)，对产蛋鸡刺螨的杀灭效率为99%以上，效力至少可维持42天。

用法与用量：对禽外寄生虫的控制，可以0.05%有效浓度喷洒。在室内，喷雾用量达25～12 mg/m² 时，灭蝇效力可持续4～

12周。

☞ 267. 氯氰菊酯的作用是什么？如何应用？

氯氰菊酯又名灭百可，为棕色至深红褐色黏稠液体，难溶于水，易溶于乙醇，在中性、酸性环境中稳定。顺式氯氰菊酯为本品的高效异构体，为白色或奶油色结晶或粉末，其他性质与本品同。

氯氰菊酯为广谱杀虫药，具有触杀和胃毒作用。顺式氯氰菊酯（高效灭百可）的杀虫力为氯氰菊酯的1～3倍。本品主要用于杀灭体外寄生虫，尤其对有机磷杀虫药产生抗药性的虫体效果更好。

用法与用量：本品10%乳油剂常用于灭虱，用量0.006%。市售品有10%顺式氯氰菊酯乳油：杀蝇、蚊用本品20～30 mg/m^2；杀蟑螂用本品15～30 mg/m^2；本品残效期可达50天以上。

☞ 268. 胺菊酯的用途是什么？为什么本品常与苄呋菊酯合用？

胺菊酯又名似虫菊，为白色晶体粉末，不溶于水，能溶于苯、氯仿和煤油等有机溶剂，性质稳定，但在高温和碱性溶液中易分解。

胺菊酯是合成的除虫菊酯类杀虫剂，对蚊、蝇、虱、螨等都有杀灭作用。对昆虫击倒作用的速度居拟菊酯类杀虫药之首，但由于部分虫体又能复活，一般多与苄呋菊酯（Resmethrin）合用，因后者的击倒作用虽慢，但杀灭作用较强，因而有互补增效作用。本品多制成蚊香剂和气雾剂使用。对人、禽安全，无刺激性。

用法与用量：胺菊酯、苄呋菊酯喷雾剂（含0.25%胺菊酯、0.12%苄呋菊酯）供喷雾用。

☞ 269. 氰戊菊酯的作用是什么？应用注意事项有哪些？

本品又名速灭杀丁，对家禽的多种外寄生虫及吸血昆虫如螨、虱、蚤、蝉、蚊、蝇、等有良好的杀灭作用，杀虫力强，效果确切。以触杀为主，兼有胃毒和驱避作用，有害昆虫接触后，药物迅速进入虫体的神经系统，表现强烈兴奋、抖动，很快进入全身麻痹、瘫痪，最后击倒而杀灭。

应用氰戊菊酯喷淋家禽体表，螨、虱、蚤等于10 min开始中毒，15～20 min开始死亡，4～12 h后家禽全身无一活虫体存在。其防治效果比敌百虫大50～200倍，加之又有一定的残效作用，可使虫卵孵化后再次杀死，所以，一般情况下用药1次即可，不需重复用药。

临床可用于驱杀家禽体表寄生虫如各类螨、蜱、虱、虻等。尤其对有机磷化合物敏感的家禽，使用较安全。也可用于杀灭环境、畜禽棚舍卫生昆虫，如蚊、蝇等。

应用注意：

(1)配制溶液时，水温以12℃为宜，如水温超过25℃将会降低药效，超过50℃则失效。应避免使用碱性水，并忌与碱性物质合用。

(2)治疗家禽外寄生虫病时，无论是喷淋、喷洒还是药浴，都应保证家禽的被毛、羽毛被药液充分浸透。

用法与用量：药浴、喷淋，每升水鸡螨80～200 mg；鸡虱及刺皮螨40～50 mg杀灭蚤、蚊、蝇、牛虻40～80 mg；喷雾，稀释成0.2%浓度，鸡舍按3～5 mL/m^3，喷雾后密闭4 h杀灭鸡羽虱、蝇、蠓等害虫。

☞ 270. 溴氰菊酯的用途是什么？如何应用？

本品又名敌杀死、凯素灵，对虫体有胃毒和触毒，内吸作用差，具有广谱、高效、残效期长、低残毒等优点，对蚊、家蝇、厩蝇及禽羽虱等均有良好杀灭作用，1次用药能维持药效近1个月。对其他杀虫药耐药的虫体，对本品仍然敏感。

用法与用量：灭鸡膝螨用250～500倍液；灭蜱、虱、蚤用500

倍液。喷雾、药浴或直接涂擦均可,隔 8～10 天,再用 1 次。作滞留喷洒灭蚊、蝇、蠓等昆虫,可按 10～15 mg/m^2。

☞ 271. 什么是急性灭鼠药?

灭鼠药是指对啮齿类动物有较强毒性作用的一类化学毒剂。把它掺入诱饵中配制成毒饵,是当前主要的灭鼠方法。

急性灭鼠药也称速效灭鼠药或单剂量灭鼠药。此类药使用历史较长,野外农田使用方便,作用快,鼠食后即可致死,但毒性较大,对人、禽不安全。

☞ 272. 磷化锌灭鼠特点是什么? 如何应用?

磷化锌为灰黑色有光泽的粉末,有强烈的大蒜气味。不溶于水和乙醇,稍溶于油类。在干燥状态下毒性稳定,受潮或加水均能分解,故制成毒饵后效力逐渐下降。用油作粘着剂的毒饵有防潮作用,在野外使用数月不失效。

本品主要作用于鼠的神经系统,破坏新陈代谢机能。它是一种广谱性灭鼠药,可杀灭多种鼠类。长期重复使用,易引起老鼠拒食。

用法与用量:毒饵浓度一般为 3%～8%。

毒饵:用粮食 5 kg,煮至半熟,晾到七成干,加食油 100 g、磷化锌 125 g,拌匀即成。将毒饵投放到鼠洞口旁,每处可放 5～10 g。

毒粉:磷化锌 5～10 g,加干面粉 90～95 g,混合均匀,撒布于鼠洞内,能粘在鼠的皮毛和趾爪上,鼠舔毛时即可中毒致死。

应用往意:本品遇潮易分解失效,应临用现配。严防家畜、家禽误食。

☞ 273. 毒鼠磷的灭鼠特点是什么？如何应用？

毒鼠磷为白色粉末或结晶，无臭。难溶于水，易溶于丙酮、乙醇和苯。在干燥状态下比较稳定，在室温下不易分解。为胆碱酯酶抑制剂，可使老鼠因肺水肿、缺氧、心血管麻痹而死亡。主要用于杀灭野鼠，也可灭家鼠，但适口性较差，效果不及磷化锌。

用法与用量：毒饵浓度一般为0.1%～1%。

醇溶法：将含量90%以上的毒鼠磷，溶于14倍量的95%乙醇中，溶解后加入适量的谷物或面粉，再加少许食油、白糖搅匀即成。

混合法：将毒鼠磷精品先加少许面粉拌匀，再加入需要的全量面粉，加水拌匀制成小颗粒或条、块，晾干即可。

黏附法：将毒鼠磷精品，加适量面粉拌匀，再与粘有植物油的谷物拌匀制得。根据鼠体大小及数量，用药量为0.2%～1%，1次性撒布在鼠洞口附近，鼠食毒饵后多数在24 h内死亡。

应用注意：配制毒饵时要戴橡胶手套、口罩及防护眼镜，防止经皮肤吸收中毒。对家畜、家禽要严防误食中毒。若中毒，注射阿托品和解磷定，解毒有特效。

☞ 274. 甘氟的灭鼠特点是什么？如何应用？

甘氟为无色或微黄色透明油状液体，略有酸味，易溶于水、乙醇、乙醚。化学性质较稳定，但暴露在空气中易挥发。本品具有选择性毒力。鼠中毒后食欲减退或消失，呼吸和心跳加快，中毒严重时出现阵发性痉挛，部分有角弓反张，多数于24 h内死亡。二次中毒的危险性小些。

本品主要用于农田、草原、林区等处灭野鼠。毒饵投放在野外，残效期10天以上。

用法与用量：

毒饵：一般配成0.5%～1%。即取25～50 g甘氟，溶于500

mL 温水中，洒于 5 kg 粮食上拌匀，密闭放置数小时，待毒水被粮食吸收后，再加入 25～50 mL 植物油拌匀即可使用。每个洞口投放 15～30 g。

毒水：配制成 0.2%～1% 水溶液。草地灭鼠，按 50～150 mL/m^2 喷洒。

应用注意：本品可通过皮肤吸收和呼吸道吸入而引起中毒，配制毒饵时，要戴口罩和橡胶手套，注意安全。

☞ 275. 灭鼠宁的灭鼠特点是什么？如何应用？

灭鼠宁又名鼠特灵，为灰白色粉末，无臭，无味，难溶于水，溶于稀盐酸。本品为急性选择性灭鼠药，对大家鼠、褐家鼠有高毒性，对屋顶鼠毒性较低，对小家鼠无毒性。其毒鼠作用与温度有关，在低温下毒鼠效果更好。鼠类对本品可产生拒食性。

用法与用量：配成 0.5%～1%的毒饵投用。

☞ 276. 溴甲烷的灭鼠特点是什么？如何应用？

溴甲烷又名甲基溴，在常温下为无色、无臭气体，相对体积质量为 3.27，不溶于水。本品易挥发，故具有扩散性好、渗透性强、散毒快等特点。对鼠类、昆虫的毒杀力强。主要用于仓库的熏蒸灭鼠和杀虫。

用法与用量：用金属或橡胶管道将装在钢瓶中的溴甲烷从高处送入仓库内，施药时钢瓶应放在磅秤上以便计量。灭鼠用量为 3.5～18 g/m^3，熏蒸 6～12 h。

应用注意：人易吸入而蓄积中毒。为了安全，空气中最高容许浓度为 1 mg/m^3，熏蒸时室内温度不低于 5℃。

☞ 277. 什么是慢性灭鼠药？

慢性灭鼠药也称抗凝血性灭鼠药。其特点是作用缓慢，鼠类连续数日多次采食毒物，蓄积后方可中毒致死。此类药对人、禽的危害性较小，不产生急性中毒症状，使用比较安全，鼠类也较易接受，一般不会引起鼠类拒食，灭鼠效果优于急性灭鼠剂。其缺点是长期单一使用可产生耐药性和抗药性，影响灭鼠效果。

☞ 278. 氯敌鼠的灭鼠特点是什么？如何应用？

氯敌鼠又名氯鼠酮，为黄色结晶粉末，不溶于水，可溶于乙醇、丙酮、乙酸、乙酯和油脂，无臭、无味，性质稳定。本品是敌鼠钠盐的同类化合物。对鼠的毒性作用比敌鼠钠盐强。对人、畜及家禽毒性较小，使用较为安全。

本品对鼠类适口性好，不易产生拒食性。是广谱灭鼠剂，对毒杀家鼠和野栖鼠都有良好效果，尤其是可制成蜡块剂，用于毒杀下水道鼠类。

用法与用量：本品有含量90%原药粉、0.25%母粉、0.5%油剂等3种。使用时可配制成如下毒饵：

0.005%水质毒饵：用含90%原药粉3 g，溶于适量热水中，待凉后，拌于50 kg饵料中，晒干后使用。

0.005%油质毒饵：用含量90%原药粉3 g，溶于1 kg热食油中，冷至常温，洒于50 kg饵料中拌匀即可。

0.005%粉剂毒饵：用含0.25%母粉1 kg，加入50 kg饵料及少许植物油，充分混合拌匀即成。

灭鼠时将毒饵投在鼠洞旁或鼠活动的地区。

☞ 279. 杀鼠灵的杀鼠特点是什么？如何应用？

杀鼠灵又名华法令，是香豆素类的抗凝血灭鼠剂，为白色粉末，无味，难溶于水，但能制成溶于水的钠盐，性质稳定。本品1次投药的灭鼠效果较差，少量多次投放灭鼠效果好。鼠类对其毒饵接受性好，甚至出现中毒症状时仍采食。对人、畜及家禽等毒性很小。维生素 K_1 为有效解毒剂。本品主要用于杀灭家鼠。

用法与用量：市售为含杀鼠灵 2.5%的母粉。

0.025%毒米：取 2.5%母粉 1 份、植物油 2 份、米渣 97 份，混合均匀即成。

0.025%面丸：取 2.5%母粉 1 份，与 99 份面粉拌匀，再加适量水，制成每粒 1 g 重的面丸，加少许植物油即成。

将毒饵投放在鼠活动的地方，每堆约 3 g，连投 3～4 天。

☞ 280. 杀鼠迷的作用特点是什么？如何应用？

杀鼠迷又名立克命，纯品为黄褐色结晶粉末，无臭，无味，不溶于水。本品属于香豆素类抗凝血性杀鼠剂，对鼠适口性好，毒杀力强，二次中毒极少，是当前较为理想的杀鼠药之一，可用于杀灭家鼠和野栖鼠类。

用法与用量：杀鼠迷的商品母粉浓度为 0.75%。

毒饵：将 10 kg 饵料煮至半熟，加适量植物油，取 0.75%杀鼠迷母粉 0.5 kg，撒于饵料中拌匀即可。

水剂：市场出售的杀鼠迷水剂，有效成分含量为 3.75%，也可配制成 0.037 5%饵剂使用。

毒饵一般分 2 次投放，每堆 10～20 g。

☞ 281. 杀鼠隆的灭鼠特点是什么？如何应用？

杀鼠隆又称大隆，为黄白色结晶性粉末。不溶于水，可溶于乙醇，性质稳定。本品是目前抗凝血杀鼠药中毒力最大的一种，对各种鼠的口服急性致死量都不超过 1 mg/kg 体重，属“极毒”级。它还兼有急性和慢性积累毒杀作用，能有效地毒杀抗药性鼠，故称为第二代抗凝血杀鼠剂，是目前较理想的杀鼠药之一。可用于杀灭各种鼠类。

用法与用量：市售粉红警戒色大米毒饵，每鼠洞投放 5 g，连投

2天，据试验观察，15天后灭鼠效果达92%左右。制成蜡块，适于潮湿地区应用。

应用注意：本品对人、畜毒性较大，鸡更敏感，并可产生二次中毒。因此，最好在鼠类对其他灭鼠药产生耐药性的地区使用。防止家禽误食中毒。

☞ 282. 溴敌鼠的作用特点是什么？如何应用？

溴敌鼠又名溴敌隆，为白色结晶性粉末，不溶于水，溶于乙醇、丙酮。本品属第二代抗凝血灭鼠药。对多种鼠有较强的毒杀作用。在农田或林区1次投放效果较好。对禽类毒性较大。

用法与用量：我国目前市售的剂型有0.5%液剂、0.5%母粉、0.05%母粉、0.005%颗粒剂及蜡块剂等。常用毒饵浓度为0.005%。

本品因毒力强，可1次投药于农田、林区的鼠洞口及鼠活动的地方。

应用注意：本品毒性较强，配制及使用时，必须由专人负责，并采用一些防护措施。管理好畜、禽，严防中毒。维生素 K_1 解毒有特效。

第五章　维生素及矿物质元素

☞ 283. 什么是维生素？维生素是如何分类的？

维生素是机体维持正常代谢机能所必须的一类低分子化合物。

维生素既不是供应机体能量的物质，也不是构成组织或器官的原料，但它们对于机体内物质代谢的正常进行，对于能量的转变以及许多生理功能的维持，却起着重要的作用。现在知道，许多维生素是构成某些重要辅酶的主要成分；另一些维生素是酶的激动剂或是合成某些维生素的原料；或者在合成维生素过程中作为辅酶参与催化作用。而且它们常与酶或激素相互配合参与机体物质代谢的调节，例如维生素 E 对生殖的调节与性激素相互配合；维生素 A 是硫酸激酶的辅酶，参与结缔组织中软骨素的生物合成。所以维生素、激素和酶是调节或控制新陈代谢的三类重要活性物质。在实现调节或控制的过程中，它们表现出错综复杂的关系。因此，不但要了解各种维生素的生理功能和特点，而且还要了解它们之间的相互作用和相互关系。

各种维生素在化学结构上没有共同性，在化学结构与生理功用之间也没有发现有合理的分类依据。所以维生素一般都根据它们的物理性质分为脂溶性维生素和水溶性维生素两大类。

☞ 284. 应用维生素应注意哪些问题？

在应用维生素的过程中，应当注意以下三方面的问题：

(1)维生素制剂主要用于维生素缺乏症：维生素缺乏症在家禽中普遍发生，但通常都是维生素长期不足导致的慢性缺乏症，不具有典型症状，仅呈现一般性的食欲不振、腹泻或抵抗力下降和生长发育较差等现象。

(2)防治维生素缺乏症应采取综合防治措施：首先应改变饲养管理条件，并进行全面的综合治疗，如补充饲喂富含维生素的青饲料或其他饲料、对营养极度贫乏的病畜补充蛋白质等。

(3)严禁滥用维生素制剂：近年来维生素制剂大量用做非维生素缺乏性疾病的辅助性治疗，有些虽确有疗效，但多数均属滥用，已引起严重不良后果，应予制止。此外，无限增大维生素的剂量，尤其是脂溶性维生素A和维生素D，常可引起中毒。因此，在治疗维生素缺乏症时，开始可给予较大剂量，此后逐渐减至日常需要量为妥。

☞ 285. 引起维生素缺乏的原因有哪些？

引起维生素缺乏的原因主要有如下几点：

(1)饲料中含量不足：大多数维生素在家禽体内不能合成，而需由饲料中摄取，当饲料中维生素不足时，家禽则易产生缺乏症。

(2)维生素的需要量增加：生长期幼禽、产蛋期的母禽对各种维生素特别是维生素A、维生素D的需要量增加；高热、中毒、应激反应及某些感染性疾病时，由于机体对维生素的消耗过多使维生素的需要量增加，如不注意维生素的补足，则易造成缺乏症。

(3)家禽吸收机能障碍：家禽发生慢性下痢、肝炎、肠炎、重度贫血等情况时，饲料中维生素的吸收障碍而引起缺乏症。

(4)饲料添加剂及其他物质的影响：如抗球虫药氨丙啉能影响维生素B_1的吸收，矿物质硫酸锰能破坏维生素D，不饱和脂肪酸可与维生素E及维生素H结合等。

☞ 286. 维生素缺乏与用药有什么关系？

同时或前后使用两种或两种以上药物时，在体内会产生作用的干扰，或在体外容器内就发生药物性质的改变，结果使药物疗效发生量变或质变。所谓量变，就是药效增强或减弱，作用发生加快或减慢，作用维持时间延长或缩短；所谓质变，就是产生另一类型的药理作用或不良反应。临床上应用某些药物时常会造成维生素吸收减少或使维生素类药物的药效减弱而导致维生素的缺乏。如维生素 A 与液体石蜡或新霉素同服均可使之吸收减少；维生素 D 与液体石蜡或新霉素等同时服用也可使之吸收减少。与抗惊厥镇静催眠药同时服用，能加速维生素 D 代谢而使之缺乏；体内缺乏硒、维生素 A、含硫氨基酸或进入大量不饱和脂肪酸时，可引起维生素 E 缺乏；苯巴比妥可加速维生素 K 的代谢，口服抗凝剂如双香豆素类能使维生素 K 合成减少；维生素 B_1 与碱性药物（如苯巴比妥、枸橼酸钠等）同服，能引起变质失效。维生素 B_2 同服丙磺舒可使之吸收减少，长期服用吩噻嗪及其衍生物，可使之需要量增大；维生素 B_3 与异烟肼结构相似，二者有拮抗作用，长期服用异烟肼应适当补充维生素 B_3；乙酰水杨酸、巴比妥类及四环素等能使维生素 C 在尿中排泄显著加快，使用维生素 C 时使维生素 B_{12} 的需要量增加等。因此，用药时应引起注意。

☞ 287. 维生素 A 的主要功能是什么？缺乏时家禽有何表现？

维生素 A 的主要功能是维持家禽正常生长、最佳视力和黏膜完整。维生素 A 只存在于动物性饲料中，植物性饲料里则以维生素 A 原——胡萝卜素的形式存在，经吸收可在肝脏中转变成维生素 A。由于维生素 A 缺乏，临床上以生长发育不良、视觉障碍和器官黏膜损害为特征的营养代谢病。各种家禽均有发生。

维生素 A 缺乏症多发生于雏鸡，尤以 6～7 周龄幼禽多见。病雏行动迟缓、呆立，步态不稳，两腿无力，有的不能站立，借助翅膀移行，喙部及小腿黄色变淡。两眼流泪，初期泪液透明，后期浑浊，逐渐变成奶样分泌物，有的上下眼睑粘连，眼内形成干酪样物。

病程较长的可造成全眼球炎，角膜浑浊、变软、穿孔，眼球凹陷，有的一眼或两眼失明（图 6-1）。严重的病例可出现神经症状，如仰

病鸡眼中排出牛乳样分泌物　　病鸡眼部肿胀，里面充满干酪样物质

图 6-1　维生素 A 缺乏症病鸡眼部症状

头、抽搐、运动失调等。只要有少数雏鸡出现上述眼部的病变，就表明全群雏鸡缺乏维生素 A 已到很严重的程度，如不及时补充维生素 A，会造成大批死亡。

成年鸡缺乏维生素 A 时，其肝脏中贮存的维生素 A 消耗到一定程度才出现明显的症状，这是一个缓慢渐进的过程，一般经 2～5 个月的时间。除一般症状与雏鸡的相似外，其特征性症状是眼和鼻孔常流出奶酪样渗出物，眼睑肿胀被渗出物粘连，结膜上常覆有干酪样物，严重时整个眼球受到破坏而失明。另外，表现产蛋量下降，孵化率降低，蛋内出现血斑，孵出的雏鸡体弱或死亡，种公鸡的精子数量减少并出现畸形。

火鸡的症状与鸡大致相同。

鸭缺乏维生素 A 时，其呼吸道和眼的症状与鸡大致相似，其主要表现为共济失调、两脚瘫痪，是由于软骨细胞生长迟缓和抑制

所致。

用法与用量：每千克体重，禽 1 500～4 000 IU；鸽 400 IU。

☞ 288. 如何防治维生素 A 缺乏症？

对于维生素 A 缺乏症的防治，首先应根据家禽的种类、品种、日龄及生产力的不同，科学搭配日粮，保证含有足够的维生素 A。鱼肝油、肝粉、牛奶等动物性饲料中含有丰富的维生素 A，而胡萝卜、菠菜、南瓜、三叶草、黄玉米及豆秸等含有胡萝卜素。饲料要新鲜，现配现喂，不要堆放过久，以防维生素 A 被氧化而失去活性，同时应在饲料中加入抗氧化剂，如乙氧基喹啉（简称山道喹）、丁基化烃基甲苯（简称 BHT）等。另外，注意饲料的保管，发霉、发热时会破坏胡萝卜素。注意消除影响家禽对维生素 A 吸收和转化的因素，如对禽球虫病、蛔虫病、肝脏疾病的预防和治疗。

对发病轻的早期病例应及时治疗，可用维生素 A 制剂，其剂量为正常需要量的 3～5 倍。可在每千克饲料中添加清鱼肝油 15 mL，连用 10～15 天。如病例不多时，可每天每只鸡喂浓缩鱼肝油一粒或滴服鱼肝油数滴，连用 5～7 天，效果更确实。因维生素 A 吸收较快，几天后即可收到明显效果。对于眼球已严重损害和有明显运动失调的重病例，无治疗价值，建议淘汰。

☞ 289. 大剂量维生素 A 和糖皮质激素类药物用于抗炎恰当吗？

维生素 A 是维持上皮组织正常机能所必需的物质。当机体缺乏维生素 A 时，上皮细胞角化、变性、增殖。如结膜、角膜、呼吸道、泌尿道等黏膜的上皮异常角化，可使抵抗力降低，易于感染。此时若给以维生素 A，就能增强机体对炎症的抵抗力。但炎症过程往往是细胞内溶酶体膜破裂，使包含在溶酶体中的多种不活化的蛋白水解酶游离活化，释放致炎物质，从而对细胞产生刺激反应的结果。有人认为大剂量维生素 A 可增强溶酶体脂蛋白膜的通透性，降低其稳定性，甚至可使溶酶体中水解酶外溢。

糖皮质激素类药物具有很强的抗炎作用，能抑制感染性和非感染性炎症。然而，可的松类药物是通过稳定溶酶体膜，阻止蛋白水解酶外溢而引起抗炎作用的。因此，糖皮质激素类药物与大剂量维生素 A 同时用以抗炎是不恰当的。

☞ 290. 维生素 A 与考来烯胺合用治疗胆固醇升高并发夜盲症合适吗？

维生素 A 能参与视紫红质的合成，增强视网膜的感光性能，用于夜盲症。考来烯胺为苯乙烯型强碱性阴离子交换树脂的氰化物，口服后其氯离子能与胆酸交换，形成稳定的络合物。由粪便排出.阻断了胆酸的肝肠循环，使肝中的胆固醇大量转化为胆酸再排出体外，因此肝中胆固醇降低。且胆酸缺少，降低外源性胆固醇吸收，进一步使体内胆固醇降低。维生素 A 为脂溶性维生素，因此与考来烯胺合用时可降低脂溶性维生素 A 的吸收，使维生素 A 治疗夜盲症的疗效不显著。

☞ 291. 维生素 D 的作用是什么？缺乏时有哪些表现？

维生素 D 为类固醇衍生物，主要有两种：维生素 D_2 和维生素 D_3。维生素 D_2 存在于植物性饲料中，它的前身物质是麦角固醇，经紫外线照射后转变成维生素 D_2；维生素 D_3 存在于畜禽的皮肤和被毛中，它的前身是 7-脱氢胆固醇，经紫外线照射后转变成 D_3。因此，麦角固醇和7-脱氢胆固醇分别被称为维生素 D_2 原和维生素 D_3 原。由于维生素 D 主要用于防治佝偻病，所以维生素 D_2 和维生素 D_3 又分别被称为麦角固化醇和胆固化醇。

维生素 D 能促进肠内钙、磷的吸收，维持体液中钙、磷的正常浓度，促进骨骼的正常钙化。维生素 D 缺乏时，引起钙、磷的吸收和代谢机制紊乱，导致骨骼钙化不全。

当家禽长期缺少阳光照射、饲料中维生素 D 含量不足、消化道或肝肾疾病以及日粮中脂肪不足而影响维生素 D 的溶解吸收时，易造成维生素 D 缺乏症。

雏鸡与火鸡的维生素 D 缺乏时，一般在 1 月龄左右发病，也有 10 日龄左右出现症状的。病雏食欲尚好而生长发育不良，两肢无力，行动困难，步态不稳，常以跗关节着地，借以获得休息。病雏关节肿大，骨骼、喙与爪变柔软，弯曲变形，长骨脆弱易折，胸骨弯曲，肋骨与肋软骨结合处肿大呈串珠状，即所谓佝偻病。

产蛋鸡在缺乏维生素 D 2～3 个月后才出现症状，产蛋量下降或停产，产薄壳蛋、软壳蛋，种蛋孵化率明显降低，死胚增多，个别母鸡在产出蛋之后，双腿无力，蹲伏数小时后恢复正常。随病情加重，母鸡出现“企鹅式”姿势，以后龙骨、喙、爪逐渐变软，易弯曲，胸骨、肋骨失去正常硬固性，并在背肋、胸胁连接处向内弯曲，在胸部两侧出现一种肋骨内弯现象，即所谓软骨症。

用法与用量：维生素 D_2 胶性钙注射液，皮下或肌肉注射，1 次量，禽 1.5 万 IU。

鱼肝油，内服，1 次量，鸡 1～2 mL。混饲，鸡 0.5％～1％；鹌鹑故每千克饲料中加稀鱼肝油 3～5 mL。

☞ 292. 维生素 E 的生理功能是什么？

维生素 E 是抗不育维生素的总称。它不仅是正常生殖机能所必需的微量物质，而且还具有以下三方面的功能：

(1)维生素 E 是饲料中必需脂肪酸和不饱和脂肪酸、维生素 A、维生素 D_3、胡萝卜素及叶黄素等的一种重要的保护剂(可抗氧化)；

(2)与硒的作用之间存在着一种特殊关系，能够协同防止雏鸡的渗出性素质；

(3)与硒及胱氨酸之间也存在着密切关系，能够协同防止幼鸡的肌营养不良。硒和维生素 E 缺乏，可使机体的抗氧化机能障碍，临床上以渗出性素质、脑软化（图 6-2）和白肌病等为特征的一种营养代谢病。

图 6-2　肉鸡患脑软化症

用法与用量：内服，1 次量，鸡 2～3 mg（脑软化病），鹌鹑 0.1～0.3 mg（添加在饲料中）；混饲给药，雏鸡 0.000 5%。

☞ 293. 维生素 E 为什么常用做饲料抗氧化剂？

维生素 E 又称 α-生育酚，广泛分布于植物性饲料中，如小麦胚油、米糠油、大豆油、棉籽油等植物油脂中。维生素 E 是一种天然抗氧化剂，也是目前惟一工业化生产的天然抗氧化剂。维生素 E 被动物采食后在肠道中形成微团，在有大量胆汁和单酸甘油酯存在的条件下，能被很好地吸收，并随血液的 β-脂蛋白运输到身体各组织细胞中发挥其生理功能。代谢产物从胆汁中排出。过多的维生素 E 在脂肪组织内沉积。维生素 E 在脂肪和脂肪酸自动氧化过程中对游离反应链起断裂的作用。

维生素 E 对氧十分敏感，极易被氧化，因此它可保护其他易被氧化的物质（如维生素 A 和不饱和脂肪酸等）不被破坏，所以维生素 E 是极有效的抗氧化剂。维生素 E 与人工合成的抗氧化剂不同，它既是饲料的抗氧化剂又是消化器官和细胞抗氧化剂，故能阻止细胞内的过氧化；而化学合成的抗氧化剂只是饲料的抗氧化剂，不能制止细胞内的过氧化。因此，尽管饲料中添加了丁羟甲氧苯（BHA）或丁羟甲苯（BHT）等抗氧化剂，也不能降低维生素 E 的添加量。因此，维生素 E 为各国广泛用做食品和饲料的抗氧化剂，主要用于脂肪和含油食品中。

☞ 294. 维生素 B_1 为什么能治疗多发性神经炎？

维生素 B_1 的作用主要影响 α-酮酸的氧化脱羧反应。维生素 B_1 在体内与焦硫酸缩合成硫胺焦磷酸酯。后者是 α-酮酸氧化脱羧酶系中的辅酶，参与丙酮酸、α-酮戊二酸等 α-酮酸的氧化脱羧反应。当维生素 B_1 缺乏时，丙酮酸氧化脱羧受阻，使糖代谢发生障碍，减少对机体的能量供应。而神经组织所需的能量主要依靠糖代谢供应，所以维生素 B_1 缺乏时，神经组织首先遭受其害，出现疲劳、感觉异常、肌肉酸痛、运动失调和麻木等多发性神经炎的临床症状。同时也造成血液和组织中丙酮酸、乳酸堆积，致使小动脉扩张，舒张压下降，静脉回流增加，而严重地影响肌肉、心脏和内分泌系统等的活动。

动物的脑组织几乎完全利用糖作为能源。周围神经的能量来源，糖也占 80%。当维生素 B_1 缺乏时，糖代谢障碍，能量供应减少，丙酮酸积聚过多，可以导致神经系统的病理变化，如中枢神经系统内某些神经核的退化，周围神经运动纤维的变性，最后感觉神经也可受累，结果引起多发性神经炎的一系列典型症状和体征（图

图 6-3　雏鸡多发性神经炎

6-3)。根据这个道理,治疗那些由于维生素 B_1 缺乏所致的多发性神经炎使用维生素 B_1 是适宜的。但是,除营养缺乏外,多发性神经炎的病因很多,如感染、中毒、外伤、药物等因素,对于这些神经炎的治疗在应用维生素 B_1 的同时,更要注意消除病因和采用综合疗法,才能取得更满意的疗效。

☞ 295. 维生素 B_1 与大黄苏打片同服治疗胃酸过多、消化不良等合适吗?

维生素 B_1 能维持心脏、神经及消化系统的正常功能,促进碳水化合物在人体内的代谢,多量摄取食物时,必须伴有维生素 B_1,否则容易发生食欲不振、消化不良等症状。大黄苏打片每片含碳酸氢钠及大黄粉各 0.15 g,薄荷油适量,有抗酸、健胃作用,用于胃酸过多、消化不良、食欲不振等。两药同服,由于大黄中含鞣质,与维生素 B_1 可以形成永久的结合,使其从体内排出,失去疗效。因此,两药不宜同服。

☞ 296. 维生素 B_2 的作用是什么? 缺乏症有哪些表现?

维生素 B_2 又叫核黄素,是体内许多酶系统的辅助因子,对蛋白质、脂肪和碳水化合物的代谢以及细胞呼吸的氧化还原反应具有重要意义。维生素 B_2 缺乏症是由于维生素 B_2 缺乏引起黄酶形成减少,使物质代谢发生障碍的营养代谢病,临床上以被毛病变和趾爪蜷缩、肢腿瘫痪及坐骨神经肿大为主要特征。多发于鸡,且常与其他 B 族维生素缺乏相伴发。

本病多发于育雏期和产蛋高峰期。雏鸡临床上呈急性经过,症状明显(雏鸡 1 周龄前后发病,可能与种蛋维生素 B_2 含量低有关),可见生长极为缓慢,消瘦衰弱,消化障碍,羽毛粗乱无光,绒毛很少;严重时贫血、下痢。特征性症状是病鸡的趾爪向内蜷曲而腿不能行走(图 6-4),强迫行走时,用飞关节着地或一只脚跳。有的病鸡表现出严重的麻痹，常处于休息状态，翅膀下垂，腿部麻痹比卷爪更为普遍。病的后期，两腿叉开，完全卧地不起，最后衰竭而死。

图 6-4 维生素 B_2 缺乏症雏鸡趾爪蜷缩

雏火鸡除上述症状外，还有眼角与眼睑上结痂，有的脚与颈部发生严重的皮炎，表现为水肿、脱皮，甚至产生裂隙。

成年母鸡产蛋量减少。胚胎死亡率增加。胚胎矮小、水肿、羽毛发育不全，特征性弯绕，呈结节状绒毛，系由于绒毛不能撑破羽毛鞘而引起。

用法与用量：内服，1 次量，鹅 10 mg；鸡 1～2 mg；雏鸡 0.1～0.2 mg。预防家禽发生维生素 B_2 缺乏症时可用 0.000 2%～0.000 5%。

☞ 297. 维生素 B_3 的作用是什么？缺乏症有哪些表现？

维生素 B_3（泛酸）是辅酶 A 的组成成分，辅酶 A 与碳水化合物、蛋白质及脂肪代谢有关。辅酶 A 关系到乙酰胆碱形成的乙酰化作用、枸橼酸盐的形成、脂肪的合成与氧化作用以及氨基酸脱氨基作用中的酮酸氧化作用等许多功能。维生素 B_3 缺乏，可导致碳水化合物、蛋白质和脂肪代谢障碍，临床上则以皮炎、羽毛发育不全和脱落为特征。家禽易发生，尤其以鸡为甚。

母鸡患维生素 B_3 缺乏症时，所产蛋的孵化率显著下降，鸡胚大多在孵化到最后 2～3 天死亡，即使能出壳，也体轻而衰弱，多在出壳后 24 h 内死亡。鸡胚短小，皮下出血和严重水肿，肝脏脂肪变性。

雏鸡羽毛发育不良，蓬乱，头部羽毛脱落，皮肤增厚，生长受阻，消瘦，口角出现局限性痂样病变，眼睑边缘呈颗粒状并有小痂形成(图 6-5)。眼睑常被黏性渗出物粘在一起而变得窄小，视力障碍。皮肤角化上皮渐渐脱落，趾间和足底外层皮肤脱落，产生裂

图 6-5　维生素 B_3 缺乏症的羽毛粗乱、口角周围及眼发炎

隙，裂隙逐渐扩大和加深，导致雏鸡行走困难。有时雏鸡脚部皮肤角质化，并在趾球形成疣状隆突物，甚至发生脱腱而死亡。鸭发生维生素 B_3 缺乏症时，症状与鸡相似。

用法与用量：混饲，每 1 000 kg 饲料，禽 6～15 g。

☞ 298. 烟酸的作用是什么?

烟酸和烟酰胺总称为维生素 PP 或抗癞皮病维生素，是较稳定的维生素之一。不易被热、氧、光、碱、酸破坏。烟酸和烟酰胺有同样的生理功能。烟酸在动物体内可转化为烟酰胺，烟酰胺在体内与核糖、磷酸、腺嘌呤构成辅酶Ⅰ(NAD)和辅酶Ⅱ(NADP)，它

们是许多脱氢酶的辅酶，在体内氧化还原反应中起着传递氢的作用，它与糖酵解、脂肪代谢、丙酮酸代谢、高能磷酸键的生成有密切关系，并在维持皮肤和消化器官正常功能中起重要作用。

干酵母、麸皮、青饲料、动物蛋白饲料中含有比较丰富的烟酸或烟酰胺。玉米、小麦、高粱等谷物中的烟酸大多呈结合状态，家禽利用很少，日粮中均需补充，以满足需要。鸡缺乏烟酸可引起"黑舌"病，症状为口腔黏膜和食道上皮因发生炎症而呈褐红色；雏鸡则出现腿骨弯曲、肿胀。

用法与用量：混饲，每 1 000 kg 饲料，雏鸡 15～30 mg。

☞ 299. 维生素 B_6 的作用是什么？缺乏症有何表现？

维生素 B_6（吡哆醇）是多种酶，尤其是参与氨基酸的转氨基作用和脱羧基作用的酶类必需的物质。这些酶的辅酶是磷酸吡哆醛和磷酸吡哆胺。当日粮中维生素 B_6 缺乏时，就会使转氨酶和脱羧酶的合成受阻，从而导致蛋白质的代谢障碍，在临床上则以神经过度兴奋而惊厥和软脚病为特征的疾病。

雏鸡食欲减退，生长不良，胫骨粗短，或有特征性的神经症状，表现为惊厥、痉挛、走路时腿部发颤。通常在临死前，发生痉挛性惊厥，其时病雏无目的奔跑，拍打翅膀，倒地或完全翻仰，头和腿急速抽搐，最后衰竭而死。成年鸡的症状为产蛋量下降和蛋的孵化率降低，并且采食减少，体重下降，甚至死亡。

小鸭发生维生素 B_6 缺乏症时，主要表现为贫血。

用法与用量：皮下、肌肉、静脉注射，1 次量，禽 5～10 mg；混饲，每千克饲料中，禽 10～20 g。

☞ 300. 维生素 B_{11} 的作用是什么？缺乏症有何表现？

维生素 B_{11}（叶酸）是一碳基代谢酶系统的组成部分。它参与嘌呤的合成和胆碱、蛋氨酸以及胸腺嘧啶等重要产物的甲基合成，为核酸代谢和细胞增殖所需核蛋白的合成所需的物质，血红蛋白的合成必须有甲基参与。

图 6-6　雏鸡维生素 B_{11} 缺乏症的伸颈麻痹

当日粮中维生素 B_{11} 缺乏时，可致核酸和蛋白质代谢障碍，从而导致以巨幼红细胞性贫血伴发白细胞减少为特征的疾病。

雏鸡缺乏维生素 B_{11} 时，生长发育不良，羽毛发育极差，有色羽毛出现异常色彩和白羽，严重贫血，有时出现特征性的伸颈麻痹症状(图 6-6)。蛋鸡产蛋量下降，所产蛋的胚胎死亡率明显升高，喙和骨变形，有的出现骨短粗症。

用法与用量：内服或肌肉注射，1 次量，每千克体重，家禽0.1～0.2 mg；混饲，每 1 000 kg 饲料中添加 10～20 g。

☞ 301. 维生素 B_{12} 的作用是什么？缺乏症有何表现？

维生素 B_{12}(氰钴胺)参与核酸和甲基的合成、碳水化合物和脂肪的代谢等，是维持鸡的正常生长和健康所必需的物质。其重要酶功能之一是参与甲基丙二酰单酰辅酶 A 形成琥珀酰辅酶 A 的异构化作用。日粮里维生素 B_{12} 或钴缺乏常引起以恶性贫血为特征的营养代谢病。主要发生于雏禽。

临床特征是雏鸡生长缓慢，饲料的利用效率降低，食欲不佳，鸡冠、肉髯、肌肉苍白，血液稀薄，大量死亡。发病母鸡的产蛋量下降，蛋小而轻，鸡蛋的孵化率降低，鸡胚于孵化的第 17 天大量死亡，鸡胚表现为体形小，腿部肌肉萎缩，弥散性出血，骨粗短，水肿，脂肪肝。

用法与用量：肌肉注射，1 次量，禽 2～4 μg，每日或隔日 1 次。

☞ 302. 维生素 C 的作用是什么？临床有何用途？

维生素 C 又名抗坏血酸，富含于青绿饲料、新鲜蔬菜和水果中。现临床应用的为人工合成品。为白色结晶或结晶性粉末，无臭，味酸，久置色渐变质。

维生素 C 是一种水溶性抗氧化剂，参与体内很多氧化还原反应。

(1)维生素 C 能促进胶原纤维和细胞间质的合成，保持细胞间质的完整，增加毛细血管壁致密度，降低其通透性及脆性。

(2)拮抗缓激肽和组织胺的作用，抗炎、抗过敏。能保护含巯基的酶。

(3)大量维生素 C 可促进抗体形成，增强白细胞吞噬功能，中和和破坏细菌内毒素，肝细胞抵抗力和肝解毒能力，提高机体抵抗力。

(4)维生素还能促进铁的吸收，促使叶酸形成四氢叶酸，对血红蛋白合成和红细胞的成熟有一定的促进作用。

幼禽维生素 C 缺乏，可出现精神不振，食欲减退，当病情发展时可表现出血性素质，严重时舌也发生溃疡或坏死。红细胞总数及血红蛋白量下降，逐渐发展为正色素性贫血，并伴发白细胞减少症。虽然禽类的嗉囊内能合成部分维生素 C，较少发病。但维生素 C 有较好的抗热性，可提高产蛋量，增加蛋壳强度，增加公鸡精液生成，增强抵抗感染能力。因此在鸡饲料中仍应补充维生素 C，尤其在应激和发病时更应补充增加饲料中富含维生素 C 的青绿饲料、绿叶蔬菜或三叶草等。药物治疗可给予维生素 C 制剂或饲料中添加维生素C。在兽医临床实践中，即使没有明显的维生素C缺乏症，对某些溶血性疾病、消化道疾病、创伤和手术后创伤愈合等，配合维生素C治疗也会取得较好效果。

☞ 303. 维生素C变色后是否仍可使用？

维生素C是一种强还原剂，易被氧化而变黄色甚至棕色，尤其是暴露于空气和潮湿中更易分解成为有害物质。故维生素C保存过程中应强调避光、密闭。有实验证明：维生素C药片放在冰箱中1年后有54%未变质，而其余则分解成各种化合物；放在药架上（室温）的维生素C药片比放在冰箱中的分解得更快。因此，大量维生素C药片，最好分装在棕色小瓶中供分次服用，而将其余的封好保存。

在溶液中维生素C的分解更快，如将维生素C药片研成粉末撒在饮水中，30 min内有一半的维生素C分解成为其他化合物。

维生素C注射液配制时除加入抗氧剂外，还应通入二氧化碳气体，配制后应立即灌封，否则易氧化而变色。关于维生素C氧化变色过程，一般认为先由还原型的抗坏血酸氧化成去氢抗坏血酸，但去氢抗坏血酸很不稳定，易水解生成2,3-二酮基古罗酸（钠盐呈黄色），且可再进一步氧化为太罗酸和草酸，不但失去了维生素C的药理作用，而且成了有害物质。因此，凡是氧化变色的维生素C不应再供临床使用。

☞ 304. 维生素C能促进伤口愈合吗？

维生素C缺乏时，作为结缔组织的基础物质之一的硫酸软骨素的代谢、胶原纤维和细胞间黏合质的形成均可发生障碍；同时，肉芽组织和毛细血管的新生也会受到影响，使伤口和骨折不易愈合，且可影响软骨、骨、牙齿的发育，甚至可使陈旧的疤痕组织分裂。维生素C可促进胶原纤维与组织黏合质的形成，促使伤口的愈合，故维生素 C 可作为处理任何损伤（如烧伤、骨折、手术后等）的一种常规给药。

☞ 305. 治疗动物贫血时，为什么维生素 C 常与相应的治疗药物配合使用？

维生素 C 与铁络合可形成不稳定的抗坏血酸亚铁，有利于铁在肠道内的吸收。

维生素 C 的存在，可使铁从其他结合物中释放出来，并能促使 Fe^{3+} 还原为 Fe^{2+} 而易于被吸收。

维生素 C 能将血浆运铁蛋白中的 Fe^{3+} 还原成 Fe^{2+}，然后再以铁蛋白-Fe^{3+} 的形式储存；储存铁动员时，也需要维生素 C 才能完成。

维生素 C 还能使亚铁络合酶等的巯基处于活性状态，以便有效地发挥作用。此外，叶酸在体内还原为四氢叶酸时也需要维生素 C 参与。故维生素 C 成为治疗贫血的重要辅助药物。

☞ 306. 维生素 C 可否与维生素 B_2 配伍应用？

维生素 B_2 为两性物质，其氧化性大于还原性. 还具有生物碱样物质。维生素 C 具有强烈的还原性，最适宜的 pH 值为 5～6，在水溶液中尤其当溶液呈碱性时易被氧化。当维生素 C 与维生素 B_2 配伍混合口服时，会由于发生氧化还原反应而失去应有疗效。此外如存在碱或微量铁、铜等离子时。对维生素 C 的氧化还原反应均有催化作用。故铁盐、氧化剂、重金属盐（尤铜盐）忌与维生素 C 配伍应用。

☞ 307. 维生素 H 有何作用？缺乏症有何表现？

维生素 H（生物素）是参与二氧化碳固定的羧化和脱羧反应的辅助因子之一。若维生素 H 缺乏可致羧化酶的合成减少，从而导致糖、脂肪和蛋白质的代谢障碍，临床上以皮炎、脱毛为特征，多见于雏鸡。

肉仔鸡和火鸡对维生素 H 缺乏比较敏感。多在喙基部、皮肤、趾爪发生炎症，骨骼变短并出现膝关节肿胀、软脚病、脚掌变厚和粗糙等，有时发生“脂肪肝肾综合症”，即脂肪肝出血症结合肾脏的病变。

急性者突然死亡，称其为“猝死综合症”(SDS)。从 1 周龄时发病，至 3～4 周龄时达到高峰。鸡突然扇动几下翅膀，尖叫后几秒钟就仰卧而死，剖检可见消化道充盈，肝脏肿大、发白。

种禽发生维生素 H 缺乏时，常使蛋的孵化率降低，胚胎畸形，呈软骨营养不良，形成并趾。

用法与用量：2%生物素(罗维素 H—2)为生物素与山梨酸、糊精等辅料制成。含生物素应为标示量的 90%～130%。为白色结晶性粉末，易溶于水，是维生素类饲料添加剂，用于禽的生物素缺乏症。饲料中添加，按制剂含量计算：禽每 1 000 kg 饲料中含生物素 100～250 mg。

☞ 308. 维生素 K 的作用是什么？缺乏症有何表现？

维生素 K 是合成凝血酶原所必需的物质，维生素 K 缺乏所致肝脏的凝血因子合成受阻，临床上表现以血凝障碍、出血不止为特征。各种家禽都可发生，特别是笼养和机械化养鸡场的雏鸡和肉鸽场的幼鸽。

用缺乏维生素 K 的日粮饲喂家禽，常在 2～3 周出现症状。主要特征为容易出血，血凝不良，胸部、腿部、翅膀、腹腔或其他组织出血(图 6-7)，皮下出血为最多。严重时出血不止，致使病禽呈现严重的贫血和全身代谢障碍，冠、髯、皮肤干燥苍白，呼吸困难，精神委顿，发抖，常蜷缩在一起，很快死亡。肠道出血严重的发生便血。

种禽日粮中维生素 K 含量不足时，其种蛋孵化时胚胎死亡率增加，死亡的胚胎表现出血。

维生素 K 主要用于家禽缺乏症，此外，其他出血性疾患在对因治疗的同时，可用维生素 K 作辅助治疗，如家禽的球虫病拉血粪时可用维生素 K 配合治疗。同时，维生素 K 也是敌鼠钠盐等灭鼠药中毒的特效解毒药。

用法与用量：内服，混饲，每1 000 kg 饲料，雏禽 400 mg；产蛋鸡、种鸡 200 mg。

图 6-7 维生素 K 缺乏症雏鸡翅下出血

☞ 309. 胆碱的作用是什么？家禽为什么会出现胆碱缺乏症？

胆碱是卵磷脂的重要组分，是维护细胞膜正常结构和功能的关键物质。胆碱能提高肝脏对脂肪酸利用，促进脂蛋白合成和脂肪酸转运，防止脂肪在肝中蓄积。胆碱也是神经递质乙酰胆碱的重要组分，能维持神经纤维正常传导。胆碱和蛋氨酸还都是甲基供体，参与一碳基团代谢。

家禽常用饲料中含有一定量的胆碱，体内也能合成一些，一般不会造成胆碱的缺乏，但家禽尤其是雏禽对胆碱的需要量大，且合成量较少，若饲料中添加不足，或长期饲喂含胆碱少的饲料（如玉米），容易造成胆碱的缺乏；胆碱是在肝脏内合成的，维生素 B_2 和叶酸在胆碱的合成中起着重要作用，当家禽患有肝脏疾患及饲料中维生素 B_2 和叶酸含量不足时，可造成胆碱的缺乏，一些胃、肠道疾病影响胆碱的吸收也是原因之一；胆碱和蛋氨酸的甲基可以互相转换，若饲料中蛋氨酸含量不足，家禽对胆碱的需要量则增加，如补充不足也易产生胆碱缺乏。

胆碱缺症主要表现为食欲减退，生长缓慢，骨短粗并常发生脱腱症（跟腱脱落），腿关节肿大，活动障碍，死亡率高。产蛋母鸡缺乏胆碱时，产蛋率下降，可发生脂肪肝，剖检时可见肝肿大及肝脂肪变性。

用法与用量：氯化胆碱，内服，1次量，鸡0.1～0.2 g。混饲，每1 000 kg饲料，禽1 000 g。

☞ 310. 甜菜碱的用途是什么？

甜菜碱为季胺型生物碱，广泛分布于动植物体内，因首先是从甜菜糖蜜中分离出来而得名。

甜菜碱作为甲基供体来源，高效替代胆碱和部分蛋氨酸，提高养殖效率。本品在动物体内提供甲基给半胱氨酸，生成蛋氨酸，后者经活化变成S-腺苷蛋氨酸，然后把甲基转移给DNA、RNA、蛋白质、肌酸、脂类和其他重要的含甲基成分。甲基很不稳定，动物体不能自行合成，只能依靠食物供给。甜菜碱提供甲基的效率是氯化胆碱的12倍，为蛋氨酸的3.8倍。胆碱本身不能作为甲基供体，必须先运输到线粒体，氧化生成甜菜碱，最后释放到细胞液，才能作为甲基供体。研究证明：在鸡饲料中添加甜菜碱，可减少饲料中蛋氨酸的添加量。

用法与用量：混饲，每1 000 kg饲料，肉鸡，替代日粮中总蛋氨酸的25%（替代比率为蛋氨酸∶甜菜碱为1∶1～3∶1）。

☞ 311. 钙的作用是什么？如何防治缺钙症？

钙是维持家禽生理机能的重要矿物质元素，是家禽骨骼和蛋壳的主要构成成分，对于维持血液正常凝固、酸碱平衡以及正常的心脏机能、神经活动具有重要的作用。尤其对于产蛋母禽，钙是营养中一个很重要的限制性因子。

钙在一般谷物、糠麸中含量较少，要注意补充，主要来源是矿物质饲料，如贝壳粉、蚌壳粉、石灰石粉、蛋壳粉等，在豆科牧草、苜蓿、肉骨粉、鱼粉中含钙量很高。

雏禽缺钙可引起佝偻病，生长迟缓，骨骼发育不良，变软易弯曲，严重时两腿变形外展，站立不稳等，与维生素 D 缺乏症症状相似。

产蛋鸡缺钙时则为软骨症，蛋壳粗糙、变薄、易碎，严重时产软壳蛋、无壳蛋，产蛋量下降或停产，骨骼变薄，质脆易折，体重减轻。

对于缺钙症的防治，主要以补钙为主，辅之以补充维生素 D，并注意钙、磷平衡。调整饲料配方，将骨粉、贝壳粉等添加剂或含钙高的饲料，按不同品种、不同的生长阶段、不同产蛋量等因素调整好用量，同时也要注意维生素 D 的补充和钙、磷的比例。缺钙不很严重的病禽一般都可以康复。一般家禽饲料中添加 1%的钙即可，产蛋鸡按 3%添加。对产蛋鸡最好喂一部分碎块贝壳，因母鸡保留钙的能力差，粉状钙很快就在血液中被利用，而产蛋鸡需钙量达 3.25%，如产蛋率大于 80%及环境温度高时需钙量可多达 3.5%～3.75%，如全用粉末的石灰石则影响鸡的采食量，因而主张喂一部分碎块贝壳。

☞ 312. 磷对家禽的用途是什么？如何防治家禽磷缺乏症？

磷是骨、齿的组成成分，单纯缺磷也能引起佝偻病和骨软病。

磷对机体的作用广泛：一是磷酯的组成成分，参与维持细胞膜的结构和功能；二是磷酸腺苷的成分，参与机体的能量代谢；三是核糖核酸和脱氧核糖核酸的组成成分，对蛋白质的合成、家禽繁殖都有重要作用；四是磷在体液中构成磷酸盐缓冲对，调节体液的酸碱平衡。

当家禽的饲料中有效磷含量不足，比如日粮以谷物为主，而没有添加骨粉、鱼粉等饲料或添加不足，很容易造成磷的缺乏。此外，饲料中钙与磷比例不当，饲料中维生素 D 含量不足都会影响磷的吸收利用，从而引起磷缺乏症。

家禽缺磷时的表现与缺钙相似，发生佝偻病或骨软症等症状。病禽表现为厌食，生长迟缓，虚弱，骨骼发育不良，成年禽产蛋量下降，严重时关节硬化。

防治原则是以补磷为主，注意钙、磷平衡，但要慎用维生素D。根据各种家禽的不同需要保证日粮中有效磷的含量，这里应考虑家禽对植物中植酸磷的利用能力低的因素，所以在日粮中必须补充骨粉、鱼粉等。对已发病的家禽，只要将饲料中磷（钙）的含量调整到需要量或略高，再供给充足的维生素D，多晒太阳，症状也可消失，但骨骼严重变形的难以恢复。

磷制剂除用于钙、磷代谢障碍疾病外，也可用于急性低血磷或慢性缺磷症。常用磷制剂有磷酸二氢钠、骨粉等，家禽应用骨粉较多。

用法与用量：骨粉，为灰白色粉末，无恶臭气味。约含有30%的钙和20%的磷。一般家禽日粮中磷的最小需要量是0.4%，最适需要量是0.6%。应用各种制剂供家禽混饲内服时，应根据各制剂含钙、磷的比例计算出实际用量。

☞ 313. 家禽锰缺乏症的表现是什么？如何防治？

锰是多种酶的激活剂，是正常生长与繁殖以及预防胫骨短粗病所必需的微量元素。锰缺乏症是以脱腱症、生长发育受阻和蛋的孵化率明显下降为特征的一种营养代谢病。当长期饲喂含锰少的饲料又未补充锰添加剂，或者饲料中钙、磷含量过高，造成肠道中锰吸收障碍，便可引起锰缺乏症。

雏鸡缺锰表现为骨骼发育不良，骨粗短，通常一只腿的跗关节肿大，腓肠肌腱从髁状突滑脱，以致腿部弯曲或扭曲，俗称“滑腱症”或“脱腱症”（图6-8）。病鸡不能走路，难以采食、饮水，逐渐消瘦而死。肉用品种易发生本病。

成年鸡缺锰时产蛋量减少，蛋壳变薄，孵化率降低，胚死高峰主要发生在孵化的第20～21天，胚胎发生畸形，腿粗短，翅膀短，鹦鹉嘴，球形头，腹部突出及绒羽和躯体发育迟滞，大多有明显的腹水。即使孵出雏鸡，也常表现神经机能障碍、运动失调和头骨变短等症状。

图 6-8 鸡脱腱症

鸡群发现“脱腱症”病鸡后，可用硫酸锰等进行治疗。

用法与用量：硫酸锰，混饲，每千克饲料0.1～0.2 g。也可用0.01％高锰酸钾溶液代替饮水。

对于饲料中钙、磷比例高的，应降至正常标准，并增补0.1％～0.2％的氯化胆碱，适当添加复合维生素。对骨变形和滑腱症，无恢复希望，建议淘汰。

☞ 314. 家禽铁缺乏症的表现是什么？如何防治？

铁是机体血红蛋白形成所必需的物质，也是机体其他代谢机能所不可缺少的。铁的主要功能是合成体内血红蛋白和肌红蛋白，参与细胞色素、过氧化物酶等多种酶的代谢过程。

当禽体缺铁时，典型的表现是红细胞减少，血红蛋白量降低，有色鸡羽毛褪色。肉用仔鸡需铁量比一般的鸡多，故易发生缺铁症。发生缺铁性贫血可引起消化不良，影响生长，缺乏旺盛的活力，鸡冠和可见黏膜苍白。当维生素 B_6 缺乏时，也影响对铁的吸收，从而也易引起铁缺乏症的发生。

家禽铁缺乏症可用硫酸亚铁进行治疗。

用法与用量：混饲，每千克日粮中添加130～200 mg。

☞ 315. 硫酸锌的作用是什么？如何应用？

硫酸锌主要用于锌缺乏症。锌是碳酸酐酶、碱性磷酸酶、乳酸脱氢酶等多种酶的组成成分，并且与胰岛素结合，所以，锌在蛋白质、碳水化合物和脂类代谢中发挥重要作用。锌又是维持皮肤、黏膜的正常结构与功能以及促进伤口愈合的必要因素。

雏鸡缺锌时，食欲明显减少，生长发育迟缓，贫血，羽毛粗乱无光且易脱落、折断，严重时羽翼和尾羽全无；皮肤鳞屑角化，腿骨短粗，跗关节肿大僵硬。产蛋鸡缺锌时，产蛋量下降，蛋壳薄，孵化率低，用缺锌的种蛋孵化时，胚胎骨骼不能正常发育，畸形胚胎增多，即使出壳也往往是弱雏。

根据临床症状、结合饲料和血清中锌的含量及锌全身比率的测定以及补锌的效果可做出诊断。临床上应注意与锰、维生素 A、烟酸和泛酸的缺乏症相区别。

用法与用量：硫酸亚锌，混饲，0.028 6%；内服，1 日量，禽 0.05～0.1 g。

☞ 316. 硫酸铜的用途是什么？缺乏症有何表现？

硫酸铜可用于家禽铜缺乏症。铜能促进骨髓生成红细胞。又是酪氨酸酶的组成成分，能催化黑色素的生成，维持黑的毛色。也是细胞色素氧化酶的组成成分，能促进磷脂的生成和大脑、脊髓的神经髓鞘正常发育。

家禽缺铜时食欲减退，生长不良，羽毛粗劣、无光褪色；神经功能呈现异常，反应迟钝，运动失调，腿拖地，有时左右摇摆；骨质疏松、脆弱易折断，关节畸形。严重缺铜可引起主动脉破裂，造成出血，产蛋鸡的产蛋量和孵化率都下降。

用法与用量：硫酸铜，混饲，每 1 000 kg 饲料，鸡 20 g。

☞ 317. 亚硒酸钠的用途是什么？如何应用？

亚硒酸钠主要用于硒缺乏症。

硒通过抗氧化作用维持细胞膜的完整机能，促进辅酶 Q(泛醌)的合成，而辅酶 Q 可预防猪因缺乏硒而引起的营养性肝坏死。构成硒蛋白，缺乏硒蛋白时，则发生白肌病样严重肌肉损害。硒还可与银、铅、镉、汞等重金属生成不溶性的矽化物，减少重金属对机体的毒害作用。

关于硒与维生素 E 缺乏共同出现的肌营养不良、雏鸡脑软化症及渗出性素质在维生素 E 缺乏中已有叙述。此外，硒缺乏尚可表现如下症状。

(1)胰腺纤维素性增生：常因先天性缺硒所致。以 6 日龄雏鸡发病率最高，雏鸡饲料缺硒可加速此病发生。患鸡生前无特征性变化而常突然死亡。亚急性发病时，鸡生长不良，羽毛蓬松，血浆中酸性磷酸酶、溶菌酶活性增加，但血浆及胰腺中谷胱甘肽过氧化物酶活性的变化与病的轻重无关。

(2)肌胃变性：雏鸡出壳后 7～10 天即死亡，表现全身衰弱，抑郁，羽毛蓬松，消化紊乱，发育不良，粪呈暗色并常混有少量未消化饲料，多呈亚急性和慢性经过。

(3)肉用仔鸡苍白综合征：本综合征虽然并非单纯缺硒所致，但补硒对防治该综合征有很好的效果。本病主要发生于 12～30 日龄的肉用仔鸡，50 日龄后不会发生，发病率为 20%～33%。主要表现为翅羽基部不全断裂，断裂羽毛干垂直，犹如飞机的螺旋桨一般，故又名螺旋桨病。生长良好的鸡突然出现软脚，蹲地啄食，进而两脚瘫痪，完全不能站立，侧卧一侧或一前一后叉开躺卧。

用法与用量：混饲，每 1 000 kg 饲料添加，肉鸡、雏鸡 150 mg；育成鸡、产蛋鸡、种母鸡 100 mg。亚硒酸钠注射液，禽类治疗用 0.001%混饮，预防用 0.000 1%混饮。

亚硒酸钠维生素 E 注射液，家禽治疗内服量，1 mL 混入 100 mL 饮水中。家禽预防内服量，1 mL 混入 1 000 mL 饮水中。

☞ 318. 氟化物对鸡的作用是什么？

氟是鸡日粮中所必需的，它与骨的正常发育有关。氟的需要量很小，在许多地区，由于土壤中含有丰富的氟，这些氟能进入水源，所以鸡天然饮水中的氟就能满足需要；但有的地区饮水中几乎不含氟化物，因而有的地区把氟化物加入公共饮水(0.000 1%～0.000 2%)以促进儿童形成良好的牙齿珐琅质。但氟过量时，氟化物便积蓄在组织中，这对鸡是有毒的。虽然氟常加入鸡的日粮中，但石灰石和磷酸盐等许多矿物中均含有氟。这些矿物在喂鸡以前必须加工以降低含氟量。这些产品以去氟磷酸岩或高钙石灰石的品名出售。其中大多数的含氟量都低于0.5%能安全地喂鸡。

☞ 319. 有机砷对家禽的作用是什么？

有机砷制剂具有很好的刺激生长、降低料耗的作用。有较广的抗菌活性，对多种肠道疾病致病菌有较强的抑菌或杀菌能力，对肠道寄生虫等也有一定抑制作用，因此，用做饲料添加剂对预防幼龄动物肠道感染引起的下痢效果显著。此外，有机砷制剂还可增加禽的体表色素沉着。此类添加剂常与青霉素、四环素类抗生素和杆菌肽等并用，以提高作用效果。常用做饲料添加剂的主要有对氨基苯胂酸及其钠盐等。

对氨基苯胂酸又称阿散酸、氨苯亚胂酸，为白色结晶性粉末，难溶于水。其钠盐易溶于水，无臭，易潮解。用做饲料添加剂的作用与添加剂量：

(1)提高饲料效率，刺激生长，改进鸡、火鸡色泽，改进鸡、火鸡毛色和羽毛质量，每 1 000 kg 饲料 50～100 g。

(2)预防鸡球虫感染，每 1 000 kg 饲料 400 g，连续饲喂 8 天。

(3)预防火鸡黑头病,每 1 000 kg 饲料 25～380 g。

☞ 320. 家禽为什么会患碘缺乏症? 如何防治?

碘是形成甲状腺素所必需的成分(甲状腺素约含 65%的碘),而甲状腺素几乎参与所有的物质代谢过程,对家禽的生长发育、繁殖、生产性能等各方面都起着重要的作用。鸡对碘的需要量是每千克饲料 0.3～0.35 mg。

家禽常用饲料中均含有一定量的碘,生长于沿海地区的植物及海鱼粉和海产贝壳粉含碘丰富。一般来说,远离海洋的内陆山地,其土壤和空气中含碘较少,其生长的植物及饮水含碘量较低,一些淡水鱼粉或淡水产的贝壳粉做成的添加剂含碘量也很不可靠,所以用这样的饲料饲喂家禽可造成碘的缺乏,这种原发性缺碘往往有地区性。继发性缺碘可见于一些饲料,如大豆、豌豆、菜籽饼、大头菜等,含有多量的硫氰酸盐、过氯酸盐等,它们能与碘竞争进入甲状腺而抑制碘的摄取,长期饲喂上述饲料也可引起甲状腺肿;当饲料中钴、钼、维生素 C 缺乏,钙、磷、锰、镁、氟的过剩都可促进本病的发生。

雏鸡和育成鸡缺碘生长缓慢,嗜眠,骨骼发育不良;鸡冠缩小,羽毛生长不良、失去光泽,性欲下降,公鸡睾丸缩小,精子缺失;产蛋鸡产蛋量下降,产软壳蛋,种蛋缺碘,使孵化时间延长,胚胎变小,卵黄吸收不良,孵出的雏鸡会出现先天性甲状腺肿。

防治:补碘是治疗家禽碘缺乏症的最有效的措施。缺碘地区,在日粮中加入 0.37%碘化盐(即每 10 kg 食盐加碘化钾 2 g),可防止本病的发生。由于碘化钾的稳定性比较差,碘化盐配好后放置时间不可过久。

☞ 321. 氯化钠的用途是什么? 如何应用?

氯化钠俗称食盐,内服小剂量能刺激口腔味觉感受器及消化道黏膜，反射地引起消化液分泌增加，增加食欲。

氯化钠在血液中、胃液和其他体液中含量较多，在家禽生理上起着重要的作用。氯化钠中的氯可生成胃液中的盐酸，保持胃液的酸性；钠在肠道中保持消化液的碱性，有助于消化酶的活动。此外，氯化钠所含的钠离子和氯离子都是细胞外液的主要离子，参与维持细胞外液的渗透压和酸碱平衡以及神经肌肉的应激性。

饲养家禽时必须补给少量的食盐，食盐不足则鸡的消化不良，食欲减退，生长发育缓慢，容易出现啄肛、食血等恶癖，产蛋鸡体重、蛋重减轻，产蛋率下降。

用法与用量：氯化钠家禽的需要量为日粮的0.37%～0.5%。当日粮配合鱼粉中含有食盐时，在添加时应去除鱼粉中食盐的含量。

氯化钠注射液，家禽中毒或脱水时，应注射或内服0.68%以下溶液。注射时，每次20～30 mL；内服可50 mL/只。

☞ 322. 应激状态对主要微量元素的需要量有何影响？

微量元素铁、铜、钴、锰、锌和碘等，均是影响动物免疫机能和抗应激能力的重要因素。由于应激因素如高温、疾病、转群等不良影响，家禽食欲下降，微量元素摄入量相对减少，而此时机体的代谢却要增强，即从不同方向加大了对微量元素的需要量，必须额外补充。肉鸡应激状态下微量元素供给量如表5-1所示。

表5-1 肉鸡饲粮中微量元素添加量 mg/kg

微量元素	正常	应激
锰	60～90	150～190
锌	60～90	120～160
铁	30～50	60～160
铜	5～10	10～20
碘	0.75～1.5	1～1.5

☞ 323. 缺水对家禽有哪些影响？如何防治？

缺水是指由于各种原因，致使家禽不能摄入足够的水而言。家禽缺水现象比较常见，但未引起人们普遍重视。

水不仅直接参与机体组织的构成，而且具有运输营养物质及代谢产物、维持机体内环境的恒定、促进和参与代谢过程、调节体温等重要生理功能。当家禽严重缺水时，水的上述生理功能发生障碍或被破坏，产生一系列不良后果。由于细胞内液的吸出，造成细胞皱缩和代谢障碍，细胞外液得不到补充，造成血液浓缩和循环障碍；有害的代谢产物积聚而引起自体中毒。缺水过久，各种消化液分泌减少，影响食欲，引起消化功能障碍，由于散热障碍而使体温升高。严重缺水，因皮质和皮质下中枢功能障碍而出现神经症状。

引起家禽缺水常见原因很多，主要有如下几方面：种蛋保存期太久或蛋库的湿度小，水分损失过多；在孵化过程中温度偏高或湿度偏低也可使种蛋失水过多；雏禽出壳后 12～24 h 之内未得到饮水而造成幼雏缺水；环境温度高而饮水量增加，产蛋量高时饮水量也增多，此时如果供水不足，极易造成缺水；饮水器数量不足或分布不均、安置过高（一般不超过鸡背 2.5 cm 为宜）或自动饮水器发生故障；家禽在长途运输前，未给充足的饮水，途中不给补水，造成缺水；家禽在受到外界强烈的骚扰以及转群到新禽舍时，由于过分受惊和对新环境的适应过程，均可影响家禽的饮水；口腔疾病、嗉囊和腺胃的阻塞、运动障碍性疾病等，均可影响家禽饮欲而引起缺水发生。

对于短时间轻度缺水的家禽，一般在得到饮水后可不表现出明显症状。而长时间或严重缺水，尤其对雏禽则可表现明显的症状，甚至死亡。鸡体失水 10%时，则可造成死亡。

缺水初期，表现为兴奋性增高，不断鸣叫，张口伸颈，体温升高1～2℃。如发展下去，由于缺水严重，皮肤干燥、皱缩，眼窝下陷，鸡冠和肉髯呈蓝紫色，精神沉郁，翅膀下垂，有的呈昏迷状态并伴有阵发性痉挛，最后衰竭而死。

幼雏缺水表现为体重减轻，绒毛与脚爪干枯无光泽，眼凹陷，缺乏活力。一般来说，直接渴死的家禽很少，多数在得到饮水后可以很快恢复正常。但有一部分失水严重的，持续衰弱，抗病力差，造成弱雏或死雏增多。据报道，雏鸡完全断水 10 h 后恢复饮水，采食量会明显减少，几天后死亡即增加。

小火鸡缺水，主要表现为虚弱、步态蹒跚、麻痹、抽搐、头颈扭曲、倒地等。

为预防本病的发生，应注意采用以下方面的措施：

①种蛋产出后应尽快入孵，一般不超过 5～7 天，存放过久不仅孵化率低，且失水也比较多。

②种蛋保存环境的相对湿度应在 75％～80％。

③在孵化过程中应控制适宜的温度和湿度。孵化器内的相对湿度要保持在 50％～60％，出雏器内保持在 60％～70％，不宜过于干燥。

④雏禽出壳后 12～24 h 即给予饮水，雏禽出壳时间不齐时，应按先后分批饮水。在育雏期间，育雏室应保持适宜温度，饮水不得中断。

⑤在日常管理过程中，应注意温度对饮水量的影响，当气温高于 20℃时饮水量增加；产蛋高峰时饮水量也增多；笼养的比散养的饮水多；由于肉用鸡增重快，饮水量要比蛋用型鸡多。因此，在供水时应保证它们的需要。

⑥禽舍内饮水器数量要充足，分布要均匀，饮水器高度应随雏鸡的体高而调整，始终保持比鸡背高 2.5 cm。使用自动饮水系统，应经常检修，避免发生故障，保障不断供水。饮水池、管道、饮

水器要保持清洁，饮水的水温应适宜，一般与室温相近。

⑦长途运输家禽，装运前要给予充足饮水，运输途中时间长的要中途补水。

⑧由于某些疾病会妨碍家禽饮水，要注意防治原发病的发生。

☞ 324. 葡萄糖的作用是什么？

葡萄糖的作用主要有以下方面：

(1)供给能量，补充血糖：本品是机体的重要能量来源之一，在体内被氧化为 CO_2 和 H_2O，同时放出大量的热能。其中一部分热能直接供给机体的需要；另一部分则形成高能磷酸化合物(ATP、磷酸肌酸)把热能贮存进来，以不断供给机体进行各种活动时需要。故具有供给能量、增强机体抵抗力等作用。

(2)解毒作用：肝脏是机体的主要解毒器官，其解毒能力的大小与肝脏内糖原含量有关(进入体内的葡萄糖，一部分可合成肝糖原，从而增强肝脏的解毒有力)；肝脏的部分解毒机能，又是通过葡萄糖的氧化产物葡萄糖醛酸与毒物的结合，或依靠糖代谢的中间产物乙酰基的乙酰化作用而使毒物失效。同时，葡萄糖通过增加组织内高能磷酸化合物的含量而提供解毒作用所需的能量。故葡萄糖具有一定的解毒作用。

(3)补充体液：5%葡萄糖与体液等渗，输入体内后，葡萄糖很快被组织利用，并供给机体水分。多用于高渗性脱水。但输血时不应使用葡萄糖溶液，以免发生红细胞凝集。

(4)强心与脱水作用：葡萄糖供给心肌能量，改善心肌营养，从而增强心脏功能。大量输入葡萄糖溶液，尤其是高渗葡萄糖溶液，自肾脏排出时，呈现渗透性利尿作用，用以消除水肿。

由于以上原因，葡萄糖常用于家禽的药物中毒及饲料中毒的解毒，还可应用于长途运输后的饮水，以补充体液，供给能量。

用法与用量：葡萄糖粉，配成 5%的饮水，应用于长途运输后的饮水，或严重疾病尚有饮欲的饮水。

5%葡萄糖注射液，皮下或静脉注射，1次量，每只家禽20～50 mL。

25%葡萄糖注射液，腹腔注射，5～10 mL/只。

☞ 325. 禽用口服补液盐由哪些成分组成？如何应用？

禽用口服补液盐内含动物必需的营养成分，其组成为：氯化钠3.5 g，碳酸氢钠2.5 g，氯化钾1.5 g，葡萄糖22 g，水2 000 mL，此外可加入多维素和抗菌药物。

钾和钠是动物体液电解质中的两种重要的盐类。钠是维持细胞外液渗透压和容量的重要成分，具有调节细胞内外水分平衡的作用。又是维持组织细胞兴奋性，神经肌肉应急性不可缺少的物质。

钾离子存在于细胞内液中，约占体液中钾离子的98%。辅助治疗各种疾病引起的低血钾。碳酸氢钠构成体液缓冲系统中的缓冲碱，在体内电离 HCO_3^-，并与氢离子结合生成碳酸，使体内氢离子浓度降低，纠正代谢性酸中毒，以调节体液平衡。葡萄糖能补充体内的水分和糖分。内服后可供给机体能量，补充机体必需的离子及体液，从而增加机体代谢机能，提高机体抗病能力。

用法与用量：禽用口服补液盐以每袋250 g分装，应用时稀释于9.1 kg水中，供家禽自由饮用。

第六章　用于消化系统的药物

☞ 326. 用于家禽消化系统的药物有何特点？

家禽在生命活动中，必须经常从外界环境摄取营养物质，作为机体活动和组织生长的物质和能量来源。饲料中所含各种营养物质，包括蛋白质、糖类、脂肪、水、无机盐和维生素等，其中蛋白质、糖类和脂肪等都是结构复杂的大分子物质，不能直接为家禽机体吸收利用，必须经过消化管内加工，才能被消化管吸收后供机体利用。当饲养管理不良如饲料调制不当、饲料配合不当、饲料品质不良、气温骤变、受寒感冒、风雨侵袭等，或者由于新陈代谢障碍及各种传染病、寄生虫病和霉菌感染等，都会引起家禽消化机能的障碍，表现为胃肠的分泌、蠕动、吸收和排泄机能障碍，从而产生消化不良、积食、鼓胀、腹泻或便秘等一系列的疾病。

作用于消化系统的药物主要是用来解除胃肠的机能障碍，使由异常恢复到正常的生理水平。为此目的，改善饲料与饲喂，加强家禽管理，注意原发病的治疗等，特别重要。

消化系统的药物种类繁多，其中多数是天然药物，人工合成药很少。这些药物主要是发挥局部作用。根据家禽的消化生理特点，在临床应用的主要有健胃药、助消化药、泻药、止泻药等。

☞ 327. 什么是健胃药？

健胃药系指能促进唾液、胃液等消化液的分泌、加强胃的消化机能，从而提高食欲的一类药物。

健胃药在临床上应用广泛。由于提高食欲，加强消化机能，有利于营养成分的吸收利用，从而提高机体的抵抗力，这对疾病的治疗及病畜的康复就具有积极的临床意义。

健胃药可分为苦味健胃药、芳香性健胃药和盐类健胃药三类。

☞ 328. 家禽常用的健胃药有哪些?

家禽舌黏膜味觉乳头少,食物在口腔内停留时间短,所以当家禽发生消化不良时,不宜使用苦味健胃药(如龙胆末、番木鳖酊等)而常用一些芳香性健胃药。所谓芳香性健胃药,是一些含挥发油、具有辛辣性或苦味的中草药。内服后对局部能轻度刺激消化道黏膜,增加消化液的分泌,促进胃肠蠕动,此外,还有轻微的抑菌作用。吸收后一部分经呼吸道排出,能增加呼吸道腺体分泌,稀释痰液,有轻度祛痰功能。因此,健胃、制酵、祛风、祛痰是本类药物的共性作用。养禽业常用的芳香性健胃药有如下几种:

(1)豆蔻:又名白豆蔻,为姜科植物白豆蔻的干燥成熟果实。含挥发油,油中含有右旋龙脑、右旋樟脑等成分。具有促进胃液分泌、促进肠管蠕动、制止肠内异常发酵、驱除胃肠内积气等作用。用于消化不良、胃肠气胀等。

用法与用量:豆蔻粉,内服,1次量,禽0.5～1.5 g。

(2)姜:为姜科植物姜的干燥根茎。含姜辣素、姜烯酮、姜酮、挥发油等成分。本品温中散寒。内服后,能显著刺激胃肠道黏膜,引起消化液分泌,增加食欲。还有抑制胃肠道异常发酵及促进气体排除的作用。用于消化不良、食欲不振、胃肠气胀等。

用法与用量:内服,1次量,禽0.3～1 g。

(3)大蒜:本品为百合科植物大蒜的鲜茎。含挥发油、蒜素,气特异,味辛辣。本品内服发挥芳香性健胃药作用。由于内含大蒜素,具明显抑菌作用。实验证明,大蒜素对多种革兰氏阳性菌与阴性菌均有一定的抑制作用,对白色念珠菌、隐球菌等真菌、滴虫等原虫也有作用。主要用于食欲不振,积食气胀;禽肠炎、下痢等。

用法与用量:内服,1次量,家禽每只2～4 g。

☞ 329. 什么是助消化药？助消化药物的作用特点是什么？

胃肠内食糜的消化主要由胃肠及其附属器官分泌的各种消化液如胃液、胰液、胆汁等来完成。当这些器官的机能减弱、消化液分泌不足时，必然会引起消化过程紊乱，此时应选用助消化药。

助消化药一般是消化液中的主要成分，如稀盐酸、淀粉酶、胃蛋白酶、胰酶等，它们能补充消化液中某些成分的不足，发挥代替疗法的作用，从而能迅速恢复正常的消化活动。助消化药作用迅速，奏效快，但是要求针对性下药，否则，不仅无效，有时反而有害。在临床上常与健胃药合用，以增强疗效。

☞ 330. 稀盐酸的用途是什么？

盐酸是胃液中的主要成分之一，家禽由腺胃分泌。稀盐酸含盐酸 10%，作为助消化药，在家禽的消化过程中具有重要作用。

盐酸的最重要作用是活化胃蛋白酶。胃液中所含的几种消化酶，以胃蛋白酶最重要，但是此酶刚分泌出来时是不具活性的酶原，只有在一定酸性条件下才能变为具有活性的胃蛋白酶。稀盐酸除具有致活胃蛋白酶的作用外，尚能为胃蛋白酶的活动提供所需的酸性环境，并且能使饲料中的蛋白质膨胀、变性，从而加速蛋白质的分解、消化。

此外，盐酸能使胃内容物达到一定的酸度，从而引起一系列反应：胃内容物的酸性，可使幽门括约肌松弛，促进胃的排空，酸性食糜到达十二指肠后，又会反射地使幽门括约肌收缩；由于酸性食糜刺激十二指肠黏膜，可使十二指肠黏膜产生胰泌素，反射地引起胰液、胆汁和胃液的分泌，有利于蛋白质和脂肪的进一步消化；小肠上部食糜呈酸性，可促进钙、铁等化合物的溶解和吸收；保持一定的酸性环境，能抑制一些细菌的生长繁殖。

稀盐酸主要应用于盐酸缺乏所引起的消化不良，还可用于家禽嗉囊积食的治疗，亦可作为缺铁性贫血及缺钙性疾病治疗的辅助药物。

用法与用量：稀盐酸，家禽内服量为0.1～0.3 mL/只，应用时将10%的稀盐酸加50倍水，使成0.2%的浓度后内服。

☞ 331. 乳酶生的用途是什么？应用时应注意什么问题？

乳酶生又名表飞鸣，是一种常用的治疗消化不良的药物，它由活的干燥的乳酸杆菌制成，每克含活乳酸杆菌1 000万个以上，属于微生物制剂。乳酸杆菌最重要的特点是能分解糖类产生乳酸，并对酸性环境的耐受性很强。当肠内酸度增高时，可抑制腐败性细菌的繁殖，制止发酵，减少产气。故临床上常用乳酶生治疗消化不良、肠臌气等。

乳酶生为活菌制剂，受热则效力下降，同时亦易受下列因素影响：

(1)抗菌药可抑制或杀灭乳酸杆菌，同时服用，可使乳酶生失效，影响治疗效果，故不能同用。

(2)药用炭(又称活性炭)与乳酶生同服，可因药用炭的吸附作用而降低乳酶生的活性，同样影响其疗效，因此也不应同服。

(3)乳酶生也不宜与鞣酸、酊剂等配伍，以免失效。

用法与用量：内服，禽0.5～1 g/只。

☞ 332. 干酵母为什么常用于禽的消化不良及B族维生素缺乏症？

干酵母又名食母生，为麦酒酵母菌和葡萄汁酵母菌的干燥菌体，内含多种B族维生素等生物活性物质，如每克酵母约含硫胺素0.1～0.2 mg、核黄素0.04～0.06 mg、烟酸0.03～0.06 mg等，此外，尚含有维生素B_6、维生素B_{12}、叶酸、肌醇、转化酶、麦芽糖酶等。

由于本品所含成分是体内酶系统的重要组成物质，故能参与体内糖、蛋白质、脂肪等的代谢过程和生物氧化过程，因而能促进机体各系统、器官的机能活动。常用于禽消化不良和B族维生素缺乏症等。亦可用于雏禽嗉囊积食的治疗及促进雏鸡生长发育。

用法与用量：干酵母片，内服，0.1 g/只。

☞ 333. 胰酶对家禽的用途是什么？

胰酶系由猪、牛、羊的胰脏提取，含胰蛋白酶 、胰淀粉酶和胰脂肪酶等。为淡黄色粉末，有肉臭，能溶于水，不溶于乙醇，遇酸、重金属盐或加热时，均易失效。本品能消化蛋白质、淀粉和脂肪，使其分别成为氨基酸、单糖、脂肪酸和甘油，以便从小肠吸收。胰酶在中性或弱碱性环境中作用较强，故常与碳酸氢钠同服，同时也可免受胃酸的破坏。主要用做动物促生长添加剂，也可用于治疗胰液分泌不足而致的消化不良。

用法与用量：混饲，禽添加剂量为0.04%。

☞ 334. 淀粉酶的用途是什么？

淀粉酶为淡黄白色非晶形粉末。无臭，无味。本品在水中能缓缓溶解成浑浊溶液。不溶于乙醇。

淀粉酶能催化淀粉、糖原水解，生成葡萄糖、麦芽糖。饲料中的淀粉必须经消化道酶作用生成葡萄糖后才能被吸收。本品可促进食物中淀粉的消化，适用于食欲不振、消化不良、胃黏膜炎等。亦可作为助消化的添加剂应用。

用法与用量：粉剂混饲，禽类用0.04%。

☞ 335. 纤维素酶的用途是什么？

纤维素酶为淡黄白色粉末。内含纤维素酶、半纤维素酶、果胶酶、淀粉酶等。能分解饲料中的纤维素，转化为葡萄糖等营养物质。

用法与用量：禽饲料添加量为0.04%。

☞ 336. 液体石蜡油的用途是什么？为什么不能反复应用？

液体石蜡亦称为石蜡油、液状石蜡，为石油提炼过程中的一种副产品。内服后，在消化道内不起变化，也不被肠壁吸收，而以原形通过整个肠道。它对肠黏膜只起润滑和保护作用，而不产生刺激作用，是一种比较安全的泻药。适用于鸡嗉囊积食及禽小肠阻塞和有肠炎的便秘的治疗。

本品不宜多次反复使用，因其不仅可影响消化，阻碍脂溶性维生素及钙、磷的吸收，而且由于被覆于肠黏膜，可减弱肠黏膜对肠内容物刺激的感受性，从而使肠蠕动减弱。

用法与用量：内服，5～10 mL/只。

☞ 337. 内服植物油对家禽消化道有何作用？

植物油包括各种食用的豆油、花生油、菜籽油、棉籽油等，大剂量内服后，小部分被消化，大部分以原形通过肠道，呈现润滑肠腔、软化粪便的作用。适用于鸡嗉囊积食和禽小肠阻塞、大肠便秘的治疗。

用法与用量：内服，5～10 mL/只。

☞ 338. 碳酸氢钠对家禽的用途有哪些？

碳酸氢钠又名重碳酸钠、小苏打。其主要作用如下：

(1)本品内服，可中和胃酸，作用迅速，但维持时间短。

(2)内服或静脉注射，可直接增加机体的碱储，迅速纠正酸中毒，是治疗酸中毒的首选药物。

(3)本品经尿排泄时，可碱化尿液，能增加弱酸性药物如磺胺类等在泌尿道的溶解度而随尿排出，防止结晶析出或沉淀；还能提高某些弱碱性药物如庆大霉素对泌尿道感染的疗效。

本品主要用于严重酸中毒，碱化尿液等情况。充血性心力衰竭、肾功不全、水肿、缺钾等患畜慎用。

另据报道，在家禽饲料中添加适量碳酸氢钠，可使采食量大大增加，对提高饲料利用率、能量转化率、促进家禽生长和增加产蛋量、提高蛋壳的质量等均有显著效果。

用法与用量：内服，1 次量，禽 0.5～1 g。

混饲，按日粮 0.4%～0.5%添加。

☞ 339. 鞣酸蛋白是怎样产生止泻作用的？

鞣酸蛋白含鞣酸 50%，为淡黄色粉末。内服后，在胃内酸性环境中不发生变化和不发生作用。到达肠内在碱性肠液中，其蛋白部分受到胰蛋白酶作用而被消化，逐渐放出鞣酸而发挥收敛和保护作用。由于作用缓和且可作用于肠管后部，故主要用于治疗禽急性肠炎、非细菌性腹泻等。

用法与用量：内服，1 次量，禽 0.15～0.3 g。

☞ 340. 次硝酸铋是怎样产生止泻作用的？应用注意事项是什么？

次硝酸铋又名碱式硝酸铋。内服后，在胃肠内缓慢地解离出铋离子(Bi^+)，Bi^+ 能与蛋白质结合，呈收敛作用；它在肠内也能与硫化氢(H_2S)结合，形成不溶性硫化铋，覆盖于黏膜表面，呈机械性保护作用，同时也减少了硫化氢对肠黏膜的刺激。总之，铋盐能减少肠的蠕动，发挥其止泻作用。因此，临床常用其内服，治疗肠炎和腹泻。

应用注意：对病原菌引起的腹泻，应先用抗微生物药控制其感染后再用本品。次硝酸铋在肠内溶解后，肠中细菌如大肠杆菌可还原硝酸离子为亚硝酸，量大时可引起吸收中毒。

用法与用量：内服，1 次量，禽 0.1～0.3 g。

☞ 341. 药用炭的用途是什么？

药用炭又名活性炭，系将动物骨骼或木材在密闭窑内加高热烧制后研成的黑色微细粉末。无臭无味，不溶于水。潮湿后作用降低，必须干燥密封保存。

药用碳的粉末细小，表面积很大（1 g 药用炭具有 500～800 m^2 的表面积），所以吸附作用很强，能吸附大量的气体、化学物质和细菌毒素等，也能吸附营养物质。药用炭的吸附作用是物理性和可逆的。随着温度升高，其吸附作用相应降低。

除吸附作用外，药用炭还能附着于消化道黏膜，保护肠黏膜免受肠内容物的刺激，进一步发挥治疗作用。但它又能影响营养物质的消化与吸收，故不宜反复应用。临床上常用于治疗肠炎、腹泻或误服毒物等；外用于浅创，有干燥、抑菌、止血、消炎等作用。

用法与用量：内服，禽 1 次量，0.2～1 g。

第七章 抗应激药

☞ 342. 什么是抗应激药?

应激又称逆境反应,是指机体对各种非常刺激所产生的非特异性应答反应的总和,是下丘脑—垂体—肾上腺皮质系统的综合反应。在集约化饲养业中,各种应激因素包括饲养因素(如捕捉、转群、运输、疫苗接种、药物注射、强制换羽、断喙等)、环境因素(如高温、寒冷、噪音、有害气体等)和病原体感染(如病毒、霉形体、细菌、寄生虫等),都会导致家禽的应激反应,可引起家禽生长减慢、生产性能下降、抗病力减弱甚至死亡,给家禽业造成巨大损失。

抗应激药物是指能预防应激和降低应激反应的药物。一种优良的抗应激药,应具备以下特点:能明显减轻动物的应激反应、不影响动物的正常活动及抗体形成、无药物残留。

☞ 343. 苯甲酸钠咖啡因的主要用途是什么?

咖啡因有兴奋中枢神经系统、兴奋心肌、松弛平滑肌和利尿等作用,临床上可用于以下方面:

(1)咖啡因主要用于对抗中枢抑制状态,如麻醉药与镇静催眠药逾量、严重传染病等引起的呼吸循环衰竭等,可肌肉注射咖啡因制剂安钠咖或与葡萄糖溶液静脉滴定。

(2)用于日射病、热射病及中毒引起的急性心力衰竭,做强心药,可调整动物机能,增强心脏收缩,增加心输出量。

(3)咖啡因与溴化物合用,调节皮层活动,恢复大脑皮层抑制与兴奋过程和平衡。

用法与用量:皮下、肌肉注射,1 次量,鸡 0.025~0.05 g。

☞ 344. 利血平在家禽业的作用是什么?

利血平又名血安平、蛇根碱,是从夹竹桃科灌木蛇根中提取的生物碱,为白色或淡黄褐色的结晶或晶粉,遇光色渐变深,难溶于水。

利血平为肾上腺素能神经阻滞药。主要影响交感神经末梢中去甲肾上腺素的转运过程,致使去甲肾上腺素贮存耗竭,妨碍交感神经的传递,使血管扩张、血压下降、心率减慢,因而常被用做宠物的降压药。

另外,本品对中枢神经有镇静作用,作用和氯丙嗪相似但较弱。在家禽主要用做抗应激药,用于断喙、疫苗接种、转群等,以降低应激反应,减少死亡。

用法与用量:混饲,每 1 000 kg 饲料,家禽 15 g;内服,1 次量,每千克体重,家禽 1.5 mg。

☞ 345. 延胡索酸的用途是什么?

延胡索酸又名富马酸,参与机体能量、结构和酶的一系列关键反应,为三羧酸循环的中间产物,在应激和紧急状态下用于 ATP 的合成,在畜牧业上用做抗应激剂和促生长剂。雏鸡转群前后各 10 天内投喂,可降低死亡率、提高增重;在运输前 14 天、接种后 15~20 天投喂,可预防运输及接种应激。在雏鸡 30 日龄内投喂(饲料的 0.1%),可预防啄癖。

用法与用量:混饲,雏鸡 0.1%~1%,雏鸭 0.2%~0.3%;内服,1 次量,每千克体重,雏鸡 100 mg。

☞ 346. 胃复康在家禽业的作用是什么?

胃复康又名胃乐康、胃复乐、苯钠嗪、苯那辛。为抗胆碱药,具有阿托品样解痉和抑制胃液等腺体分泌的作用,其作用比阿托品弱。此外尚有中枢安定作用。家禽可用做应激预防剂，以减轻工艺应激（如密度增加、饲养序位改变、限制饲养与更换饲料、外伤、啄伤、过度照明、药物中毒等）引起的应激反应。

用法与用量：混饲，每 1 000 kg 饲料，家禽 3 g。

☞ 347. 肾肿应激灵的用途是什么？如何应用？

肾肿应激灵含钠、钾、磷等复方水溶性矿物质元素。系白色干燥疏松状粉末，无臭，味微涩、咸。本品主要补充鸡肾型传染性支气管炎等引起的矿物质元素严重缺乏，具有促尿酸盐排泄、调节酸碱及电解质平衡及抗应激作用，用于各种原因引起的家禽肾肿、尿酸盐沉积、腹泻和应激反应。

用法与用量：

治疗。用于肾肿大及尿酸盐沉着：0.2%自由饮水（夏季每天饮用 12 h，之后换饮清水），连用 3～5 天；用于剧烈腹泻及应激反应：0.1%～0.15%自由饮水，连用 4 天（配合适量的多维素或多种微量元素使用，疗效更佳）。

预防：剂量减半。

☞ 348. 消暑灵的用途是什么？如何应用？

消暑灵由无机盐、氯普马嗪、维生素等组成。分 A、B 两包，A 包为白色粉末，味苦、咸；B 包为白色结晶性粉末，味咸、凉。

本品系根据夏秋季节由急性热应激（伸颈张口呼吸，呼吸加快，鸡冠肉髯紫蓝色，淤血水肿，拉稀，突然死亡）、慢性持续性热应激（死淘率增加，病鸡皮下脂肪出血，肝肿大质脆如泥，有时肝脏破裂形成带血腹水，持续性拉稀，使用抗菌药无效）所引起的机体内环境变化，精心选择数种有效抗热应激物质科学配制而成。炎热季节，使用本品能有效防止由热应激所引起的家禽突然死亡，并可提高产蛋率、种蛋受精率，降低破蛋率；肉鸡可显著提高日增重。

用法与用量：

慢性持续性热应激：每袋 250 g(含 A 包 150 g,B 包 100 g)拌料 62.5 kg 连续使用，或 A、B 两包各混水 62.5 kg，连续交替饮用。

急性热应激：每袋 250 g(含 A 包 150 g、B 包 100 g)拌料 25～32.5 kg，或 A、B 两包各混水 25～32.5 kg，连用 2～3 天，以后剂量减半连用 3～5 天。

第八章　解毒药

☞ 349.能够引起家禽中毒的毒物有哪些?

能够引起家禽中毒的毒物种类很多,概括起来可分为植物性、动物性和矿物性毒物三类。

(1)植物性毒物:

①饲料本身含有有毒成分,例如饲料作物发生地瓜黑斑病、玉米曲霉菌病、禾本科植物的锈菌等,均有一定的毒性。

②某些饲料作物在特定生长阶段中含毒量增高,例如马铃薯在发芽期内含有较高的马铃薯毒素,高粱再生苗含有较高的氰糖苷等。

③饲料加工调制不当,使原有毒素不能除去,或者产生新的有毒成分,例如棉籽饼不经蒸、煮、炒等加工处理,或不加温水浸泡处理时,则不能除去原有的棉酚;又如,切碎的青菜堆积腐烂后,或用文火慢煮并贮于密闭的容器内,使原来所含毒性较低的硝酸盐还原成毒性很高的亚硝酸盐而引起中毒。

④日粮成分配合不当如日粮成分中配入食盐、酒糟过多时,亦可引起中毒。

(2)动物性毒物:如蛇毒、蜂毒、蝎毒和河豚毒等。动物性毒物中毒在家禽较为少见。

(3)矿物性毒物:一般包括有机和无机农药、医药、矿物质元素和化工副产品等。这些有毒物质多为混入饲料或饮水中而引起家禽中毒。例如,饲料的放置和贮存与农药或其他有毒物质共置一处,或是堆放过农药的车厢、船仓、房舍等改放饲料和谷物,工矿区排出的有毒废水、废渣、废气,曾喷洒过农药的作物和拌过农药的种子等，家畜误食误饮后，均可引起中毒；在某些特定地区，由于所含某些矿物质过多时，可导致地方性慢性中毒，例如饮水或饲料中氟的含量过高所致的氟中毒等。此外，毒、剧药物应用过量时，亦可引起中毒。

☞ 350. 解毒药可分为哪几类？为什么说非特异性解毒药在中毒治疗中具有重要意义？

临床上用于解救中毒的药物称为解毒药。根据作用特点及疗效，解毒药可分为特异性解毒药和非特异性解毒药两类：

(1)特异性解毒药可特异性地对抗或阻断毒物或药物的效应，而其本身并不具有与毒物相反的效应。本类药物特异性强，如能及时应用，则解毒效果好，在中毒的治疗中占有重要地位。

(2)非特异性解毒药又称一般解毒药，是指能阻碍毒物吸收、促进毒物排出、破坏胃肠内尚未吸收的毒物、解除因中毒引起的严重病状的药物。阻碍毒物吸收的如药用炭等吸附剂、鞣酸等沉淀剂、牛乳、蛋清、淀粉、米汤等保护剂；促进毒物排出的如硫酸铜、吐酒石等催吐剂、硫酸钠等泻剂、氢氯噻嗪等利尿剂；破坏毒物的药物如高锰酸钾等氧化剂、硫代硫酸钠等还原剂、稀盐酸和碳酸氢钠等中和剂；能对抗中毒症状的药物如药理拮抗剂、体液补充剂等。这些药物虽然针对性不强，效力较低，但由于能引起中毒的物质种类很多，病情复杂，病势凶险，发展迅速，又往往不易很快确诊，而且对某些毒物目前尚无特效解毒药，因此，在中毒前后及时合理地选用一般解毒药，不但可以延缓中毒症状，而且对维持动物生命、争取抢救时间、促进痊愈过程，均具有重要意义。

☞ 351. 家禽为什么会出现有机磷中毒？中毒表现是什么？

有机磷杀虫剂是一类毒性较强的接触性和内吸性农药，除广泛用于杀灭农作物害虫外，也用于家禽的驱虫和杀虫等。当家禽采食了被有机磷农药污染的饲料、饮水、拌种的作物种子及其杀死的昆虫，或禽舍用有机磷农药灭螨、蚊、虱、蝇用药过量等时，可通过皮肤、呼吸道吸入或胃肠道吸收而进入体内。此时，有机磷与分布在神经系统、肌肉、血浆及红细胞的胆碱酯酶结合，形成磷酰化胆碱酯酶，磷酰化胆碱酯酶失去了原来水解乙酰胆碱的活性，导致动物体内乙酰胆碱蓄积过多而中毒。

急性中毒者，常常见不到任何症状，突然死亡。中毒较严重的病禽，主要表现不安、不食、从口角流出多量黏液，并频频作吞咽动作，有的呼吸困难，站立不稳，冠髯呈青紫色，有的流泪、便血、下痢。最终多因中枢机能障碍或呼吸麻痹而死亡，死前多有抽搐、昏迷等现象。

☞ 352. 阿托品为什么能解救有机磷中毒？应用阿托品类药物解除有机磷中毒时应注意哪些问题？

有机磷中毒时，由于动物体内的胆碱酶被抑制，乙酰胆碱在体内蓄积过多，出现胆碱能神经兴奋的种种效应。阿托品为抗胆碱药，也称胆碱受体阻断药，当阿托品进入体内后，可与乙酰胆碱竞争胆碱受体，当其与胆碱受体结合后，不能引起生理反应，这时并将乙酰胆碱排除在胆碱受体之外，结果出现胆碱能神经阻断的种种现象。因此，可用阿托品解救有机磷中毒。

阿托品类药物包括阿托品、东莨菪碱、山莨菪碱、后马托品等。应用阿托品类药物解救有机磷中毒，应注意以下四个方面的问题：

(1)尽早用药：用药愈早效果愈好，病禽一旦多种脏器功能衰竭和能量代谢障碍时，很难挽救其生命。

(2)超量用药：动物在有机磷中毒时能耐受本类药物的较大剂量，而且也只有在大剂量使用的情况下，本类药物才能发挥解毒作用。

(3)反复用药:因本类药物在体内维持有效时间不长,过早停药可使症状反跳,一般可根据病情每3～5 h重复用药1次,并逐渐减少用量。阿托品类药物在体内维持有效作用的时间依次是东莨菪碱、阿托品、山莨菪碱。

(4)配合用药:阿托品不能解除乙酰胆碱对横纹肌的作用,也不能恢复胆碱酯酶的活性。对轻度中毒的家畜可单用阿托品解毒,对严重中毒者,必须与胆碱酯酶复活剂联用,直至病情缓解为止。

用法与用量:硫酸阿托品注射液,皮下注射,鸡0.1～0.25 mg/只;水禽0.5 mg/只。

☞ 353. 胆碱酯酶复活剂的解毒机理是什么?本类药物解毒为什么早期用药效果较好?

胆碱酯酶复活剂在体内吸收迅速,分布于肝、肾、脾、心等器官较多,其次是肺、肌肉、血液,主要由尿排出。本类药物所含的醛肟基或酮肟基具有强大的亲磷酸酯作用,能将结合在酶上的磷酸基夺过来,使胆碱酯酶与结合物分离,恢复活性。胆碱酯酶复活剂亦能直接与进入机体的有机磷化合物起作用,而使后者失去其毒性,成为无毒物质由尿排出。

本类药物在恢复酶活性方面,以运动神经肌肉结合处表现最明显,对植物神经功能恢复较差,对中枢神经系统作用不明显。

如果中毒时间过长,磷酰化胆碱酯酶可发生"老化"(可能是酶中一个烷基或烷氧基被解离变成稳定的单烷基或单烷氧基磷酰化胆碱酯酶)。此时,碘磷定与氯磷定不能恢复酶的活性。所以,使用此类药物解毒,早期用药效果较好。

☞ 354. 碘磷定的解毒作用特点是什么?应用注意事项有哪些?

碘磷定又名解磷定、碘解磷定、派姆、PAM。碘磷定能迅速恢复胆碱酯酶的活性，对中毒不久的病例，作用迅速，显效甚快，静脉注射后数分钟即可出现效果。但破坏也较快，在体内为肝脏分解，从肾排出，作用仅能维持 1.5 h 左右，故必须反复给药。

碘磷定不能通过血脑屏障，对中枢神经症状几乎无效。对有机磷中的 DDV、乐果、敌百虫、马拉硫磷等中毒的疗效较差，应与阿托品合并应用。

碘磷定是相当安全的药物，治疗剂量副作用甚少，不产生中毒现象，连续用药无蓄积作用。但大剂量静脉注射可直接抑制呼吸中枢，注射过速会产生呕吐、心动过速、运动失调等。如药液漏入皮下，有强烈刺激作用，应予注意。此外，本品在碱性溶液中不稳定，易水解成氰化物，有剧毒，故忌与碱性药物配伍应用。

用法与用量：肌肉注射，1 次量，每千克体重，鸡 0.2～0.5 mg。

☞ 355. 氯磷定的解毒作用特点是什么？

氯磷定又名氯化派姆、PAM-Cl。氯磷定的药理作用同碘磷定。它使胆碱酯酶复活的能力比碘磷定略强，性质较稳定。水溶性较碘磷定高，可静脉注射或肌肉注射，使用方便，作用较快，肌肉注射后 1～2 min 即开始显效。使用注意与碘磷定相同。

本品对乐果中毒无效，内吸磷(1059)、对硫磷(1605)、敌百虫、DDV 中毒达 48～72 h 后，亦无效。本品亦不能通过血脑屏障，应与阿托品合用。

用法与用量：肌肉注射或静脉注射量，1 次量，每千克体重，鸡 0.2～0.5 mg。

☞ 356. 双解磷和双复磷的解毒作用特点是什么？

(1)双解磷：其恢复胆碱酯酶活性的作用较碘磷定强 3.5～6 倍，作用持久。水溶性好。本品也不能通过血脑屏障，通常配成 5%

溶液肌肉注射或用糖盐水溶解后作静脉注射。

用法与用量:肌肉注射或静脉注射量,1次量,每千克体重,鸡0.2～0.5 mg。

(2)双复磷:双复磷的作用较双解磷强一倍,作用持久,副作用小,脂溶性好,能透过血脑屏障,兼有阿托品样作用,并能消除M胆碱、N胆碱及中枢神经系统的症状。可肌肉注射或缓慢静脉注射。

用法与用量:肌肉注射或静脉注射量,1次量,每千克体重,鸡0.2～0.5 mg。

☞ 357. 家禽为什么会出现亚硝酸盐中毒?中毒症状是什么?

青饲料,包括蔬菜类饲料、天然牧草、栽培牧草、枝叶饲料、水生饲料等都程度不同地含有硝酸盐。其中以白菜、小白菜、萝卜叶、牛皮菜、苋菜、莴苣叶、甘蓝、甜菜茎叶、南瓜叶等蔬菜类饲料含有较多量的硝酸盐。一般来说,硝酸盐不会直接引起家禽中毒,但是,硝酸盐在一定条件下可转变为亚硝酸盐,当家禽采食了这种亚硝酸盐含量较高的饲料后,则易产生中毒病的发生。

饲料中硝酸盐变为亚硝酸盐的主要途径有二:一是青绿饲料在食用前保存不当,腐败变质,或加工、调制处理不当,如蒸煮青绿饲料时,不加搅拌或搅拌不够,蒸煮不透、不熟,或煮后放在锅里加盖闷着,可使硝酸盐变成亚硝酸盐;二是禽体本身消化不良,胃内酸度降低,致使大量硝化细菌在胃肠(尤其是在禽的嗉囊)内生长繁殖,内容物发酵,而将硝酸盐还原成亚硝酸盐,导致中毒。

亚硝酸盐对于血管运动中枢有抑制作用,可使血管扩张、血压下降。但它最重要的是一种血液毒,在体内能与血红蛋白作用,使血中正常的氧合血红蛋白(Hb、二价铁血红蛋白)迅速地氧化成高铁血红蛋白(MHb、三价铁血红蛋白),即三价铁同一个羟基(—OH)呈稳固地结合,从而失去了血红蛋白的正常携氧功能,引起组织缺氧。

亚硝酸盐中毒，多呈急性发作(采食后 1 h 内)，病禽表现不安，站立不稳，多因呼吸窒息而突然死亡。对亚急性和慢性病例，常表现口渴，食欲减退，腹泻，大多体温降低，心跳减慢，肌肉无力而软弱，双翅下垂，鸡冠、肉髯及皮肤变紫色，呼吸困难，进而虚脱，最后麻痹、昏睡而死亡。死前或死后放血，血液暗褐色，呈酱油状，血凝时间延长。中毒病情较轻的，仅表现轻度的消化机能紊乱和肌肉无力等症状，一般可自行恢复。中毒症状较重者，则可用亚甲蓝进行治疗。

☞ 358. 亚甲蓝用于解除亚硝酸盐中毒时，为什么须用小剂量？

亚甲蓝又名美蓝、甲烯蓝，为一氧化还原剂，对血红蛋白随浓度的不同有相反的两种作用。

低浓度(小剂量)时，因体内葡萄糖被氧化的同时形成还原型脱氢辅酶，后者能使亚甲蓝(氧化型)还原成为无色的还原型亚甲蓝(美白)，美白又将高铁血红蛋白还原成血红蛋白，而其本身又被氧化成为蓝色的氧化型亚甲蓝。如此反复不已，故用来治疗亚硝酸盐中毒以及苯胺类(乙酰苯胺、非那西汀、扑热息痛)、氨基比林、磺胺类等引起的高铁血红蛋白血症，可恢复血红蛋白的携氧功能。

高浓度(大剂量)时，还原型脱氢辅酶不能迅速地将亚甲蓝全部还原为还原型亚甲蓝，此时亚甲蓝将起氧化作用，把血红蛋白氧化为高铁血红蛋白，引起高铁血红蛋白血症。由于高铁血红蛋白与氰离子有极强的亲和力，因此，亚甲蓝亦可用于解除氰化物中毒，但疗效较亚硝酸盐差，只适于轻度中毒病例。

用法与用量：静脉注射，每千克体重，亚硝酸盐中毒时用 0.5 mg；氰化物中毒时用 5～10 mg。

☞ 359. 家禽氟乙酰胺中毒的原因和症状是什么?

氟乙酰胺为有机氟灭鼠剂,家禽类误食其毒饵或沾染氟乙酰胺的饲料,即可引起中毒。

氟乙酰胺进入家禽体内后,可被酰胺酶脱氨生成氟乙酸,氟乙酸在组织细胞中与三磷酸腺苷存在时的辅酶A作用生成氟乙酰辅酶A,再与草酰乙酸作用生成氟柠檬酸。由于氟柠檬酸的化学结构与柠檬酸相似,故可竞争性的抑制乌头酸酶,使其不能生成乌头酸,从而阻断三羧循环的正常进行,而使柠檬酸蓄积起来(组织中的柠檬酸比正常值高3倍),破坏了细胞的正常功能,造成动物的神经系统、心脏和消化系统的损害。

临床可见病禽出现典型的神经症状,表现惊厥,离群或横冲直撞,或呈仰卧姿势。兴奋与抑制交替发作,常常是在兴奋过后,全身发抖,呼吸促迫,心跳加快,走路摇摆,流泪,流黏液性鼻液。羽毛松乱,精神沉郁,卧地不起,呈麻痹状。有的出现癫痫样抽搐,头颈扭向后背或伸入腹侧,两脚剧烈划动,翻滚,严重者强直性痉挛死亡。

☞ 360. 乙酰胺为什么能解除氟化物中毒? 应用注意事项是什么?

乙酰胺又名解氟灵,具有延长有机氟中毒的潜伏期(正常潜伏期为0.5~2 h)、减轻病状或制止发病的作用。

乙酰胺与有机氟的化学结构相似,两者竞争酰胺酶,乙酰胺夺取此酶后,一方面使有机氟不能分解出氟乙酸,另一方面乙酰胺本身经脱酰胺酶作用生成乙酸,乙酸对体内已形成的氟乙酸具有干扰作用。故乙酰胺能对抗有机氟阻断三羧循环的作用而消除其毒性。本品主要用于氟乙酰胺的中毒,也可用于氟乙酸钠和氟硅酸钠中毒时的解毒药。

有机氟中毒的症状一经发现，毒性发展迅速。因此宜及早足量使用乙酰胺，并配合氯丙嗪、巴比妥类镇静药以降低中枢神经的兴奋性，亦可使用抗心率不整药物。

用法与用量：静脉或肌肉注射，1 次量，每千克体重，各种家禽 0.05～0.1 g。一日 2～4 次，一般连续注射 5～7 天。

☞ 361. 滑石粉为什么可用于氟中毒的解毒？

滑石粉为白色或灰白色微细粉末，无臭，无味，有滑腻性，易黏着皮肤上，不溶于水。滑石粉分子中含有镁原子，镁属于碱土金属，易与氟离子形成络合物，降低血中氟浓度，减少机体对氟的吸收，因此可用做氟中毒的解毒剂。滑石粉毒性低，使用安全，疗效可靠。

☞ 362. 维生素 K 为什么能解救家禽敌鼠等灭鼠剂中毒？如何应用？

敌鼠又名双苯杀鼠酮钠盐，纯净的敌鼠是无臭味的黄色针状晶体，不溶于水；其钠盐为无臭无味的淡黄色粉末，市售商品是 1%敌鼠钠盐。敌鼠是一种抗凝血的灭鼠药。

敌鼠及其钠盐属于高毒类，主要经过消化道吸收中毒，其结构类似维生素 K，进入机体后，可竞争性抑制维生素 K 的作用，干扰肝脏对维生素 K 的利用或直接损害肝小叶，抑制凝血酶原和凝血因子Ⅱ、Ⅴ及Ⅶ的合成，使凝血时间延长，发生内脏和皮下出血。此外，还可直接破坏毛细血管，使通透性、脆性增加，导致血管破裂，出血加重。动物中毒后，以肺脏出血最严重，其次为脑、消化道和胸腔血管出血，如不及时解救，可引起死亡。

敌鼠中毒一般呈慢性经过，没有什么特征性的症状。有些中毒家禽可因内出血而突然死亡。一般病例仅见精神沉郁，冠和肉髯苍白，消瘦、逐渐衰弱，最后可因衰竭而死亡。

维生素K(亚硫酸氢钠甲萘醌)为本类杀鼠剂的特效解毒药。维生素K是肝脏合成凝血因子Ⅱ(凝血酶原)、Ⅶ、Ⅸ、Ⅹ的必需物质,它参与这些因子的无活性前体物形成活性产物的羧化作用。因此,当家禽因误食敌鼠等中毒时,维生素K为特效解毒药。

用法与用量:对于中毒后尚未见全身性广泛出血的病例注射维生素K制剂,一般可康复。鸡的剂量是每只每次0.5～2 mg,每天1～2次,连续使用3～5天。同时配合应用维生素C和氢化可的松以及其他对症疗法,效果更好。

☞ 363. 金属与类金属中毒的解毒原理是什么?

随着冶金、化学和原子工业的发展,工厂和实验室的"三废",不断地污染着大气、土壤、水源、食物、农作物和牧草地,加上农业上用于杀虫、杀菌、杀鼠的含汞、含砷农药,以及某些矿物元素富集的地区,金属毒物对环境的污染越来越严重。当家禽采食了被金属、类金属污染的饮水、饲料时,便易产生中毒。

金属盐进入体内后的共同毒理作用,主要是抑制含巯基酶的活性。例如铅、汞、锑、砷等均可与酶蛋白的巯基结合,从而抑制多种酶的活性。

各种金属离子抑制的巯基酶不完全一致。例如汞能与酶蛋白的结合很牢固,主要抑制黄酶、还原酶等多种酶的活性,在细胞抑制呼吸酶,阻碍细胞呼吸;铅能抑制巯基的铁络合酶,阻碍原卟啉与二价铁结合,而影响血红蛋白的合成,并能干扰肌肉中磷酸肌酸的再合成,影响肌肉的收缩功能。

解毒的关键在于恢复巯基酶的正常生理功能,消除重金属和类金属离子的生物活性,并使其迅速排出体外。因此,应用的解毒剂主要为含有巯基的化合物,如二巯基丙醇、二巯基丙磺酸钠、青霉胺等。它们是一种竞争性解毒剂,所含巯基易与金属、类金属络合而成无毒、难离解的环状化合物由尿排出。由于它们与金属、类金属的亲和力比酶强，因此不仅可防止金属及类金属与含巯基的酶结合，还能夺取已经与酶结合的金属、类金属，使酶系统的巯基释放出来恢复活性，从而起到解毒作用。

另有依地酸钙钠、依地酸二钠等强力络合剂，能与多种金属离子形成无毒性、相当稳定、不离解但可溶解的络合物，由尿排出。惟应注意作为金属解毒剂时，不应使用依地酸或依地酸二钠，因它们可与血中 Ca^{2+} 络合，使血钙急剧下降，严重者甚至引起抽搐或心脏搏动停止。

☞ 364. 二巯基丙醇为什么常用于砷、汞中毒的解救？

二巯基丙醇又名巴尔、BAL。本品分子中有 2 个活性巯基，与金属的亲和力大，能夺取已与组织中酶系统结合的金属，形成不易分解的无毒化合物，从尿中排出，而恢复酶的活性，故有解毒作用。由于是竞争性解毒剂，因此中毒时间愈短则其解毒效果愈佳。对被金属抑制较久的酶，难以活化。

二巯丙醇是常用的金属解毒剂，主要用于砷、汞中毒的救治，对铋、锑、镍、铬、钴的中毒也有效，但对铅、银、铁等中毒的疗效较差，不如依地酸钙钠的效果好。

本品在体内易被氧化，当与金属形成复合物时，仍可有部分解离产生毒性，治疗时要反复给药，将解离出的金属离子再结合解毒。大剂量可使毛细血管扩张，呼吸迫促，大量流涎，严重时发生肌肉挛缩。故应用时要控制剂量。

用法与用量：肌肉注射，1 次量，每千克体重，家禽 2.5～5 mg。

☞ 365. 二巯基丙磺酸钠的解毒特点是什么？

二巯基丙磺酸钠又名二巯丙磺钠，为二巯基丙醇的磺酸钠盐。水溶性大，吸收好，作用快，不良反应较少。其作用原理及临床应用均与二巯基丙醇相同，但对急性、亚急性汞中毒的效果较二巯基丙醇好。本品不适用于铅中毒。

☞ **366. 青霉胺为什么常用于铜、锌等中毒的解救？**

青霉胺又名二甲基半胱氨酸，是青霉素的分解产物，是含有巯基的氨基酸。临床上应用 *D*-青霉胺。

青霉胺是铜、汞、锌、铅有效的络合剂，性质稳定，溶解度大。内服给药迅速吸收，不易破坏，由尿排出迅速，可促进重金属毒物排泄。尤其是对铜中毒的解毒作用很好，用药后可使尿铜排出增加 5～20 倍。但本品解铅中毒的效果不如依地酸钙钠；对汞中毒的疗效则不如二巯基丙磺酸钠。

☞ **367. 去铁胺的解毒特点是什么？**

去铁胺又名去铁敏，系由链球菌的发酵液中提取的天然产物。本品属羟肟酸络合剂，羟肟酸基团与游离或蛋白结合的三价铁（Fe^{3+}）和铝（Al^{3+}）形成稳定、无毒的水溶性铁胺和铝胺复合物（在酸性 pH 值条件下结合作用加强），由尿排出。本品能清除铁蛋白和含铁血黄素中的铁离子，但对转铁蛋白中的铁离子清除作用不强，更不能清除血红蛋白、肌球蛋白和细胞色素中的铁离子。本品主用于急性铁中毒的解毒药。由于本品与其他金属的亲和力小，故不适于其他金属中毒的解毒。

☞ **368. 为什么硫代硫酸钠既可解氰化物中毒，又能用于金属等中毒的解救？**

硫代硫酸钠又名次亚硫酸钠、大苏打、海波。本品含有活泼的硫原子，在体内转硫酶的作用下，和游离的或氰化高铁血红蛋白的 CN^- 结合，形成无毒的硫氰酸盐（SCN^-）排出体外，因此可用于氰化物中毒的解救。但其作用发生较慢，故应先用做用快的亚硝酸钠或亚甲蓝，然后应用本品，可显著提高疗效。

此外，本品还具有还原剂特性，在体内能与多种金属、类金属形成无毒硫化物由尿排出。故也用于碘、砷、汞、铅、铋等中毒。但疗效不及二巯基丙醇(BAL)。

其5%溶液静脉注射对过敏性瘙痒症、慢性荨麻疹等也有一定疗效。

用法与用量：家禽肌肉注射，0.32 g/只，常配成10%浓度使用。

☞ 369. 氨基甲酸酯类农药中毒的机理是什么？中毒后如何解救？

氨基甲酸酯类农药是一类高效低毒的杀虫剂、杀菌剂、除草剂等，这类药物主要有西维因、速灭威、呋喃丹、叶蝉散、氧化萎锈、萎锈灵、灭草灵、抗鼠灵等。其中呋喃丹、西维因等还被用做兽药。西维因引起的动物中毒最为常见。

本类农药具有共同的结构、理化性质，毒性也大多相似。

本类农药可经消化道、呼吸道和皮肤黏膜进入机体内，抑制神经组织、红细胞及血浆内的胆碱酯酶，形成氨基甲酰化酶，使胆碱酯酶失去水解乙酰胆碱的能力，造成体内乙酰胆碱大量蓄积，出现一系列神经中毒症状。另外，氨基甲酸酯类还可阻碍乙酰辅酶A的作用，使糖原的氧化过程受阻，导致肝、肾及神经病变。

呋喃丹除以上毒性外，尚可在体内水解产生氰化氢，氰化氢可离解出氰离子，出现氰化物中毒的症状。

解救时，首选阿托品(剂量参照有机磷中毒时的解毒剂量)，并配合输液、消除肺水肿、脑水肿以及兴奋呼吸中枢等对症治疗方法。

重度呋喃丹中毒时，应用亚硝酸钠、硫代硫酸钠等(剂量参照氰化物中毒时的解毒剂量)。但一般禁用肟类复活剂(如碘解磷定、氯磷定等)。

☞ 370. 如何防治家禽食盐中毒?

食盐是饲料中不可缺少的成分。适量的食盐可增进食欲,促进消化功能,保持体液的正常酸碱度,雏鸡、青年鸡、产蛋鸡和肉用仔鸡日粮中食盐含量以0.25%～0.5%为宜,以0.37%最为适宜。

鸡的味觉不发达,对食盐无鉴别能力,当日粮中食盐的混合不均或突然过量或加入过量的咸鱼粉、酱渣。或吃了含盐多的厨房残羹,饮水供应又不足时,便可能发生食盐中毒。另外,由于饲料中某些营养物质的不足,如维生素E、含硫氨基酸、钙、镁等不足或缺乏时,能增强禽体对食盐的敏感性,饮水不足也可降低禽体对食盐的耐受力。

当幼雏饲料含食盐达0.7%、成年禽饲料含食盐达1%时,便引起明显口渴感和粪便含水增多;如果雏禽饲料含食盐达1%、成年禽饲料含食盐达3%,能引起大批食盐中毒,甚至死亡。成年禽比雏禽对食盐的耐受能力大,而鸭比鸡对食盐的敏感性高。幼雏对食盐很敏感,饮水中食盐含量达0.54%时,雏鸡可大批中毒而死亡。

成年鸡轻度食盐中毒时,表现口渴,食欲减少,精神不振,生长发育缓慢,不一定引起死亡。严重食盐中毒时,最明显的症状是精神委靡,极度口渴,嗉囊胀大,口、鼻流出大量黏性分泌物,食欲废绝,腹泻,腹部膨大,两足无力或瘫痪。病的后期,表现昏迷,呼吸困难,仰卧挣扎,最后衰竭而死。

雏禽食盐中毒时,表现神经兴奋性增强,有的无目的地冲撞,或不断地鸣叫,头向后仰,以脚蹬地,有的突然身体向后翻转,胸、腹朝天,两脚前后摆动,头颈不断旋转,很快死亡。

根据禽群口渴暴饮、神经症状可做出初步诊断。饲料、饮水、胃肠内容物食盐含量的测定可作为确诊的重要依据。

预防措施：日粮中的食盐含量应精确计算，不能过量，而且要混合均匀。如在日粮中使用咸鱼粉时，必须先分析其食盐含量，按日粮中食盐添加限量来决定咸鱼粉的加入量。利用其他含食盐量高的饲料时，亦应事先分析，以免食盐过量引起中毒。

鸡群中出现食盐中毒时，应立即停喂食盐或含食盐量高的饲料，大量供给清洁的饮水，或用10%葡萄糖饮水并在其中加入适量的氯化钙或葡萄糖酸钙。中毒不严重者能够恢复。也可用中草药治疗，组方如下：

生葛根 100 g、甘草 10 g、茶叶 20 g，加水 1 500 mL，煎煮 30 min，候温，可供 100 只病雏鸡饮用。

☞ 371. 如何防治棉籽饼中毒？

棉籽饼中含有丰富的蛋白质，常作为全价的家禽日粮蛋白质来源，但其含多种有毒的棉酚，应用不当会造成中毒。临床上以胃肠炎，心、肝等实质器官损坏和蛋品质不良为特征。本病主要见于鸡。

一般呈慢性蓄积性经过，雏鸡发病快而重，成年鸡耐受力比较强。中毒病鸡主要表现精神不振，低头喜卧，食欲减退或不食，两翅无力下垂，有的出现出血性胃肠炎症状，排黑褐色稀粪并常混有黏液、血液和脱落的肠黏膜。中毒严重的病鸡，表现消瘦，冠和肉髯暗紫色，腿无力，抽搐，终因呼吸、循环衰竭而死亡。公鸡还出现精液中精子减少、活力降低，种蛋的受精率、孵化率显著降低；母鸡产蛋减少，蛋个体变小，蛋黄变色（茶青色）等。煮熟的蛋黄较坚韧并稍有弹性，称为“橡皮蛋”。

防治措施：防止中毒的发生，应以预防为主，其措施如下：

（1）间歇使用：每隔 1～2 个月停用棉籽饼 10～15 天。

（2）去毒处理：一是将棉籽饼打碎，加水煮沸 1～2 h；二是将棉籽饼置于铁锅以 80～85℃干热 2 h 或 100℃干热 30 min；三是用 2％石灰水或 2.5％的草木灰、1％的氢氧化钠液浸泡 24 h；四是用 0.1％～0.2％硫酸亚铁溶液浸泡 24 h。以上几种方法均可降低毒性。

(3)将日粮中的棉籽饼控制在 5％～6％为宜。

(4)对于幼禽不要饲喂棉籽饼。

棉籽饼中毒目前尚无特效疗法。发现中毒应立即停止饲喂含有棉籽饼的饲料，多喂一些青绿饲料，经 1～3 周，可逐渐恢复。对中毒的病鸡可用减轻胃肠炎等病症的对症疗法。对慢性中毒，除更换日粮外，还要注意适当补充维生素 A、矿物质(钙、铁等)和蛋白质等。

☞ 372. 如何防治菜籽饼中毒？

菜籽饼含粗蛋白 33％～37％，略低于豆饼，与棉籽饼相似，但氨基酸的组成优于棉籽饼，蛋氨酸及钙、磷、硒、锌的含量都高于豆饼。在鸡的日粮中酌量配入一些菜籽饼，不但可以降低成本，也有利于营养成分的平衡。但是，菜籽饼中含有一种叫硫代葡萄糖苷的有害物质，该物质又能分解产生多种有毒物质。另外，菜籽饼中还有芥予酸和单宁等。如果菜籽饼使用不当，也会引起中毒。临床上以胃肠炎、甲状腺肿大为特征。雏禽比成年禽更易发生。

鸡的菜籽饼中毒大多为慢性经过，病鸡最初表现精神不好，厌食，粪便出现干硬、稀薄、带血等不同的异常变化，进而生长受阻，产蛋减少，蛋变小，破壳、软壳蛋增多，有腥味，种蛋孵化率降低。最终衰竭死亡。急性重剧中毒，可见突然两腿麻痹倒卧在地，肌肉痉挛，双翅扑击，口、鼻流出混有血液的黏液及泡沫，腹泻，冠髯发紫，很快痉挛死亡。

防止菜籽饼中毒，主要是限量使用和去毒后再使用，可采用以下措施：

(1)限量使用，蛋鸡在 6 周龄以下，肉用鸡在 4 周龄以下不要使用菜籽饼配料，以后限量使用，即菜籽饼在日粮中所占的比例不得超过5%。

(2)菜籽饼去毒，方法有坑埋法、蒸煮法、碱处理、氨处理等，经去毒处理后，其安全性与适口性都有很大改善，用量也可稍微增加一些。

(3)饲喂菜籽饼时，可适当增加碘与铜的喂量，铜可与其中的有毒成分形成螯合物而不被吸收。

本病尚无特效的治疗措施。发生中毒，应立即停喂含有菜籽饼的饲料，并采用对症疗法并饮用10%葡萄糖水。更换富含蛋白质、维生素、矿物质而易消化的日粮，大多病例都可逐渐好转。

☞ 373. 如何防治磺胺类药物中毒？

磺胺类药物是一类广谱抗菌药物，在家禽业生广泛用于防治细菌性疾病和球虫病，但若应用不当就会引起中毒。磺胺药中毒的表现主要是出血综合症和对淋巴系统及免疫功能的抑制。临床上以皮肤、皮下组织、肌肉和内脏器官出血为特征。

急性中毒表现为兴奋、拒食、腹泻、痉挛、麻痹等症状。慢性中毒者，表现精神沉郁，食欲减退或废绝，饮欲增加，可视黏膜黄染，贫血，羽毛松乱，头面部肿胀，皮肤呈蓝紫色，翅膀下出现皮疹，便秘或下痢，粪便呈酱色或灰白色。成年母鸡产蛋量急剧下降，并出现软壳蛋、薄壳蛋，最后衰竭死亡。

防治措施：在应用磺胺类药物时应注意以下几点：

(1)1月龄以下的雏鸡和产蛋鸡(尤其是产蛋高峰期)最好不用磺胺类药物。

(2)严格掌握磺胺用药剂量，在拌料时要搅拌均匀，连续用药不要超过5天，用药期间要特别注意供给充足的清洁饮水。

(3)尽量选用含抗菌增效剂的磺胺类药物，治疗肠道疾病时。应选用在肠内吸收率低的磺胺类药物。

(4)在使用磺胺类药物期间，要提高日粮中维生素C、维生素B、维生素K的含量。

一旦发生中毒，应立即停止用药，给予充足的饮水或1%～3%的碳酸氢钠（小苏打）溶液，于每千克日粮中补给维生素C 0.2 g、维生素K 5 mg。同时，还可适当添加多维素或复合维生素B。

严重中毒的病鸡，还可口服或肌肉注射维生素C。此外，用车前草煎水或甘草糖水，可以促进药物的排泄和解毒。

☞ 374. 如何防治一氧化碳中毒？

一氧化碳俗称煤气，主要是煤炭（或木炭）在空气不足的状态下燃烧不完全而产生的。一氧化碳中毒是由于禽舍内一氧化碳浓度过大，经肺吸收入血，而导致全身组织缺氧的一种中毒病。本病多见于育雏期的幼禽。在环境温度较低（深秋和冬、春季节）时，育雏室经常用煤（木炭）炉加温保暖，由于通风不良或煤（木炭）炉装配不当，造成空气中的一氧化碳浓度过高。幼禽在这种环境中最易发生中毒。

急性（重度）中毒的病禽，先表现精神不安，呆立嗜睡，继而昏迷，呼吸困难，运动失调，头向后仰，最后出现痉挛和抽搐而死亡。慢性（轻度）中毒的病禽，主要表现为精神沉郁，不活跃，食欲减退，羽毛蓬松，幼禽生长缓慢。

防治措施：预防一氧化碳中毒，关键是正确使用煤（木炭）炉取暖设施，育雏室烧煤或木炭取暖保温，一定要防止烟筒漏烟、倒烟并设置通风孔，保持室内通风良好。发现中毒立即打开门窗，快速排除室内积聚的一氧化碳，轻者可渐渐恢复，重者死亡，即便不死也无养育价值。换气时间要注意保暖，避免因受寒发生继发病。也可用茶水供雏禽自由饮用。

☞ 375. 如何防治高锰酸钾中毒？

高锰酸钾是家禽生产中常用的消毒剂，引起中毒的原因主要是使用浓度过高。但当其浓度达到0.03%以上时，对消化道黏膜就有一定的刺激性和腐蚀性，浓度达0.1%以上就会引起中毒。

高锰酸钾引起的中毒，主要是剧烈的腐蚀作用，使口腔、舌、咽黏膜变为紫红色，并出现水肿。食欲降低，呼吸困难，有时发生腹泻。成年鸡产蛋减少或停止。严重中毒的鸡常在1天内死亡。

防治措施：平时应用高锰酸钾时，用量要按规定计量，配制溶液浓度要准确，严格掌握浓度，不可过高。轻症中毒的病鸡，应供给充足的清洁饮水，一般经3～5天可逐渐康复。中毒较重者可于饮水中添加2%～3%鲜牛奶或奶粉，对消化道黏膜有一定的保护作用；也可内服硫酸镁、鸡蛋清、麻油等。

☞ 376. 蛇毒中毒如何解救？

世界上的蛇类有2 260余种，其中毒蛇300多种。蛇毒成分复杂，其中蛋白质占90%以上。每种蛇毒含一种以上的有毒成分。中毒症状往往是混合毒性作用产生的。蛇毒的成分有神经毒、心脏毒、血液毒、酶类以及出血毒等。神经毒主要阻断了N胆碱受体，干扰了乙酰胆碱的释放，导致全身肌肉麻痹，呼吸停止而死。心脏毒毒性比神经毒低，可损害心脏功能（强烈收缩，心脏可停止于收缩期）。血液毒常可引起溶血或血栓。出血毒常导致全身及心、肺、胃肠道、肾等内脏出血，引起动物吐血、便血、血尿、大量失血而发生休克死亡。

蛇毒主要是毒蛇咬动物时通过毒牙注入皮下组织，经淋巴循环或毛细血管吸收入血的。一般蛇毒中毒的全身症状：吞咽困难，舌活动不灵、失声、眼睑下垂，全身肌肉发生松弛瘫痪，呼吸逐渐困难，最后呼吸麻痹而死亡。有的还出现急性肾功能衰竭、全身出血等。咬伤的局部常有红、肿、水泡、血泡、剧痛以及组织坏死、流血不止等现象。

毒蛇咬伤后，除对局部进行处理、破坏毒素、延缓毒素吸收外，全身应用特效抗蛇毒血清。

抗蛇毒血清是给马或骡反复大量注射某种蛇毒，取其血清精制浓缩而成。它可中和蛇毒，是一种特异性免疫反应，单价血清比多价血清效果好，但要确诊是何种蛇伤。多价抗蛇毒血清是用多种蛇毒混合免疫动物制成，其治疗范围较广，但疗效较差。我国目前生产有多种精制抗蛇毒血清，它们具有特效、速效等优点。但治疗中应早期足量使用。

☞ 377. 蜂毒中毒如何解救？

蜂毒的化学成分比较复杂，主要为多肽与酶类，重要的有蜂毒肽、蜂毒明肽、蜂毒心肽、肥大细胞脱颗粒肽、磷脂酶 A_2 和透明质酸酶等。

蜂毒中毒引起的全身症状有气喘、呼吸困难、痒感、荨麻疹，个别动物面部及四肢肌肉抽搐。重者出现体温升高、出汗、呕吐、腹泻或短时意识丧失，或出现溶血、血红蛋白尿。如不及时抢救，常因呼吸抑制而死亡。

解救时，首先用镊子拔除螫针，然后用70％乙醇或0.1％高锰酸钾、或氨水擦洗螫伤处及周围组织，也可用南通蛇药片，冷开水溶化成糊状，敷贴于距伤口约半寸周围。如系黄蜂蜇伤，应用酸性液体如食醋冲洗伤口。对全身症状，应及时对症治疗。

☞ 378. 蝎毒中毒如何解救？

蝎毒中大部分是有毒蛋白质，按其作用机制可分为神经毒和细胞毒。蝎毒中毒引起的全身症状有流泪、流涎、打喷嚏、流鼻液、感觉过敏、恶心呕吐、肌肉疼痛、心动过速或过缓、发绀、出汗、尿少、体温下降、嗜睡、肌肉抽搐、躁动不安,重者可出现喉头痉挛、胃肠道出血、急性肺水肿及呼吸麻痹。

解救措施:局部处理可参阅蜂毒的方法。全身症状可作对症治疗,有条件时,尽快注射特效解毒药抗蝎毒血清。

☞ 379. 如何防治雏鹅水中毒?

雏鹅由于饮水不足,引起脱水,有水而暴饮,使体内水分大量增加,导致组织内大量蓄水,血浆中的钠、氯离子浓度急剧下降,水进入细胞内,引起细胞水肿,特别是脑细胞水肿而引发一系列的病理过程。雏鹅多在暴饮后 30 min 左右表现为精神沉郁,腿和翅膀无力,行走步态不稳,共济失调,或张口摇头,或回头观望嗉囊,口流黏液,两脚急步呈直线后退,或转圈,并排出水样粪便,数分钟后倒地死亡。部分中毒的雏鹅经过一段时间后可康复。

预防措施:本病的防治关键在于雏鹅、雏鸭出壳后要及早供给饮水,平时注意供给充足的饮水,以防脱水的发生。如已发生脱水,应在饮水中加少量食盐,使其浓度在 0.9%左右,同时控制饮水量,不让其暴饮,这样可以防止水中毒的发生。如能在上述盐水中加入少许糖,效果更好。

第九章　饲料药物添加剂

☞ 380. 什么是饲料添加剂？

饲料添加剂是指为了某种目的而以微小剂量添加到饲料中的物质的总称。使用饲料添加剂的目的包括：改善饲料的营养价值，提高饲料利用率，促进动物生产；改善饲料的物理特性，增加饲料耐贮性；增进动物健康，改善畜产品品质等；最终达到提高动物生产性能、降低生产成本的目的。饲料添加剂的使用剂量能常以 mg/ kg 或 g/t 计，部分添加剂的添加量按百分含量计。

☞ 381. 饲料添加剂是怎样分类的？

饲料添加剂至今尚无统一的分类方法，通常按其主要作用将其分为以下两类：

（1）营养性饲料添加剂：包括维生素、微量元素、氨基酸与小肽、非蛋白氮等。

（2）非营养性添加剂：包括生长促进剂、驱虫保健剂、饲料调质剂、饲料调制剂、饲料贮藏剂及中草药添加剂等。

☞ 382. 饲料添加剂应具备哪些基本条件？

饲料添加剂应符合下列基本条件：

（1）添加到配合饲料中，对饲料品质及畜产品品质有益。

（2）配合饲料中长期添加对动物不产生急性毒性与慢性毒性而影响畜禽的生产性能。

（3）添加剂及其代谢产物在畜产品中的残留量不能超过规定的安全标准。

(4)添加剂及其代谢产物对人和动物不产生致癌、致突变和致畸作用。

(5)具有一定的稳定性,在一定条件下,贮存一定的时间,其稳定性不发生变化。

(6)产品中重金属含量不允许超出国际允许范围。

(7)对畜禽正常生殖机能及胚胎不产生有害作用。

(8)添加剂及其代谢产物对内外环境不能产生危害作用。

☞ 383. 什么是添加剂预混料?什么是“精料”?

由于添加剂种类很多,用量极少,很难直接向全价配合饲料中添加。实践中,通常以饲料添加剂为原料,选择合适的载体或稀释剂,通过一定的加工工艺,在向配合饲料中添加之前预先将添加剂与载体或稀释剂混合,以增大体积,提高在配合饲料中的添加量,使微量的添加剂能够在配合饲料中均匀分布。这种由一种或多种添加剂与载体和(或)稀释剂均匀混合后的混合物叫添加剂预混料,简称预混料。在生产实践中,人们也习惯于将添加剂预混料叫做添加剂。它是配合饲料的一种原料,在配合饲料中的用量通常是1%～4%。

目前,实践中大量生产和使用的“精料”是一种扩展了的添加剂预混料,其核心成分除了各种添加剂外,还包括钙、磷、食盐等常量矿物元素,这些成分与蛋白质饲料及部分谷物饲料混合即成料精,其中,钙、磷、食盐等的含量能完全补充基础饲料中的不足,蛋白质含量通常为 30%～35%。精料在配合饲料中的用量一般为 5%。

☞ 384. 添加剂预混料的意义是什么?

由于添加剂种类多,发挥作用的条件各不相同,非专业人员或生产厂家难于掌握。不合理使用必将使添加剂失去活性。同时添加剂用量小，直接加入配合饲料难以混匀，部分动物可能摄入过多而出现中毒，而另一些动物可能根本吃不上。由专业生产厂家，按科学的用法用量，按一定的工艺流程，将添加剂与适宜的载体或稀释剂混合生产出添加剂预混料，就可以克服上述问题，充分发挥添加剂的功效。因此，添加剂预混料的生产是添加剂应用的必须环节，其技术要求高于饲料工业的其他环节。

☞ 385. 添加剂预混料是怎样进行分类的?

添加剂预混料的种类很多，为了生产和使用的方便，有必要进行分类。一般有4种分类方法。

(1)按原料种类分类：所谓原料，广义地讲，指组成添加剂预混料的各个组分，包括活性成分和载体。其中的活性成分，如维生素、微量元素、氨基酸等叫活性原料或简称原料，通常所讲的添加剂预混料的原料是指其中的活性原料。添加剂预混料按原料的种类可分为以下三类：

①由单一原料制成的预混料，如维生素A预混料、维生素B_{12}预混料、硒预混料、钴预混料等。

②由同种原料组成的预混料，如复合维生素预混料、微量元素预混料。

③由不同原料组成的预混料，由二类或多类添加剂组成，如由维生素、微量元素、氨基酸、抗生素、防霉剂等组成的预混料，又叫复合添加剂预混料。

为了便于区别，一般以单一原料或同类原料组成的预混料叫添加剂预混剂，如维生素A预混剂、微量元素预混剂，以区别于由多类添加剂组成的复合预混料。“剂”即同质物质，形如饲料中的某种养分；“料”即原料，是由多种养分组成的复合体。因此，添加剂预混剂既可作为配合饲料的原料，也可作为添加剂预混料的原料。

(2)按生产渠道分类按此方法可分为两种。

①由医药、化工等企业生产的单一商品添加剂预混料,如商品维生素A预混料、饲料级亚硒酸钠预混料、蛋白酶制剂、抗生素制剂等。其产品通常作为添加剂预混料或预混料专业生产厂家的原料。

②由预混料(剂)生产厂生产的预混剂或复合预混料其产品作为配合饲料厂原料。产品规格可为通用型或定制型。通用型广泛适用于某类地区或某些饲养条件;定制型也叫用户型、专业型,是按用户的要求专门设计生产,只适用于该用户。通用型可直接加入配合饲料中,而定制型在饲料厂家使用时有时还需加入其他活性成分。

(3)按使用对象分类:即根据动物种类和生理阶段来分,如猪用预混料(剂)、禽用预混料(剂)等。

(4)按使用效果分类:

①高档添加剂预混料,原料种类齐全,配比合理,加工工艺先进,使用效果明显。

②中档添加剂预混料,原料种类少,主要以营养型添加剂为主,有效成分含量较低,效果中等。

③低档添加剂预混料,原料种类少,以微量元素添加剂为主,有效含量只能预防动物的缺乏症,使用效果不明显。

☞ 386.使用饲料添加剂应注意哪些问题?

(1)合理使用:饲料添加剂种类繁多,各有其不同的作用特点,必须结合家禽饲养的需要、生理状态、发育情况、年龄、饲养条件和健康状况等,有针对性地选择使用。此外,同一种饲料添加剂在不同的地区、不同的气候和土壤条件及不同的饲料条件下,所添加的数量不是一成不变的,应在饲养实践中总结出合理使用的经验。

(2)混入干粉饲料或稀释剂中:饲料添加剂一般混于干粉饲料

载体中，短期储存待用，不得混于加水贮存的饲料或发酵过程中的饲料内，更不能与饲料一起煮沸使用。常用的饲料载体有粗玉米粉、细玉米粉、小麦麸、脱脂米糠、大豆饼粉、石粉等等。载体的含水量一般应低于10%，越低越好。稀释剂是指与高浓度组分混合以降低其浓度的可饲物质，常用的有熟大豆粉、胚玉米粉、磷酸氢钙、膨润土、贝壳粉、石灰石粉等。一般要求稀释剂的粒度在200目(74 μm)到30目(590 μm)之间，形状和大小比较整齐一致。通常当预混料中添加剂原料的质量接近或超过50%时，或当两种或两种以上添加剂原料的容量差别很大时，则应考虑选用稀释剂。必须注意，当添加剂原料在预混料中占的比例很高时，容易产生明显的分离作用，需要同时采取其他适当措施。

(3)搅拌均匀：由于饲料添加剂添加到日粮中的量很微小，所以使用时一定要注意搅拌均匀。因把微量的添加剂直接混合于大量的饲料中往往不能达到均匀的程度，会影响动物的有效利用，故应先将添加剂混于少量的饲料中，再逐级扩大，搅拌均匀，即先进行预混合，然后再把预混料充分拌于一定量的饲料中。

(4)防止引起中毒：目前给家禽规定的各种饲料添加剂的添加量都是大致的需要量，若超过需要量过多，就可能引起中毒，产生生理障碍。

(5)注意配伍禁忌：使用饲料添加剂应注意它们之间的协同与对抗关系，比如说矿物质添加剂最好不与维生素添加剂配在一起，因为它会使一些维生素氧化。因此。了解各种饲料添加剂之间的配伍与禁忌十分重要。

(6)妥善保存：饲料添加剂应保存在干燥、低温和避光处，以免氧化、受潮而失效，尤其是维生素。

总之，各类饲料添加剂的选用不仅要符合安全、经济和使用方便的要求，在使用前还应考虑添加剂的效价(质量)和有效期，而且还必须注意其限用、禁用、用量、用法与配伍、禁忌等具体规定，做到心中有数。

☞ 387. 饲料中添加氨基酸的作用有哪些?

(1)满足动物需要促进动物生长,改善氨基酸平衡,提高饲料利用率,节约蛋白质资源。添加限制性氨基酸,能改善日粮中氨基酸的平衡,从而充分发挥其他氨基酸的作用,不必通过提高蛋白质含量来满足动物对氨基酸的需要,节约了蛋白质资源,促进了动物生长并能提高饲料日粮的利用率。生产实践和饲养试验已证明,赖氨酸、蛋氨酸通常是养殖动物的限制性氨基酸,少量添加可促进养殖动物生产,提高饲料利用率。

(2)提高植物蛋白质及其饲料的营养价值,有利于开发蛋白质饲料资源。大量的研究结果显示,以几种饼粕类饲料配合作为蛋白质来源,添加限制性氨基酸代替鱼粉是可行的。许多地区已应用全植物性饲料。对一些利用率低的植物蛋白质饲料,添加限制性氨基酸后,可改善其蛋白质及其饲料利用率,这将扩大蛋白质饲料来源。

(3)饲料中添加赖氨酸能改善屠体质量,改善雏鸡和肉用仔鸡蛋白质的沉积,降低脂肪沉积。

(4)促进钙的吸收。动物试验表明,赖氨酸能促进小肠对钙的吸收,其机制可能是钙与蛋白质特异地结合成钙结合蛋白(CaBP),在肠黏膜上起传递作用,促进钙的吸收,而 CaBP 含有大量的赖氨酸(雏鸡 CaBP 含赖氨酸 11%左右),当赖氨酸不足时,CaBP 合成下降,钙吸收下降。

(5)抵抗应激症。添加蛋氨酸可以减少家禽的啄羽、啄肛现象。当动物吸收了不平衡的氨基酸时会产生自身营养性应激,添加甘氨酸可防止某些氨基酸过剩而产生应激。

(6)提高抗病能力。色氨酸可使动物体 γ-球蛋白含量增加,从而增强抗病力。这种不用药物而是依靠营养提高抗病力的方法已越来越受到关注。

☞ 388. 育成鸡氨基酸的需要量是多少?

育成鸡氨基酸的需要量见表9-1:

表9-1 育成鸡的氨基酸需要量(NRC. 1994)

营养指标	白壳蛋鸡(周龄)				褐壳蛋鸡(周龄)			
	0~6	6~12	12~18	18至开产	0~6	6~12	12~18	18至开产
精氨酸(%)	1	0.83	0.67	0.75	0.94	0.78	0.62	0.72
甘氨酸+丝氨酸(%)	0.7	0.58	0.47	0.53	0.66	0.54	0.44	0.5
组氨酸(%)	0.26	0.22	0.17	0.2	0.25	0.21	0.16	0.18
异亮氨酸(%)	0.6	0.5	0.4	0.45	0.57	0.47	0.37	0.42
亮氨酸(%)	1.1	0.85	0.7	0.8	1	0.8	0.65	0.75
赖氨酸(%)	0.85	0.6	0.45	0.52	0.8	0.56	0.42	0.49
蛋氨酸(%)	0.3	0.25	0.2	0.22	0.28	0.23	0.19	0.21
蛋氨酸+胱氨酸(%)	0.62	0.52	0.42	0.47	0.59	0.49	0.39	0.44
苯丙氨酸(%)	0.54	0.45	0.36	0.4	0.51	0.42	0.34	0.38
苯丙氨酸+酪氨酸(%)	1	0.83	0.67	0.75	0.94	0.78	0.63	0.7
苏氨酸(%)	0.68	0.57	0.37	0.47	0.64	0.53	0.35	0.44
色氨酸(%)	0.17	0.14	0.11	0.12	0.16	0.13	0.1	0.11
缬氨酸(%)	0.62	0.52	0.41	0.46	0.59	0.49	0.38	0.43

☞ 389. 产蛋鸡的氨基酸需要量是多少?

产蛋鸡氨基酸需要量见表9-2。

表 9-2　产蛋鸡的氨基酸需要量(NRC.1994)

营养指标	产蛋鸡(白壳蛋)日采食量				产蛋鸡(褐壳)
	80 g	100 g	120 g	种用 100 g	日采食量 110 g
精氨酸(%)	0.88	0.70	0.58	0.7	0.77
组氨酸(%)	0.21	0.17	0.14	0.17	0.19
异亮氨酸(%)	0.81	0.65	0.54	0.65	0.715
亮氨酸(%)	1.03	0.82	0.68	0.82	0.9
赖氨酸(%)	0.86	0.69	0.58	0.69	0.76
蛋氨酸(%)	0.38	0.3	0.25	0.3	0.33
蛋氨酸+胱氨酸(%)	0.73	0.58	0.48	0.58	0.645
苯丙氨酸(%)	0.59	0.47	0.39	0.47	0.52
苯丙氨酸+酪氨酸(%)	1.04	0.83	0.69	0.83	0.91
苏氨酸(%)	0.59	0.47	0.39	0.47	0.52
色氨酸(%)	0.2	0.16	0.13	0.16	0.175
缬氨酸(%)	0.88	0.7	0.58	0.7	0.77

☞ 390. 肉鸡的氨基酸需要量是多少?

肉鸡的氨基酸需要量见表 9-3。

表 9-3　肉鸡的氨基酸需要量(NRC.1994)

营养指标	周龄		
	0～3	3～6	6～8
精氨酸(%)	1.25	1.1	1
甘氨酸+丝氨酸(%)	1.25	1.14	0.97
组氨酸(%)	0.35	0.32	0.27
异亮氨酸(%)	0.8	0.73	0.62
亮氨酸(%)	1.2	1.09	0.93
赖氨酸(%)	1.1	1	0.85
蛋氨酸(%)	0.5	0.38	0.32
蛋氨酸+胱氨酸(%)	0.9	0.72	0.6

续表 9-3

营养指标	周龄		
	0～3	3～6	6～8
苯丙氨酸(%)	0.72	0.65	0.56
苯丙氨酸＋酪氨酸(%)	1.34	1.22	1.04
脯氨酸(%)	0.6	0.55	0.46
苏氨酸(%)	0.8	0.74	0.68
色氨酸(%)	0.2	0.18	0.16
缬氨酸(%)	0.9	0.82	0.7

☞ 391.蛋鸭和肉鸭的氨基酸需要量各是多少?

蛋鸭的氨基酸需要量见表 9-4。

表 9-4 蛋鸭的氨基酸需要量

营养指标	生长蛋鸭(周龄)			产蛋鸭
	0～2	3～8	9～20	
精氨酸(%)	1.30	1.00	0.70	1.00
甘氨酸＋丝氨酸(%)	0.80	0.70	0.58	0.70
组氨酸(%)	0.40	0.30	0.22	0.30
异亮氨酸(%)	0.60	0.50	0.40	0.50
亮氨酸(%)	1.40	1.00	0.83	1.00
赖氨酸(%)	1.20	0.90	0.60	0.90
蛋氨酸(%)	0.40	0.30	0.25	0.30
蛋氨酸＋胱氨酸(%)	0.70	0.60	0.50	0.60
苯丙氨酸(%)	1.00	0.54	0.45	0.54
苯丙氨酸＋酪氨酸(%)	1.20	1.00	0.83	1.00
苏氨酸(%)	0.70	0.68	0.50	0.68
色氨酸(%)	0.30	0.25	0.20	0.25
缬氨酸(%)	0.80	0.62	0.52	0.62

肉鸭的氨基酸需要量见表9-5。

表9-5 肉鸭的氨基酸需要量

营养指标	北京鸭(周龄)		土番鸭(周龄)		杂交鸭(周龄)	
	0～3	4～8	0～3	4～8	0～3	4～8
精氨酸(%)	1.00	0.89	1.12	0.92	1.11	1.00
甘氨酸(%)	1.00	0.89	1.22	0.71	1.11	1.00
组氨酸(%)	0.40	0.36	0.43	0.35	0.44	0.40
异亮氨酸(%)	0.50	0.44	0.66	0.54	1.67	1.50
亮氨酸(%)	1.50	1.33	1.31	1.08	1.67	1.50
赖氨酸(%)	1.00	0.89	1.10	0.90	1.11	1.00
蛋氨酸(%)	0.45	0.45	—	—	0.50	0.45
蛋氨酸+胱氨酸(%)	0.77	0.98	0.69	0.57	0.85	0.77
苯丙氨酸(%)	0.80	0.71	—	—	0.89	0.80
苯丙氨酸+酪氨酸(%)	1.19	1.06	1.14	1.19	1.33	1.19
苏氨酸(%)	0.55	0.49	0.69	0.57	0.61	0.55
色氨酸(%)	0.20	0.18	0.24	0.20	0.22	0.20
缬氨酸(%)	0.80	0.71	0.80	0.68	0.89	0.80

☞ 392. 什么是饲用酶制剂？

饲用酶制剂是将一种或多种用生物工程技术生产的酶与载体和稀释剂采用一定的加工工艺生产的一种饲料添加剂。饲用酶制剂可以提高动物，特别是年幼或有疾病动物的消化能力，提高饲料的消化率和养分利用率，改善家禽生产性能，减少排泄物的污染，转化和消除饲料中的抗营养因子，并使一些新的饲料资源能被充分利用。饲用酶制剂大多属于助消化的酶类，其关键是要有较好的稳定性，能够承受加工过程的高温、消化道内酸性环境及内源蛋白酶的破坏作用。

☞ 393.饲用酶制剂的种类有哪些?

目前,饲料工业上使用的酶制剂主要是消化碳水化合物和植酸磷的酶,也有些产品包含有蛋白酶和脂酶。

(1)消化碳水化合物的酶:植物性能量饲料中的碳水化合物含量通常在60%以上。饲料中的碳水化合物是一组化学组成、物理特性和生理活性差异特别大的化合物,有易消化的淀粉,也有难消化的非淀粉多糖(NSP)。因此,这类酶包括淀粉酶和非淀粉多糖(NSP)酶。非淀粉多糖酶又包括半纤维素酶、纤维素酶和果胶酶。半纤维素酶主要包括木聚糖酶、甘露聚糖酶、阿拉伯聚糖酶和半乳聚糖酶;纤维素酶包括 C_1 酶和 β-葡聚糖酶等。

(2)蛋白酶:蛋白酶将蛋白质水解成为可被肠道消化吸收的小分子物质。根据最适 pH 值不同,将其分为酸性蛋白酶、中性蛋白酶和碱性蛋白酶。由于动物胃液呈酸性,小肠液多为中性,所以饲料中多添加酸性和中性蛋白酶,其主要作用是将饲料蛋白质水解为氨基酸。

(3)脂肪酶:脂肪酶是水解脂肪分子中甘油酯键的一类酶的总称,微生物产生的脂肪酶通常在 pH 值 3.5~7.5 时水解力最好,最适温度 38~40℃,因此微生物脂肪酶非常适用于饲料。脂肪酶一般从动物消化液中提取。外源性脂肪酶的作用与动物的年龄有关,生长动物体内的脂肪酶足以满足自身的需要,但幼龄动物日粮中添加脂肪酶可能有益。

(4)植酸酶:植酸酶又称为肌醇六磷酸水解酶,是一种可使植酸磷复合物中的磷变成可利用磷的酸性磷酸酯酶。植酸酶广泛存在于植物组织中,也存在于微生物(细菌、真菌和酵母)。目前分离出的植酸酶主要有两种:3-植酸酶(EC 3.1.3.8)和 6-植酸酶(EC 3.1.3.26),前者最先水解的是肌醇 3 号碳原子位置的磷酸根,主要存在于动物和微生物;后者最先水解的是 6 号碳原子的磷酸根,主要存在于植物组织。目前作为商品生产的植酸酶主要是来源于真菌的发酵产物，也有一部分是用生物技术生产的。

☞ 394. 饲用酶制剂的作用及其机理是什么？

归纳起来，饲用酶制剂的主要作用是：补充内源性消化酶的不足（强化消化）；消除、降解日粮抗营养因子和消化内源酶不能消化的养分。上述作用主要是通过如下 4 种机制来实现：

（1）破坏植物细胞壁，提高养分消化率：植物细胞中淀粉和蛋白质等营养物质被细胞壁包裹。细胞壁是由纤维素、半纤维素、果胶等组成的一种复杂聚合物，除草食动物之外，其他动物不能消化这类物质，这样大大影响了植物饲料中淀粉、蛋白质等营养物质的消化率。若在饲料中适当地添加能分解这类聚合物的酶，以破坏饲料中存在的植物细胞壁，使细胞中的营养物质释放出来，可提高饲料中能量和蛋白质的利用率。

（2）降低消化道食糜黏性，减少疾病的发生：构成植物细胞壁的非淀粉多糖物质能够结合大量的水，增加了消化道食糜的黏度，使营养物质和内源酶难以扩散，这不仅降低了蛋白质、淀粉等营养物质的消化吸收，而且也使家禽产生黏粪现象。饲料中添加酶制剂可降低食糜的黏稠度，缩小胰脏和胃肠道的体积，减少粪便量，降低氮的排出率，提高家禽的生产性能。

（3）消除抗营养因子：有些饲料组分（如日粮纤维和植酸磷）是无法被动物内源酶消化的，同时这些不能被消化的养分还会产生抗营养作用。家禽饲料原料中的抗营养因子（ANFs）及难于消化的成分较多，它们以不同方式和不同程度影响养分的消化吸收和家禽的身体健康。添加外源性酶制剂可以部分或全部消除 ANFs 所造成的不良影响。消化和降解这些抗营养因子的外源酶包括：植酸酶、β-葡聚糖酶、木聚糖酶、果胶酶、α-半乳糖苷酶。

（4）补充内源酶的不足，激活内源酶的分泌：对于早期幼小家禽来讲，主要是其内源酶分泌不足，应添加外源酶以弥补这一缺陷。饲用酶制剂并不引起内源消化酶“反馈性”分泌减少。反而有利于内源消化酶的分泌。一般在常规日粮中适当地添加淀粉酶、蛋白酶和脂肪酶，以补充内源酶的不足，促进营养物质的消化和吸收，消除营养不良和减少腹泻的发生，提高饲料消化率。

☞ 395. 什么是益生素？

益生素是指可以直接饲喂动物并通过调节动物肠道微生态平衡达到预防疾病、促进动物生长和提高饲料利用率的活性微生物或其培养物，我国又称为微生态制剂或饲用微生物添加剂。

由于活体微生物的存活和繁殖需要特定条件，在生产与应用过程中质量难于控制，因此，营养学家在研究益生素的同时，对动物体内固有的微生物菌群发生了兴趣。经过营养学家的研究，找到了化学益生素这类物质。化学益生素是一种非消化性食物成分，到达肠管后部可选择性地为大肠内的有益菌降解利用，却不为有害菌所利用，从而具有促进有益菌增殖、抑制有害菌的效果。化学益生素包括多种物质，如含氧多糖或寡糖、辅酶、某些氨基酸和维生素，甚至包括半纤维素和果胶等，但现在应用较多的是寡糖类物质。

☞ 396. 生产益生素的菌种应具备哪些条件？目前常用菌种及制剂有何特点？

生产益生素的菌种应具备以下条件：第一，无病原性，无毒性，无毒副作用，不与病原微生物产生杂交种；第二，体内外繁殖速度快，具有很强的竞争优势；第三，能在低pH值的无机酸、有机酸及胆汁的环境中存活，并定植在胃肠道内；第四，能产生乳酸，过氧化氢等肠道致病菌的抑制物；第五，加工后存活率高，混入饲料后室温下稳定性好；第六，能促进动物的生长发育。

目前,我国农业部允许使用的饲料微生物添加剂有12种,分为乳酸菌类、芽孢杆菌类和酵母菌类。

(1)乳酸菌及其制剂:乳酸菌是一种可以分解糖类产生乳酸的革兰氏阳性菌、厌氧或兼性厌氧。不耐高温,经80℃处理5 min,损失70%～80%。但耐酸,在pH值为3.0～4.5时仍可生长,对胃中的酸性环境有一定的耐受性。活菌体内和代谢产物中含有较高的过氧化物歧化酶(SOD),能增强体液免疫和细胞免疫。

目前应用的有乳酸杆菌、粪链球菌、双歧杆菌等几大类。乳酸杆菌制剂为孢子培养物,分泌乳酸及短链脂肪酸,在体内能增加血液中的蛋白态氮,改善蛋白质代谢和促进饲料消化;既用于饲料添加,也可用于治疗疾病。

双歧杆菌制剂属植物形态型培养物,无孢子,能产生乳酸、合成维生素等;能促进消化、提高抗感染能力;但稳定性较低,肠道内繁殖速度较慢。可用于预防肠道内细菌产生毒性氨;既可用于饲料添加,也可用做兽药。

乳酸链球菌制剂分泌多量的乳酸、其他短链脂肪酸和类杀菌素,可刺激非特异性免疫系统产生大肠杆菌干扰素;其中SF-68型菌每19 min繁殖一代,具有很强的竞争优势;具有抑制有害菌、促进有益菌生长和帮助消化的能力,稳定性也很好。

(2)酵母菌:酵母细胞富含蛋白质、核酸、维生素和多种酶,具有增强动物免疫力、增加饲料适口性、加强消化吸收等功能,并可提高动物对磷的利用率,是常规饲料中吸收率最高的。用于饲料中的酵母菌主要是假丝酵母、红色酵母、酿造酵母和啤酒酵母。酵母菌制剂无抑制病原菌和分泌乳酸的能力,稳定性及繁殖速度较低。

(3)芽孢杆菌:芽孢杆菌是好氧菌,在一定条件下产生芽孢,耐酸碱、耐高温和挤压。在肠道酸性环境中具有高度的稳定性,可使肠道pH值及氨浓度降低,能产生较强活性的蛋白酶及淀粉酶。

目前，使用的菌株有枯草芽孢杆菌、地衣芽孢杆菌、蜡样芽孢杆菌、东洋芽孢杆菌等。东洋菌制剂属孢子型杆菌培养物，在肠道内和门静脉血液中有降低氨产量的作用，既可用于饲料添加，也可用做兽药。

(4)光合细菌：光合细菌能在厌氧光照条件下同化CO_2，有些菌还有固氮作用。光合细菌的细胞成分优于酵母菌和其他种类的微生物，菌体蛋白中多种必需氨基酸的含量高于酵母菌。光合细菌不仅为生物体宿主提供丰富的蛋白质、维生素、矿物质、核酸等营养物质，而且可以产生辅酶Q等生物活性物质，提高宿主的免疫力。

☞ 397. 什么是饲料酸化剂？常用酸化剂的种类及特性是什么？

酸化，是指人为地将无机酸或有机酸，单独或以混合物的形式加入到家禽的饲粮或饮水中，以降低其pH值的过程。饲料的酸化是通过加入酸化剂来解决的。目前，酸化剂已广泛地应用在饲料生产中，在养殖业中已取得良好的经济效益。

目前，国内外应用的酸化剂总的来说可分为单一酸化剂(包括有机酸化剂和无机酸化剂)和复合酸化剂两大类。

(1)有机酸化剂：有机酸化剂的化学性质特殊，在消化道内解离产生氢离子，有助于降低pH值，另一方面酸根阴离子是体内的中间代谢物，参与能量代谢供能。其次，多数有机酸化剂具有良好的风味，故被广泛应用。常用的有机酸化剂主要有柠檬酸、延胡索酸、乳酸、丙酸、苹果酸、戊酮酸、山梨酸、甲酸(蚁酸)、乙酸(醋酸)。不同的有机酸各有其特点，但使用最广泛的而且效果较好的是柠檬酸和延胡索酸。

①柠檬酸：柠檬酸为一种无色结晶，易溶于水及乙醇，难溶于乙醚。熔点100℃，大于100℃则为无水物，有强酸味。具有良好的热稳定性和金属离子的配位性。柠檬酸的适宜添加量为1%～

2%。一般可使日增重提高2.9%,饲料效率改善3.2%。

②延胡索酸:又称富马酸,为白色结晶粉末,对氧化和温度变化稳定,可与饲料混匀。实际上无毒,雏鸡1次口服半数致死量为每千克体重10 g。分子量与葡萄糖相当。延胡索酸的适宜添加量为1.5%～2%,使日增重平均提高9.7%,饲料效率改善4.4%。

(2)无机酸化剂:无机酸化剂包括强酸,如盐酸、硫酸。也包括弱酸,如磷酸。磷酸既可以作为日粮酸化剂,也可作为磷来源。磷酸的一级离解常数也为7.5×10^{-3}。无机酸与有机酸相比,具有较强的酸性及较低的添加成本。

(3)复合酸化剂:复合酸化剂是利用几种特定的有机酸和无机酸复合而成,能迅速降低pH值,保持良好的缓冲值和生物性能。最优化的复合体系将是饲料酸化剂发展的一种趋势。

☞ 398.什么是寡聚糖?寡聚糖的作用及机理是什么?

寡聚糖又称低聚糖或寡糖,是指2～10个单糖通过糖苷连接形成直链或支链的一类糖。主要有甘露寡糖(MOS),果寡糖(FOS),寡木糖(XOS),α-寡葡萄糖(α-GOS),β-寡葡萄糖,寡乳糖等。

寡聚糖具有稳定的理化性质,它在作为某些蛋白质的特殊受体细胞识别、增殖分化、病原体感染等方面有着主要的作用;特别是非吸收性寡糖,与肠道菌群有着特殊的关系。对调整菌群结构,维持肠道正常环境,调节肠道功能,提高机体健康水平具有重要作用。这类寡聚糖具有一些共同的特点:难以被胃肠消化吸收,甜度低;具有防龋齿功能,一般不被链球菌利用,不被口腔酶分解;促进肠道内双歧杆菌的增殖并活化之,而双歧杆菌的正常繁殖可以在肠道内产生大量乳酸和醋酸,降低肠道pH值,抑制腐败菌和病原菌的生长;增强肠道功能,促进蛋白质消化吸收;减少有害物质如氨气的产生;从而减轻肝脏负担;降低血糖中胆固醇、甘油三酯、游离脂肪酸的数量，促进机体健康；有利于B族维生素，提高机体免疫力；寡糖还克服了活菌制剂的种种缺陷，克服了活菌制剂在肠道定植难的缺陷。

综上所述，寡聚糖的作用及机理归纳如下：

(1)促进机体肠道有益菌增殖，抑制有害菌生长。

(2)结合吸收外源性病原菌，提高畜体抗病能力。

(3)调节机体免疫系统：这一功能是通过充当免疫刺激的辅助因子发挥作用。

☞ 399. 什么是饲料防霉剂？

饲料防霉剂是一类能抑制霉菌繁殖、杀灭真菌、防止饲料发霉变质的有机化合物。饲料若被霉菌污染，霉菌生长繁殖就会消耗饲料中最容易被饲养动物利用的营养物质，使饲料的营养价值最少下降10%，严重的不仅饲用价值下降为零，而且还会因霉菌释放出来的霉菌毒素造成饲养动物中毒。霉菌毒素是真菌生长过程中所产生的代谢产物，它危害动物机体健康，甚至导致死亡。最常见的霉菌毒素有黄曲霉毒素、褐曲霉毒素和玉米赤霉烯酮毒素，其中以黄曲霉毒素毒性最强，所以黄曲霉毒素是饲料卫生标准中强制执行的重要指标之一。

饲料在环境温度23～32℃、相对湿度75%的条件下最易生长霉菌，因此，在夏天雨季环境中，饲料最易发生霉变。在饲料原料和饲料中添加防霉剂是保证饲养动物健康和饲料品质稳定的重要措施之一。

可作为防霉剂的物质很多，主要是有机酸及其盐类。目前应用于饲料中的防霉剂有丙酸及其盐类、苯甲酸及苯甲酸钠、山梨酸及其盐类、去水醋酸钠、富马酸及富马酸二甲酯等，其中以丙酸及其盐类的应用最为普遍。

☞ 400. 丙酸钙(钠)的作用是什么？如何应用？

丙酸钙和丙酸钠均为白色结晶颗粒或粉末，无臭或稍有特异气味。易溶于水，有丙酸特异气味。丙酸钠防霉效果与丙酸(有效成分)含量和 pH 值有关，丙酸含量越高，防霉效果越好。主要对霉菌有较显著的抑菌效果，对需氧芽孢杆菌或革兰氏阴性菌也有较好的抑菌效果，其最小抑菌浓度(MIC)在 pH 值 = 5 时为 0.1%，pH 值 = 6.5 时为 0.5%；对其他菌的抑制作用较弱，对酵母菌无效。

由于丙酸属体内正常代谢物并参与体内能量代谢，动物吸收后很快在体内代谢，对动物及人体无毒、无残留，安全性好。此外，丙酸还具有改善饲料的消化率、减少发霉谷物对鸡增重的影响、增加饲料能量、使饲料避免结块等作用。饲料里添加一定量丙酸还能起到增香调味的作用。

用法与用量：均匀混入饲料中，每千克饲料中添加 3～7 kg。

☞ 401. 苯甲酸钠的用途是什么？

苯甲酸钠又名安息香酸钠，为白色颗粒或结晶性粉末，无臭或微带安息香气味，味微甜有收敛性。易溶于水，在空气中稳定。是目前使用量最大的防霉剂之一，具有价廉、供应充足、毒性较低、应用效果较好的优点。体内可与氨基乙酸结合生成马尿酸，由尿排出，无蓄积作用。

苯甲酸钠盐属酸性防霉剂，有效成分为苯甲酸。其作用效果与 pH 值有很大关系：在低 pH 值条件下对微生物有广泛的抑制作用，但对产酸菌作用弱；在 pH 值为 5.5 以上时，对很多霉菌没有抑制效果。最适 pH 值范围为 2.5～4.0，适用于酸化食品和饲料。

苯甲酸钠的主要作用是能抑制微生物细胞内呼吸酶的活性和

阻碍乙酰辅酶A的缩合反应,使三羧酸循环受阻,代谢受到影响,还阻碍细胞膜的通透性。

用法与用量:在饲料中的添加量不超过0.2%。

☞ 402. 山梨酸的用途是什么? 如何应用?

山梨酸又名花楸酸,化学名为己二烯(2,4)酸,为无色针状结晶或白色结晶性粉末,无臭或稍带刺激性臭味。对光、热稳定,但在空气中长期放置易氧化变色。微溶于水,易溶于乙醇等有机溶剂。

山梨酸是以未离解酸在一定pH值条件下发挥作用的。当加入低pH值物品中时,对酵母菌及霉菌等好气菌有效,对乳酸杆菌、梭状芽孢杆菌等厌氧菌作用弱。山梨酸的这种选择作用,对将其应用于发酵食品或饲料时发挥防霉作用非常有利。山梨酸及其盐类作用的pH值范围较苯甲酸钠广,在pH值5～6及以下均有效。

山梨酸的主要作用是:可与微生物酶系统中的巯基(—SH)相结合,从而破坏许多酶系统,达到抑制微生物代谢及细胞生长的作用。

山梨酸可参与体内代谢,无残留、安全性好,可用于食品与饲料中,其添加量为物料的0.05%～0.15%。多与其他防霉剂共同使用,以扩大抗菌谱和增加防霉效果。一般将0.6%～10%的山梨酸溶解于低分子的液态有机酸(如乙酸、丙酸、丁酸等)或它们的混合液中。也可与其他固态有机酸防霉剂制成复合防霉剂,以提高抗菌效果。

☞ 403. 什么是复合防霉剂?

复合防霉剂就是将防霉防腐剂与抗氧化剂组合使用,以便使防霉防腐系统更加完善,还可扩大抗菌范围。例如:美国农美公司研制的克霉即由焦木酸、丙酸、富马酸、山梨酸等有机酸组成,具有抑制黄曲霉菌及其他霉菌的繁殖、抑制沙门氏菌及其他产生内毒素的细菌繁殖、抑制酵母菌的活动、延长饲料贮藏寿命、保存饲料养分之功效;法国诗华大药厂生产的诗华抗霉素则是由丙酸、蚁酸、特有颗粒(如蛭石,它起吸附丙酸和蚁酸的作用)等组成,具有高效抗霉作用。又如:美国建明公司的克霉霸是由丙酸、乙酸、苯甲酸、山梨酸等混合而成的,具有抗霉效果好、抗菌谱广的特点;我国研制的饲保(SB)则是由富马酸二甲酯、脱氢乙酸、反丁烯二酸、苯甲酸和柠檬酸等组成的高效、低毒的复合型防霉剂。奥特奇公司生产的"万保香"(霉敌粉剂)为一种含有天然香味的饲料及谷物防霉剂,主要成分有丙酸、丙酸铵及其他丙酸盐(丙酸总量不少于25.2%),并还含有乙酸、苯甲酸、山梨酸、富马酸。因其有香味,除防霉外,还可增加饲料香味,增进食欲。其添加量为每 1 000 kg 饲料 500～1 000 g,特殊情况下可添加 1 000～2 000 g。

☞ 404. 什么是特种防霉剂?

近年来一些发达国家为开发新型天然防霉剂,把目光移向海洋生物类:如日本研制一种以牡蛎壳为主体的防霉剂;又如在海洋中的马尾藻、裙带菜、海带等海藻中,加入碘酸钾、碘化钾、碘酸钙,均匀混合成一种特种复合型防霉剂;又如从鲑、鲟、鲱、鲭、鲻等鱼类中提取鱼精蛋白,该品对枯草杆菌、巨大芽孢杆菌、地形芽孢杆菌都有较强的抑制作用。从蟹壳、虾壳等甲壳中提取的多糖即壳聚糖,又名脱乙酰甲壳质,也是一种天然防霉剂。

☞ 405. 什么是饲料抗氧化剂?

抗氧化剂是一类能阻止或延缓饲料中某些活性成分被氧化变质,以提高饲料营养成分的稳定性和延长饲料储存期的化合物。有些抗氧化剂还具有防霉作用。作为有效的抗氧化剂,化学上要符合两个标准:一是与自由基的反应速度比其他化学物质——油脂、维生素A等要快;二是应形成在正常储存条件下稳定的产物。此外。该类产品毒性极低、使用剂量低、成本低,饲养动物摄入后容易很快排出体外,不会蓄积,使用方便而安全。

在饲料生产中,为保证饲料中营养成分全面,常加入多种维生素、鱼粉和油脂类,以获得蛋白质、维生素和无机盐等营养平衡。维生素是补充饲料、原料本身的含量不足。油脂帮助脂溶性维生素在体内的输送。然而,其中的一些成分如维生素A、胡萝卜素等易氧化变质。随着贮存时间的延长,各类脂肪中的脂肪酸叠合或与蛋白质结合而产生不能消化的物质,同时影响维生素A、E及蛋白质的吸收。甚至产生过氧化物等有害物质,危害饲养动物的健康。给饲养动物饲喂已氧化变质的饲料会带来许多不良后果,如:脑软化症、死亡率增加、饲料摄取量减少、饲料转化率降低、增重缓慢、色素沉着不足、影响动物的生产性能等。因此,饲料中添加一些安全性高、效果好的抗氧化剂可以有效地避免上述不利因素,从而延长饲料的保存期,提高饲料利用率。抗氧化剂能在饲料的表面和内部,甚至在动物消化道里发挥作用。各种预混料、配合饲料、维生素制剂和动植物油均可添加抗氧化剂。

☞ 406. 乙氧基喹啉的用途是什么?如何应用?

乙氧基喹啉又称乙氧喹、山道喹,是一种黏滞的黄褐色至褐色的液体,稍有异味。几乎不溶于水,溶于丙酮、氯仿等有机溶剂及油脂。

乙氧基喹啉具有较好的抗氧化效果,世界各地普遍用做饲用油脂、苜蓿粉、鱼粉、动物副产品、维生素以及预混料、配合饲料等的抗氧化剂,有利于动物对维生素、类胡萝卜素的利用和着色效果。乙氧基喹啉作为维生素A和胡萝卜素的稳定剂,是目前饲料中应用最广泛、效果好而又经济的抗氧化剂,是单一品种首选的抗氧化剂。

乙氧基喹啉在配合日粮中的总量不得超过 150 g/t。由于液体乙氧基喹啉黏滞性高，低浓度添加于粉料中很难混匀，一般以蛭石、氢化黑云母粉等作为吸附剂将其制成含量为 10%～70%的乙氧基喹啉干粉剂。此粉剂可均匀地混入干粉料中，且使用方便。

☞ 407. 丁羟甲氧苯的用途是什么？如何应用？

丁羟甲氧苯(BHA)又名丁羟基茴香醚，为白色或微黄褐色结晶或结晶性粉末，有特异的酚类刺激性气味。不溶于水，易溶于丙二醇、丙酮、乙醇和猪油、植物油等。对热稳定。是目前广泛使用的油脂抗氧化剂。

BHA 可用做食用油脂、饲用油脂、黄油、人造黄油和维生素等的抗氧化剂。与丁羟甲苯、柠檬酸、维生素 C 等合用有协同作用。其在油脂内的添加量为 100～200 g/t，不得超过 200 g/t。除抗氧化作用外，BHA 还有较强的抗菌力。200 g/t BHA 即可完全抑制食品及饲料中的其他菌如青霉、黑曲霉的孢子生长。

☞ 408. 丁羟甲苯的用途是什么？如何应用？

丁羟甲苯(BHT)又名二丁基羟基甲苯，为白色结晶或结晶性粉末，无味或稍有特殊性气味。不溶于水和甘油，易溶于酒精、丙酮和动植物油。对热稳定，与金属离子作用不会着色。因其价格低，是传统上常用的油脂抗氧化剂。可用于长期保存的油脂和含油脂较高的食品及饲料中和维生素添加剂中。用量为 100～200 g/t，不得超过 200 g/t，与丁羟甲氧苯并用有协同作用，二者总量不超过 200 g/t。

☞ 409. 二氢吡啶的用途是什么？

二氢吡啶为淡黄色粉末或针状结晶，遇光色渐变深，易氧化，微溶于水。本品能抑制脂类化合物的过氧化过程，从而阻止生物膜的氧化，对体内的组织细胞产生保护作用，具有天然抗氧化剂维生素E的某些功能。因而可提高鸡、鹌鹑等家禽的日增重，尤其能提高种肉鸡的受精率。

用法与用量：混饲，每1 000 kg饲料，鸡、鹌鹑150 g。

☞ 410. 没食子酸丙酯的用途是什么？

没食子酸丙酯（PG）又名橘酸丙酯，是人工合成的抗氧化剂，通常为白色至淡黄色晶体粉末，或白色针状结晶，无臭，稍带苦味；对热稳定，有吸湿性，见光可促进其分解；在油和水中的溶解度均很小，易溶于乙醇、丙酮、乙醚。本品作为抗氧化剂，可有效地抑制脂肪氧化，适用于各种家禽配合饲料、含脂率高的饲料原料、动物性饲料和油脂。本品与二丁基羟基甲苯、丁基羟基茴香醚并用，并配合有机酸增效剂如柠檬酸，其抗氧化效果显著增强。加工时注意不能和含Fe^{3+}的器具或水放在一起。

没食子酸丙酯的商品制剂为粉剂，用于动物性脂肪或油脂，其添加量不应超过0.01%；用于家禽配合饲料的添加量不超过200 g/t。

☞ 411. 大蒜素的用途是什么？如何合理应用大蒜素？

大蒜素是近年来发展起来的一种天然多功能饲料调味剂，具有作用广泛、效果显著、无抗药性、无残留、无致变致畸致癌性、低成本等优点，因而受到广大畜牧生产者及饲料厂家的欢迎。当前饲料工业中使用的大蒜素一般指以人工合成的大蒜油为原料制成的预混料（指大蒜油吸附在一定的载体上形成的预混料），呈白色细小粉末。天然大蒜油存在于大蒜中，需经过某种方法提取才能得到。因大蒜素是以一定的载体吸附大蒜油后形成的预混料，所以大蒜素的理化性能、功能作用等都取决于大蒜油。

(1)大蒜素的来源和特点：大蒜素是从蒜的球形鳞茎中提取的

挥发性油状物，是二烯丙基三硫化物、二烯丙基二硫化物以及甲基烯丙基二硫化物等的混合物，其中的三硫化物对病原微生物有较强的抑制和杀灭作用，二硫化物也有一定的抑菌和杀菌作用。大蒜素可在鲜大蒜中直接提取。1 000 kg 干大蒜可提取 3 kg 左右的大蒜油；现在也可人工化学合成以二烯丙基三硫醚为主要成分的大蒜油，纯度大于 98%。大蒜油加入载体进行稀释并制成粉剂，就可成为一定含量的大蒜素制剂。大蒜素是天然的抗菌物质，在体内基本无蓄积作用，不会在产品中产生残留；大蒜素一般也不会产生耐药性，且没有致畸、致癌、致突变等副作用，是一种安全性较高的添加剂；大蒜素与其他饲料添加剂配伍使用一般没有配伍禁忌，且价格低廉，使用方便。

(2)大蒜素的作用：

①诱食作用。大蒜素通过气味吸引动物，使之产生食欲，从而提高采食量和饲料转化率。绝大多数动物，特别是禽类非常喜欢大蒜素的气味。

②可有效地掩盖饲料中的不良气味。饲料中的药物及某些原料中的不适味道会引起家禽拒食或采食量下降，加入大蒜素则能明显改善饲料的适口性，提高采食量。

③杀菌作用。大蒜素中的三硫醚和二硫醚能透过病原菌的细胞膜进入细胞质中，破坏病原菌的正常新陈代谢，从而有效地抑制和杀灭多种病原微生物，对引起家禽疾病的福氏痢疾杆菌、巴氏杆菌、伤寒杆菌、金黄色葡萄球菌、变形杆菌、绿脓杆菌等均有良好的抑制和杀灭作用，因此可以代替日粮中的其他抗生素。大蒜油对大肠杆菌、金黄色葡萄球菌的最小抑菌浓度为 80 mg/ kg，对肠炎沙门氏菌的最小抑菌浓度为 40 mg/ kg。

④提高饲料利用率。大蒜素对多种病原微生物有较好的抑制和杀灭作用，能减少这些病原微生物对营养物质的利用和破坏，有效地促进营养物质的消化和吸收，因而大蒜素能有效地提高饲料利

用率。在一般饲养条件下，大蒜素能提高饲料利用率10%以上。

⑤防霉作用。大蒜素不仅能够杀灭病菌，而且还能有效地杀灭包括黄曲霉、黑曲霉、烟曲霉等各种霉菌，有显著的防霉作用。大蒜素的防霉作用与其杀菌作用的机理是一样的，在于能破坏霉菌的巯基酶功能，阻碍霉菌的新陈代谢。另外，大蒜素还能驱赶蝇、螨、蚊、虫，防止饲料变质。

⑥提高产品质量。大蒜素能增强鸡肉、鸡蛋中的香味成分，使鸡蛋、鸡肉更鲜。据泰国研究报道，鸡肉香味成分主要是C_3H_5—S(O)—基团，而大蒜素中的硫醚化合物含有这一结构，因而可以改善鸡肉的香味。

(3)大蒜素的合理应用：

①直接应用大蒜。在大蒜的产区可将大蒜在饲料中直接应用，这样较为经济。一般将鲜大蒜与玉米等原料混合，粉碎后直接使用，可有效地利用大蒜中的有效成分，一般使用量1%～2%；也可将大蒜烘干后制成干粉，再添加至饲料中，一般用量0.5%左右。

②应用大蒜素制剂。用化学方法合成大蒜素的有效成分，然后再制成一定有效含量的商品大蒜素。使用方便，用量较少，是最常用的方式，常用的有15%含量和25%含量的商品大蒜素。也有一些用包膜等特殊技术处理，使大蒜素可耐受高温，保持较长时间的蒜香。

③合适的使用剂量。大蒜素的用量过少作用效果不明显；用量过大，除了浪费，作用效果也可能适得其反。

④注意混合均匀。由于大蒜素用量都较少，因此最好能经过二次以上的预混后再使用，以确保好的混合均匀度，保证大蒜素稳定地发挥作用。

☞ 412. 饲料中为什么要添加着色剂?

添加于饲料中的着色剂主要用于家禽及鸟类的蛋黄、皮肤、羽毛以及肌肉的着色。由于习惯和心理作用。多数人偏爱金黄色或橙红色的蛋黄，喜欢金黄色皮肤的禽类，并且往往根据产品的颜色深浅判断产品的质量和风味；而观赏动物的皮肤和羽毛颜色则是产品质量的重要指标，产品的色泽直接影响到产品的质量和商品价值。

家禽皮肤、羽毛、蛋黄等的颜色主要是由类胡萝卜素产生的，其色泽的深浅决定于动物采食类胡萝卜素的量。类胡萝卜素广泛存在于自然界各种黄、红、绿、紫等深色植物中以及某些动物体和菌体中，动物采食后可将某些色素转移到动物组织中或转化为动物体色素而使动物体表现出不同的色泽。由于人工养殖，特别是在高密度集约化养殖和快速生长的条件下，饲料色素不能满足需要，产品色泽变淡，因此，必须在饲料中添加某些着色剂以改善产品的色泽，满足消费者的要求，提高产品质量和商品价值。

我国对着色剂的研究和利用刚刚起步，但随着人们生活水平的提高，消费者对深色食品的需求逐渐增加，开发利用着色剂有着广阔的前景。

☞ 413. 加丽素黄和加丽素红的用途是什么？如何使用？

加丽素黄和加丽素红是一种天然色素。加丽素红含 10%斑蝥黄质，加丽素红含 10%阿朴胡萝卜醛，可使蛋黄及鸡外皮颜色加深，加丽素红对鸭蛋着色更好。添加量见表 9-6。

表 9-6　加丽素黄和加丽素红适用范围及添加量饲料　mg/kg

适用范围	加丽素黄	加丽素红
增加肉鸡脚金黄色	—	5～15
增加肉鸡外皮金黄色	20～40	—
增加鸡蛋黄色鲜艳	25	5～10
增加鸭蛋黄色鲜艳	—	30～40

第十章　常用中药方剂

☞　414. 中药在家禽业有何作用?

中药在兽医临床上的使用已有几千年的历史,并且有丰富的成果,但在 20 世纪 80 年代以前,由于我国养禽业不发达,中兽医多偏重于家畜,而且主要是大家畜。近十余年来随着集约化养禽业的不断发展,经过广大兽医科学工作者和养禽工作者的大胆探索与不断创新,使中药防治家禽疾病获得了重大突破和喜人的发展。应用中药不仅可以治疗而且可以预防;不仅可以治疗普通病而且可以防治传染病,甚至在家禽烈性传染病的防治中也取得了令人信服的效果;还从个体治疗转向群防群治,适应集约化饲养的需要。特别是对中药非特异性免疫防治家禽传染病方面的探索和突破,不仅证明中药具有科学性而又具有现代性,并且将会在国内外医学和兽医领域引起巨大的科学技术变革。

使用中药防治家禽疾病具有双向调节、扶正祛邪作用,低毒无害,不易产生耐药性、药源性疾病和毒副作用,在畜禽产品中很少有药物残留等,这些都是西药所无法比拟的优点。

☞　415. 如何正确对待中药方剂?

中药有单味中药和成方制剂两大类。单味中药即单方,成方制剂是根据临床常见的病证定下的治疗法则,将两味以上的中药配合起来,经过加工制成不同的剂型以提高疗效,方便使用。成方制剂常用的有散剂、丸剂、片剂、水剂、针剂、冲剂、酊剂等。由于近年来中药在养鸡业中有效而广泛的应用,生产兽用中成药的经济效益显著,市场上各种中成药制剂百花齐放,应有尽有。在这些名目繁杂的产品中，真正的纯中药制剂，其基础配方大都来自《兽药典》和《兽药规范》收载的品种，只是在应用范围上从家畜扩大到家禽，很多是稍加化减另取新名作为新药报批，从而出现了治疗同一病证的同一类产品大量重复上市，如治疗鸡呼吸道疾病的产品就有几种，但因基础配方和选材不同治疗效果差异很大。另外由于我国兽药生产管理上存在的某些问题，导致市场上出现"同名异方"或"同方异名"的产品很多。如"清瘟败毒散"，原本为《兽药典》收载的药品，主要针对家畜高热性疾病，配方是固定的，但由于其用于治疗家禽多种高热性传染病疗效也很显著，得到了兽医工作者的广泛公认，最近市场上就出现了非药典配方生产的"清瘟败毒散"，价格比正品低，疗效远不如正品，扰乱了市场，欺骗了用户。又如《兽药典》收载的"麻杏石甘散"治疗大家畜的肺热咳喘效果显著，而对家禽呼吸道传染病用于缓解症状有一定作用。市场上就出现许多种由该配方组成或稍加化减的新产品，但产品名称各不相同，并且都在使用说明中标明用于治疗鸡的呼吸道传染病有特效。上述问题的出现给临证选药带来了很大困难。

中兽医讲"有成方，没成病"，意思是说配方是固定的，而疾病是在不断发展变化的。因此应用中成药制剂在集约化饲养场进行传染病的群体治疗时要认真进行辨证，因为在一个患病群体中具体到每头(只)来讲发病总是有先有后，出现的症候不尽相同，应通过辨证分清哪种症候是主要的，做好对症选药(在不同配方的同类产品中进行选择)，这样才能取得满意的疗效。

☞ 416. 中药方剂的组成原则是什么?

方剂的组成原则，一般用主、辅、佐、使四个方面来概括。

(1)主药：是指处方中对病因或主证起主要治疗作用的药物，可选用一味或两味以上，以解决主要矛盾。如马患中结(大结肠阻塞)，为里实之证，根据"实则泻之"的原则，就要选择能攻下的药物为主药，如加味承气汤（大黄、硭硝、枳实、厚朴、酒曲、火麻仁、青木香、醋香附、木通）中的大黄、硭硝即为主药。

（2）辅药：是指辅助主药更好地发挥治疗作用的药物。如补中益气汤（黄芪、党参、白术、炙甘草、当归、陈皮、柴胡、升麻）为治脾虚下陷的有效方剂，方中黄芪补气升阳为主药但还要辅以党参、白术、炙甘草的甘温益气，补脾养胃，以增强主药的益气健脾的作用。

（3）佐药：一是指治疗兼证的药物。如银翘散（银花、连翘、桔梗、薄荷、竹叶、甘草、荆芥穗、淡豆豉、牛蒡子）为治外感风热表证的常用方剂，其中银花、连翘清热解毒，辛凉透表为主药；桔梗、牛蒡子、甘草宣肺祛痰，利咽止咳，竹叶、芦根清热生津止渴，治疗兼证，均为佐药。

另一是指在方中起监制作用的药物，即能消除或缓和方中某些药物的毒性或偏性的药物。如“四逆汤”（附子、干姜、炙甘草）为回阳救逆之剂，其中炙甘草能缓和干姜、附子辛温燥烈之性，故为佐药。

（4）使药：指能引导他药直达病所，或起协调作用的药物，都叫使药。如肢蹄病常用牛膝，因为它有引药下行的特性；柴胡归肝经，在治疗肝经病时常用它来作“引经”药。又如甘草能缓和药性，常用做协调药。

以上组织方剂的原则，可用麻黄汤（麻黄、桂枝、杏仁、甘草）进行分析。该方为治外感风寒表实证的代表方。方中的麻黄辛温发汗，解表散寒为主药；桂枝辛温通阳，可助麻黄发汗散寒为辅药；杏仁苦平利肺止咳，治兼证气喘咳嗽为佐药；甘草甘缓和中，协调诸药为使药。

上述方例为典型的组织情况，如麻黄汤即典型的组方。但有些方剂，除了主药之外，其他成分不一定都具备。二妙散（苍术、黄柏）只有主药及辅药；独参汤只有主药一味。

总之，在组方时，首先必须辨证明确，抓住主要矛盾，然后根据立法的要求和具体病情的需要进行选药组方，这样才能使方药少而精，配伍严谨，以提高疗效。

☞ 417.如何理解方剂的加减变化？

方剂既要有它的组成原则，同时在应用成方时，也应注意随证加减。必须根据病情、体质、年龄、性别的不同，以及饲养、管理、气候、地区的差异，灵活化裁，加减使用，才能收到预期的治疗效果。常用的加减变化，有以下几种：

(1)药味增减的变化：是指主证未变、兼证不同的情况下，方中主药仍然不变，而随着病情的变化，对于其他药味可随证加减。这是在运用成方时经常遇到的一种增减变化方式。如苇茎汤(苇茎、冬瓜仁、薏苡仁、桃仁)是治疗肺痈的基础方，但在肺痈将成时，应选加蒲公英、鱼腥草、银花、连翘等增加清热解毒之力，以促其消散；若脓已成时，可酌加桔梗、贝母、甘草等以增强化痰排脓之效。如果主证已变，那就不属药味增减变化的问题，而是要重新立法组方。

(2)药物配伍的变化：是指方中主药不变而配伍药物发生改变，有时可直接影响该方的主要作用。如麻黄汤以麻黄为主药，配伍发汗解肌、温经通阳的桂枝，则可增强辛温解表、发汗散寒的作用；若不配桂枝而改配清热降火的生石膏，名为麻杏甘石汤，则有辛凉宣泄，清肺平喘的作用，由辛温散寒变化为辛凉清热的方剂。由此可见，方中药物配伍的改变，其作用和主治也就有所不同。

(3)药量加减的变化：是指组方的药物不变，由于其中某些药物的药量有了变化，就改变了其功效和主治，甚至方名也因此而改变。如治疗肺热咳喘的麻杏甘石汤(麻黄、杏仁、石膏、甘草)，当身热有汗时，重在清泄肺中郁热，麻黄用量小，而石膏用量大；如果身热无汗，则重在发汗解表，麻黄用量就要增加，相对石膏用量就减少。由此可以看出，方药配伍用量的变化对方剂作用有直接影响。

还如小建中汤(芍药、桂枝、炙甘草、生姜、大枣、饴糖)即桂枝汤中芍药倍量于桂枝和加饴糖组成,而使解肌发表的桂枝汤,变为温中补虚的小建中汤。桂枝汤是以桂枝为主药,小建中汤是以芍药为主药。从以上两方来看,虽然药物组成基本相同,但由于方中药物用量及主药和辅药的改变,则治疗作用也就不同,故方名亦随之而变。

应当指出,作为方剂的主药,用量一般较大,但不等于每个方剂中药量最大的就是主药。如"大承气汤"中大黄与硭硝,虽然大黄的用量少于硭硝,但仍为主药。这是由于各自的性味及质地不同,因而常用量也有所不同。在组方定量和分析处方时,都必须注意。

总之,无论选药组方还是应用成方,都要随证而定,要避免以病套方或方证不符,而造成不应有的后果。

☞ 418. 银翘散有何功能?如何应用?

【组成】银花 30 g、连翘 30 g、淡豆豉 25 g、荆芥穗 25 g、薄荷 15 g、桔梗 25 g、牛蒡子 25 g、芦根 60 g、淡竹叶 30 g、甘草 10 g,研末服。

【功效】辛凉解表,清热解毒。

【主治】外感风热或温病初起。症见发热无汗或少汗,微恶风寒,口渴咽痛,咳嗽,口色红,苔白微黄,脉浮数。

【方解】本方由清热解毒药与解表药组成,是辛凉解表的主要方剂。方中银花、连翘清热解毒,辛凉透表为主药;薄荷、荆芥穗、淡豆豉发散表邪,透热外出为辅药;桔梗、牛蒡子宣泄肺气,清利咽喉为佐药;芦根、竹叶、甘草清热生津,且甘草又能调和诸药共为使药。

【临床应用】用于风热感冒或温病初起、流行性感冒、急性咽喉炎、支气管炎、肺炎及某些感染性疾病初期而见有表热证者。发热盛者加栀子、黄芩、石膏以清热；津伤口渴甚者重用芦根，并加天花粉以生津止渴；咳嗽重者加杏仁、贝母或枇杷叶以清肺化痰；咽喉肿痛甚者加马勃、射干、板蓝根以利咽消肿；痈疮初起，有风热表证者，应酌加紫花地丁、蒲公英等以增强清热解毒之力。

【用法与用量】禽 1～3 g。

☞ 419. 荆防败毒散为什么能发汗解表、散寒祛湿？如何应用？

【组成】荆芥 30 g、防风 30 g、羌活 25 g、独活 25 g、柴胡 30 g、前胡 25 g、桔梗 30 g、枳壳 25 g、茯苓 30 g、甘草 15 g、川芎 20 g，研末服。

【功效】发汗解表，散寒祛湿。

【主治】主治外感挟湿的表寒证。症见发热无汗，恶寒发抖，流清涕，咳嗽，皮紧肉硬，肢体疼痛，苔白腻，脉浮；或痈疮初起有恶寒发热者。

【方解】本方是为外感风寒挟湿证而设的辛温解表剂。方中以荆芥、防风发散肌表风寒，羌活、独活祛风胜湿共为主药；川芎散风止痛，柴胡协助荆芥、防风疏解表邪，茯苓渗湿健脾，均为辅药；枳壳理气宽胸，前胡、桔梗宣肺止咳为佐药；甘草益气和中，调和诸药为使药。

【临床应用】临诊于外感风寒挟湿而正气未虚的感冒、流感以及下痢、疮疡初起兼有表寒症状者。体虚者可去荆芥、防风，加党参以扶正祛邪；流感则加板蓝根以清瘟解毒；疮疡初起者去荆芥、防风，加银花、连翘以清热解毒。

【用法与用量】禽类混饲：每 100 kg 饲料 1～1.5 kg。

☞ 420. 香薷散为什么可治家禽慢性中暑？如何应用？

【组成】香薷 40 g、黄芩 30 g、黄连 20 g、甘草 20 g、柴胡 30 g、当归 30 g、连翘 45 g、天花粉 30z、栀子 30 g，研末加蜂蜜 120 g

调服。

【功效】清心解暑，养血生津。

【方解】方中以香薷清暑化湿为主药；柴胡、黄芩、黄连、栀子、连翘通泻诸经之火为辅药；当归、花粉养血生津为佐药；甘草和中解毒，蜂蜜清心肺而润肠，皆为使药。诸药合用为清心解暑之剂。

【临床应用】用于大家畜慢性中暑。若高热不退，加石膏、知母、薄荷、菊花等；昏迷抽搐，加石菖蒲、茯神、钩藤；津液大伤，加生地、玄参、麦冬、五味子等。

【用法与用量】禽 1～3 g。

☞ 421. 黄连解毒汤为什么能泻火解毒？如何应用？

【组成】黄连 30 g、黄芩 45 g、黄柏 45 g、栀子 60 g，煎服。

【功效】泻火解毒。

【主治】用于三焦热盛。症见大热，烦躁不安，甚至发狂，或见发斑以及外科疮疡肿毒等。

【方解】本方为泻火解毒之基础方。以黄连泻心火兼泻中焦之火为主药；黄芩泻肺火于上焦为辅药；黄柏泻肾火于下焦为佐药；栀子通泻三焦之火，导热下行从膀胱而出为使药。四药共同组成强有力的泻火解毒之剂，适用于里热壅盛而尚未伤阴的病证。

【临床应用】本方可用于败血症、脓毒血症、痢疾、肺炎及各种急性炎症等属于火毒盛者。本方去黄柏、栀子，加大黄名泻心汤，适用于口舌生疮，胃肠积热。本方还可用于治疗疮疡肿毒，不但可以内服，还可以外用调敷。

【用法与用量】禽 1～2 g。

☞ 422. 麻杏石甘散的用途是什么？

【组成】麻黄 30 g、苦杏仁 45 g、甘草 30 g、石膏（打碎先煎）150 g。

【功效】宣肺，清热，平喘。

【主治】肺热气喘。证见咳逆气急，发热有汗或无汗，口干渴，舌红、苔薄白或黄，脉浮滑而数。

【方解】本方是治疗肺热气喘的常用方剂。本方证之形成，多为外感风邪，入里化热，热壅于肺；或里热炽盛，壅闭于肺，肺受热迫而咳嗽喘急。故使用本方时应以喘急身热为依据。方中麻黄辛温宣肺平喘为主药；辅以大量石膏，辛凉宣泄，二药配合，能发散肺经郁热而平喘；杏仁宣降肺气，助麻黄止咳平喘，为佐药；甘章协调诸药为使药。四药合用，则有宣肺、清热、平喘之效。

【临床应用】用于肺热气喘。若热甚可加黄芩、栀子、连翘、银花；若兼有咳嗽者，可加贝母、桔梗等。

【用法与用量】禽 1～3 g。

☞ 423. 大黄末的用途是什么？

【成分】本品为大黄制成的散剂，为黄棕色粉末，气清香，味苦、微涩。

【功能与主治】健胃消食、泻热通肠、凉血解毒、破积行瘀，用于食欲不振，实热便秘，结症，疮黄疔毒，目赤肿痛，烧伤烫伤，跌打损伤。

【用法与用量】内服。禽 1～3 g。外用适量，调敷患处。

☞ 424. 艾叶散的用途是什么？

【性味与功用】艾叶苦、辛、温。有温经止痛、行气健胃、止血安胎等功效。

艾叶中不仅含有蛋白质、脂肪、各种必需氨基酸、矿物质、叶绿素，而且含有大量维生素 A、维生素 C 和硫胺素、核黄素、烟酸、泛酸、胆碱等 B 族维生素，以及龙脑、樟脑挥发油、芳香油和未知生长素等成分。

用法与用量：艾叶为末，添加于饲料，用于蛋鸡可提高产蛋率，降低死亡率，一般按0.5%～2%添加；用于肉鸡能提高饲料利用率，促进增重，节省饲料。

☞ 425. 杨树花口服液的用途是什么？如何应用？

本品为杨树花经提取制成的合剂。每毫升相当于原生药1 g。苦、寒，归胃、肠经。对痢疾杆菌、大肠杆菌、沙门氏杆菌、变形杆菌、葡萄球菌、巴氏杆菌等有明显的抑制作用；能增强吞噬细胞功能，并有抗炎作用。

【作用与用途】功能：化湿止痢、涩肠止泻、清热解毒。主治：用于预防与治疗痢疾杆菌、大肠杆菌、沙门氏杆菌、变形杆菌、葡萄球菌、巴氏杆菌等多种细菌、病毒引起的家禽消化道感染。临床适用于上述病原所引起的家禽精神委顿、羽毛松乱、两翅下垂、形寒怕冷、扎堆；剧烈腹泻，粪便稀薄如糨糊状甚至水样，呈黄绿色或黄白色，有时混有少量血液；肛门周围绒毛被粪便污染等病症。

【用法与用量】混饮，家禽（鸡、鸭、鹅、鸽）用量：每100 mL本品对水200 kg，搅匀后供家禽自由饮用，连续饮用3～5天；预防时用药量减半。

【注意事项】本品为纯中药提取物，久置后若有少许沉淀，摇匀后使用不影响疗效。

☞ 426. 蒜糖液的用途是什么？如何应用？

【组成】大蒜100 g，8%蔗糖水2 000 mL。大蒜捣成泥，入糖水浸泡1～2 h后备用。

【功能】提供营养，帮助消化，提高产蛋率。用于促进产蛋。

【用法与用量】每日每只产蛋鸡20 mL，加在饲料中喂给，连喂7天。

☞ 427. 扶正解毒散的用途是什么?

【组成】板蓝根 60 g、黄芪 60 g、淫羊藿 30 g。

【作用与用途】本品为灰黄色的粉末;气微香。主要用于增强动物机体免疫力,提高动物自身抗病能力,家禽每月拌料喂 1～2 次,能有效地预防法氏囊病、浆膜炎、产蛋下降综合征,提高蛋品质量,延长产蛋高峰期。主治鸡法氏囊病。

【用法与用量】鸡 0.5～1.5 g。

☞ 428. 鸡痢灵散的用途是什么? 如何应用?

【组成】雄黄 10 g、藿香 10 g、滑石 10 g、白头翁 15 g、黄柏 10 g、马尾连 15 g、诃子 15 g、马齿苋 15 g。

【药理作用】具有吸附和收敛作用,内服能保护肠壁,止泻而不引起鼓胀;能在创面形成被膜,有保护创面、吸收分泌物、促进结痂的作用;对志贺氏菌、痢疾杆菌、沙门氏杆菌、大肠杆菌等有抑制作用;促进机体免疫机能,增强抗病能力。

【功能与主治】功能:清热解毒,凉血止痢,收敛止泻。主治:家禽(鸡、鸭、鹅、鸽)白痢、法氏囊病、霍乱、喉炎、支气管炎;禽畜上呼吸道感染、胃肠道感染。家禽表现为呼吸困难、缩头、毛松、脚冷、独居、双目无神、流眼泪、气喘咳嗽、翅膀下垂肠炎下痢、腹泻等病症。

【用法与用量】内服,1 次量,家禽 0.5 g。预防量减半。

☞ 429. 定喘散的用途是什么? 如何应用?

【组成】桑白皮 25 g、苦杏仁 20 g、莱菔子 30 g、葶苈子 30 g、紫苏子 20 g、党参 30 g、白术(炒)20 g、关木通 20 g、大黄 30 g、郁金 25 g、黄芩 25 g、栀子 25 g。

【功能主治】本品主要用于家禽呼吸道疾病。如对流感、喉气管炎、慢性支气管所表现的咳喘。呼吸急促、呼吸困难、有咯咯声，目光呆滞、肢体无力等症有明显的防治作用。

【用法与用量】家禽：每250 g本品溶于500 kg水中饮用，或拌于250 kg饲料中自由采食1～3天。

☞ 430. 降脂增蛋散的用途是什么？如何应用？

【组成】刺五加50 g、仙茅50 g、何首乌50 g、当归50 g、艾叶50 g 、党参80 g、白术80 g、山楂40 g、六神曲40 g、麦芽40 g、松针200 g。

【功能与主治】本品有补肾益脾、暖宫活血、降低鸡蛋胆固醇之功效。主治产蛋下降。能提高饲料利用率，加强禽肌体代谢，增强抗病免疫能力，减少疾病发生，降低死淘率；防治产蛋疲劳症，脱肛，脚干，毛松，惊群，应激，白痢，稀青绿屎，消化不良，输卵管炎、减蛋无名综合症；增强食欲，促进生长发育。

【用法与用量】混饲，按每千克饲料，鸡5～10 g；或按本品500 g拌料200 kg。

☞ 431. 健鸡散的用途是什么？如何应用？

【组成】党参20 g、黄芪20 g、茯苓20 g、六神曲10 g、麦芽10 g、山楂(炒)10 g、甘草5 g、槟榔(炒)5 g。

【功能与主治】功能：补中益气、健脾益肺、开胃消食。主治：营养不良、食欲不振、脾胃虚弱、体倦无力、生长迟缓，产蛋停滞。

本品为纯中药制剂，具有增强体质、预防疾病、促进生长的作用，能显著提高育雏成活率、青年鸡合格率、蛋鸡的产蛋率、孵化率；能显著降低鸡群自然死亡率和料蛋比，增加蛋重，改善鸡蛋质量，减少软蛋、破蛋、畸形蛋，延长产蛋高峰期；本品具有抗应激作用，预防和治疗减蛋综合症。

【用法与用量】鸡按1%拌料饲喂，连喂5～7天，病情严重可加倍使用或遵医嘱。

☞ 432. 清肺止咳散的用途是什么?

【组成】桑白皮 30 g、知母 25 g、苦杏仁 25 g、前胡 30 g、金银花 60 g、连翘 30 g、桔梗 25 g、甘草 20 g、橘红 30 g、黄芩 45 g。

【作用与用途】本品具有抗菌消炎,止咳化痰,宣肺平喘的功能。治疗动物气管炎,风、寒、热邪和肺、肾亏损引起的咳嗽、气喘等呼吸系统疾病。

【用法与用量】禽 1～3 g。

☞ 433. 清暑散的用途是什么? 如何应用?

【组成】香薷 30 g、白扁豆 30 g、麦冬 25 g、薄荷 30 g、木通 25 g、猪牙皂 20 g、藿香 30 g、茵陈 25 g、菊花 30 g、石菖蒲 25 g、金银花 60 g、茯苓 25 g、甘草 15 g。

【作用用途】本品清热解毒,消暑止渴,用于由热应激引起的突然发病、死亡等,能明显缓解由热引起的精神沉郁、饮水量增加、张口、架翅等症状。

【用法与用量】拌料:每 100 g 拌料 200 kg,供禽自由采食。气候特别炎热超过 35℃时,加倍使用。

☞ 434. 蛋鸡宝的作用有哪些? 如何应用?

【组成】党参 100 g、黄芪 200 g、茯苓 100 g、白术 100 g、麦芽 100 g、山楂 100 g、六神曲 100 g、菟丝子 100 g、蛇床子 100 g、淫羊藿 100 g。

【功能与主治】

(1)本品益气健脾,补肾壮阳,暖宫活血,促进消化,增强抗病和抗应激的能力,促进卵泡发育,提高产蛋率,延长产蛋高峰和改善鸡蛋品质。

(2)对因患病、应激、微量元素缺乏以及饲养管理不当等多种原因引起的开产迟滞、产蛋率下降等症状有明显的改善作用。

(3)可明显提高禽蛋品质,增加色素沉着,使蛋壳颜色鲜艳光滑,明显增加禽蛋的商品价值,减少破壳蛋、畸形蛋、沙壳蛋、无壳蛋的比例。

(4)防病保健作用显著,对由各种原因(如禽类减蛋综合症、流行性感冒、传支、鼻炎、浆膜炎等)引起的产蛋下降有明显的回升作用,长期使用可以延长产蛋高峰期;减少呼吸道病、大肠杆菌病、腹水症、猝死症、传染性法氏囊炎等疫病的发生率,明显提高出栏率。

(5)可以显著提高种公禽的精子质量和数量,明显延长种公禽的使用寿命,种母禽长期使用,可以提高雏禽的出壳率和健活率。

(6)本品可以促进消化,改善胃肠道微生物,为有益菌如双歧杆菌、乳酸杆菌等生长、繁殖创造适宜的环境。

(7)抗应激能力增强,对转群、疫苗接种以及温度变化等引起的应激损害有极强的抵制作用。

(8)补充和促进有益微量元素(如锌、铁)以及必需氨基酸和必需脂肪酸的沉积,降低有毒有害物质(如铅、砷、铜)的残留,极大地提高蛋品质。

(9)黄芪含有特殊营养因子,可以增强禽的体质,提高机体的免疫力,增强体液免疫和细胞抗体水平,预防细菌性和病毒性疾病,降低发病率和死亡率。

【用法与用量】混饲每1 000 kg饲料加入本品1 000 g,自由采食,连用5～7天为一疗程;7天后每1 000 g拌料1 500 kg。

【注意事项】用时请与饲料混匀。

☞ 435. 激蛋散的用途是什么?如何应用?

【组成】虎杖100 g、丹参80 g、菟丝子60 g、当归60 g、川芎60 g、牡蛎60 g、地榆50 g、肉苁蓉60 g、丁香20 g、白芍50 g。

【用途】

(1)促进生殖系统的发育，卵泡的成熟和排出。在疾病恢复期和开产期使用可促进产蛋率的恢复。

(2)补中益气，防止鸡冠发白和鸡因堵蛋而造成的死亡。

(3)用于治疗各种不明原因引起的产蛋率下降。

【用法与用量】混饲，每千克饲料，鸡 10 g。

☞ 436.蛋鸡康散的功能是什么？如何应用？

【成分】黄芩 16 g、大青叶 20 g、连翘 8 g、大黄 24 g、川芎 5 g、益母草 5 g。

本品为棕黄色粗粉，气清香，味苦。

【功能与主治】功能清热解毒，活血化淤，宣肺平喘，益气助产。主治多种原因引起的蛋鸡输卵管炎、腹膜炎、呼吸道及猝死症等。

【用法与用最】按 0.5%～0.8%拌入料中，5～6 天为一个疗程，细菌感染严重时与抗菌药物合用疗效更佳。

☞ 437.增蛋散的用途是什么？如何应用？

【成分】黄连 5 g、神曲 10 g、黄芪 15 g、陈皮 10 g、女贞子 20 g。

本品为灰褐色至灰黄色的粗粉，气清香，味苦。

【功能与主治】功能清热、养血、柔肝、健脾，增强机体产蛋机能，提高产蛋率。主治病理性与机能性引起的减蛋综合征。

【用法与用量】0.5%～0.8%的比例混料，自由采食，连用 3～5 天。未发病情况下，按 0.1%拌料服用，可提高产蛋率。

☞ 438.喉炎净散的用途是什么？

【组成】板蓝根 840 g、蟾酥 80 g、合成牛黄 60 g、胆膏 120 g、

甘草 40 g、青黛 24 g、玄明粉 40 g、冰片 28 g、雄黄 90 g。

【作用与用途】本品具有清热解毒、抗菌消炎、扶正祛邪、止咳平喘之功效。主治鸡喉气管炎。症状表现为张口伸颈，喉部肿胀，摇头甩鼻、咳嗽，张口呼吸，咳出血痰，流泪怕光，喉中做响。

【用法与用量】鸡 0.05～0.15 g。

☞ 439. 普济消毒散有何用途?

【组成】大黄 30 g、黄芩 25 g、黄连 20 g、甘草 15 g、马勃 20 g、薄荷 25 g、玄参 25 g、牛蒡子 45 g、升麻 25 g、柴胡 25 g、桔梗 25 g、陈皮 20 g、连翘 30 g、荆芥 25 g、板蓝根 30 g、青黛 25 g、滑石 80 g。

【功效】清热解毒，疏风散邪。

【主治】大头瘟。症见恶寒发热、头面红肿焮痛、咽喉不利、舌燥口渴、舌红苔白兼黄、脉浮数有力。

【方解】大头瘟(又名大头天行)，乃感受风热疫毒之邪，壅于上焦，攻冲头面所致。疫毒宜清解，风热宜疏散，故以解毒透邪立法，两者兼用，而以清热解毒为主。方中重用黄连、黄芩清泄上焦热毒，为主药；牛蒡子、连翘、薄荷、僵蚕疏散上焦风热，为辅药，玄参、马勃、板蓝根、桔梗、甘草清解咽喉头面热毒，陈皮理气而疏通壅滞，共为佐药；升麻、柴胡疏散风热，并协助诸药上达头面，共为使药。诸药合用，共奏清热解毒、疏风散邪之效。

【用法与用量】禽 1～3 g。

☞ 440. 雏痢净的用途是什么?

【组成】白头翁 30 g、黄连 15 g、黄柏 20 g、马齿苋 30 g、乌梅 15 g、诃子 9 g、木香 20 g、苍术 60 g、苦参 10 g。

【功能与主治】本品为棕黄色的粉末；气微，味苦。功能：清热解毒，涩肠止泻。主治：雏鸡白痢。

【用法与用量】雏鸡 0.3～0.5 g。

☞ **441. 助禽免由哪些药物组成？其用途是什么？**

【组成】党参 50 g、灵芝 30 g、女贞子 30 g、麦冬 10 g、枸杞子 10 g、桑葚 10 g。加水浸泡 30min，煎煮 30min，煎 3 次，合并 3 次滤液，浓缩成相当于生药 100%，灭菌备用。

【功用】功能扶正固本，益气滋阴。用做免疫增强剂。能克服新城疫免疫接种时母源抗体的干扰，提高抗体效价。

【用法与用量】1～5 日龄鸡饮水中添加 1%。

☞ **442. 镇喘散由哪些药物组成？临床用途是什么？**

【组成】香附 300 g、黄连 200 g、干姜 300 g、桔梗 150 g、山豆根 100 g、皂角 40 g、甘草 100 g、合成牛黄 40 g、蟾酥 30 g、雄黄 30 g、明矾 50 g。

【功能与主治】肺热咳喘、咽喉肿痛。主要用于风热感冒，鸡传染性支气管炎、传染性喉气管炎、慢性呼吸道病等。临床多表现为鸡只咳嗽、气喘、张嘴呼吸、气管痰多呼噜、眼睑肿胀、流泪、流涕等症状。

【用法与用量】鸡 0.5～1.5 g。

☞ **443. 三黄汤的作用是什么？如何应用？**

【组成】黄柏 100 g，黄连 100 g，大黄 50 g，加水 1 500 mL，微火煎至约 1 000 mL，滤出药液，再加水煎 1 次，合并两次药液。

【功能与主治】功能清热燥湿。主治雏鸡大肠杆菌病。

【用法与用量】10 倍稀释于饮水中，供 1 000 只雏鸡自由饮服。

☞ **444. 四味穿心莲散的用途是什么？**

【组成】穿心莲 45 g、辣蓼 15 g、大青叶 20 g、葫芦茶 20 g。共为末。

【功能与主治】功能清热解毒,除湿化滞。主治鸡泻痢,积滞。

【用法与用量】鸡 0.5～1.5 g。

☞ 445. 球虫七味散由哪些药物组成？如何应用？

【组成】青蒿 60 g、常山 250 g、草果 20 g、生姜 30 g、柴胡 45 g、白芍 40 g、甘草 20 g。

【功能与主治】功能清热燥湿,杀虫消积,健脾和胃。主治鸡球虫。

【用法与用量】煎汤去渣,拌入精料供 50 日龄雏鸡 100 只自由采食服用,一付药煎 2 次,每日上、下午各喂 1 次。

☞ 446. 八味促卵散用于鸡饲料添加剂有何益处？

【组成】当归、生地、苍术、淫羊藿各 200 g,阳起石 100 g,山楂、板蓝根各 150 g,鲜马齿苋 300 g,共为末,加白酒 300 g,水适量制成颗粒,在鸡饲料中加入 3%,饲喂 43 日龄母鸡至开产。

【临床应用】本方助阳,促进产卵,有明显的促进母鸡性成熟作用,实验结果表明,开产日期比对照组提前 20 天,产蛋日期也相对集中、整齐,平均蛋重比对照组多 11.1 g。

☞ 447. 十味育雏散的用途是什么？如何应用？

【组成】当归 100 g、黑芝麻 50 g、淫羊藿 100 g、生姜 50 g、苍术 100 g、山楂 100 g、苦参 150 g、干马齿觅 100 g、大蒜 150 g、板蓝根 100 g。

【功用】功能扶正壮体。防治病虫。作为雏鸡饲料添加剂。

【用法与用量】生姜、大蒜捣成泥,加白酒 200 mL 搅拌;把黑芝麻炒至稍露香味与其他药物共同粉碎为末。然后将以上诸品混合。加入少量温水拌匀,合成药团。把药团放在钉有木框的纱窗上来回搓动，以纱窗孔内漏下的即为颗粒剂。边漏边撒上些已称出的饲料干粉。并不断振荡容器，防止黏结成块，以保证成粒。搓动药面团时用力要均匀，使颗粒大小力求一致。晾干备用。在饲料中加入本品2%，喂饲1～42日龄的雏鸡。

☞ 448. 克痘星散的用途是什么？如何应用？

【成分】板蓝根 45 g、紫草 25 g、升麻 25 g、牛蒡 25 g、蝉蜕 40 g、荆芥 30 g、防风 30 g、连翘 40 g 等。

【功能与主治】本品为淡黄棕色粗粉，气清香，味甘苦。功能疏风清热，解毒透疹；主治鸡痘，鸡传染性法氏囊炎，非典型新城疫。

【用法与用量】混饲治疗，100 kg 饲料 1 kg，预防量减半，连用3～5天。

☞ 449. 桑菊散的用途是什么？如何应用？

本品商品名为抗感金刚。

【成分】桑叶 45 g、菊花 45 g、连翘 45 g、薄荷 30 g、苦杏仁 20 g、桔梗 30 g、甘草 15 g、芦根 30 g。

【作用与用途】辛凉解表，风清热，败瘟祛邪，具有广谱抗病毒作用，同时可以刺激机体巨噬细胞系统，增强机体免疫功能。

主要用于多种病毒和细菌混合感染引起的急热性疾病，如禽流感、新城疫、法氏囊、鸡痘、传喉、传支、病毒性肠炎等疾病引起的冠髯发紫、咳嗽、怪叫、头颈歪斜、呆立、拒食或采食量降低、拉黄、白、绿色粥样稀便、产蛋率急剧下降等症状。

【用法与用量】混饲。鸡、鸭、鹅、鸽用本品 1 000 g 拌料 800 kg，可集中晚上饲喂，连用3～5天。

【注意事项】本品适用于发病期拌料，也可用于疫病高发期前进行预防，可明显的降低疾病的发病机率。

☞ 450. 肝复康散的用途是什么?

【成分】大青叶 60 g、茵陈 30 g、栀子 45 g、虎杖 30 g、大黄 20 g、车前草 35 g 等。

【功能与主治】为浅灰色粗粉。气清香,味苦。功能清热解毒,疏肝、利湿退黄。主治鸡包涵体肝炎、弧菌性肝炎、盲肠肝炎、鸭肝炎及肉鸡腹水综合征。

【用法与用量】混饲:每 100 kg 饲料 0.5～1.0 kg。

☞ 451. 白花蛇舌草散的用途是什么?

【组成】白花蛇舌草 200 g、茵陈 100 g、半枝莲 100 g、大青叶 100 g、生地 150 g、藿香 50 g、当归 50 g、赤芍 50 g、车前子 50 g、甘草 50 g。

【功能与主治】功能清热解毒,祛湿止泻。主治急性禽霍乱。

【用法与用量】煎汤去渣,供 100 羽鸡 3 天饮服,或拌入饲料喂服。

☞ 452. 败毒和中散的用途是什么? 如何应用?

【组成】连翘 3 g、牛蒡子 3 g、黄连(酒炒) 2 g、枳壳 2 g、桔梗 2 g、紫草 1 g、甘草 1 g、蝉蜕 7 个、川芎 1 g、麦冬 2 g、木通 1.5 g、前胡 1.5 g、升麻 1.5 g。

【功能与主治】功能清热解毒,宽胸利气。主治鸡痘。

【用法与用量】共为细末,水丸,每丸重 3 g,每服 1 丸。

☞ 453. 特效霍乱灵散(片)的用途是什么? 如何应用?

【成分】黄芩 15 g、马齿苋 15 g、地榆 20 克、鱼腥草 20 g、山楂 10 g、蒲公英 10 g、穿心莲 10 g,甘草 5 g。

【功能与主治】本品为黄棕色粗粉。气清香,味苦。功能清热解毒，利湿止痢。主治鸡、鸭、鹅的霍乱病、菌痢等。

【用法与用量】治疗量：禽类混饲，每 100 kg 饲料 1 kg；预防量减半。

☞ 454. 鸡病清散的用途是什么？如何应用？

【成分】黄连 40 g、黄柏 40 g、大黄 20 g。

【功能与主治】本品为黄褐色粗粉，味苦。功能抗菌消炎，燥湿止痢，消食导滞。主治鸡白痢、大肠杆菌病、伤寒、禽霍乱、卡氏住白细胞原虫病、霉菌性腹泻、不明原因泻痢等。

【用法与用量】按 0 5%拌料，连用 3 天。

☞ 455. 鸡病灵片的用途是什么？如何应用？

【成分】黄连 150 g、黄芩 150 g、白头翁 150 g、板蓝根 150 g、苦参 150 g、滑石 450 g、木香 75 g、厚朴 75 g、神曲 75 g、甘草 75 g。

【功能与主治】杀菌消炎，抗病毒。主治鸡霍乱、鸡白痢及鸡的其他消化道疾病。

【用法与用量】每片 0.3 g。口服或拌料，预防量 1 次 2 片；治疗量 1 次 5 片。1 日 2 次。

☞ 456. 苍术香连散的用途是什么？

【成分】黄连 30 g、木香 20 g、苍术 60 g。

本品为棕黄色的粗粉。气香，味苦。

【功能与主治】功能清热燥湿。主治雏鸡白痢。

【用法与用量】鸡混饲：每 100 kg 饲料 0.5 kg。

☞ 457. 白头翁散(片)的用途是什么？

【成分】白头翁 60 g、黄连 30 g、黄柏 45 g、秦皮 60 g。

本品为浅灰黄色的粗粉。气香，味苦。

【功能与主治】功能清热解毒，凉血止痢。主治雏鸡白痢、禽霍乱、鸡大肠杆菌病。

【用法与用量】片剂，0.3 g/片。家禽按0.8～1.2比例拌料混饲或用片剂口服给药，每只鸡每次1片，1日2次。

☞ 458. 卡白灵(强力银黄散)有何用途？如何应用？

【成分】金银花45 g、黄芩45 g、玄参30 g、甘草10 g等。

本品为浅灰棕色至浅灰褐色的粗粉，气香，味苦微甘。

【功能与主治】功能清热解毒，止咳平喘，凉血益气利喉。主治畜禽各种急慢性呼吸道感染及全身性感染伴有呼吸道症状的对症治疗。

【用法与用量】本品每包药拌料50 kg饲喂。治疗时首次使用药物加倍，预防用量减半。

【注意事项】使用后给予大量饮水(使用碳酸氢钠水更好)。

☞ 459. 速效囊炎清的用途是什么？如何应用？

【成分】黄芩35 g、黄连10 g、栀子15 g、赤芍20 g、冰片5 g。

本品为黄棕色粗粉，气清香，味苦。

【功能与主治】功能清热解毒、活血化淤、凉血止血、消肿止泻等。主治用于预防和治疗鸡传染性法氏囊病及鸡新城疫等病毒性或细菌性感染引起的局部或全身性出血性败血症。

【用法与用量】拌料，用本品每袋(100 g)均匀拌入20 kg料中，自由采食，连用3～5天。病情严重用量加倍或遵医嘱。

☞ 460. 大戟散的用途是什么？如何应用？

【成分】京大戟30 g、滑石90 g、甘遂30 g、牵牛子60 g、黄芪45、玄明粉200 g、大黄60 g。

【功能主治】功能逐水、泻下。主治肉鸡腹水综合征。

【用法与用量】鸡混饲：每 100 kg 饲料 0.6～0.8 kg。

☞ 461. 消食导滞片的用途是什么？

【成分】党参 20 g、枳壳 15 g、山楂 10 g、莱菔子 10 g、神曲 10 g、麦芽 10 g 等。为黄色片，气清香，味微苦。

【功能与主治】功能消食导滞，健脾胃助消化。主治鸡消化不良，软嗉症。

【用法与用量】片剂，0.5 g/片。成鸡每日 4 片，分两次喂给，雏鸡酌减。

☞ 462. 肾肿康片的用途是什么？

【成分】黄柏 50 g、知母 50 g、黄芩 50 g、黄连 50 g、苦参 35 g、猪苓 65 g、茯苓 30 g、桔梗 40 g、甘草 75 g、滑石 50 g。

本品为灰黄色片，气香，味苦。

【功能与主治】功能清热解毒，滋肾消肿，利湿通便。主治鸡肾型传染性支气管炎，传染性法氏囊炎，内脏病及各种内外毒素性疾病引起的肾脏肿胀，尿酸盐沉积，拉白色灰渣样或黏液样粪便。

【用法与用量】片剂，0.3 g/片。口服或拌料：轻症或预防用，每只 1～2 片，重症加倍，连用 3～5 天为一疗程。

☞ 463. 克喘星散的用途是什么？如何应用？

【成分】板蓝根 60 g、冰片 2 g、雄黄 1 g 等。

本品为浅棕褐色粗粉，有冰片香气，味微甜而后苦。

【功能与主治】清热解毒，润肺化痰，止咳平喘。主治鸡传染性喉气管炎、传染性支气管炎、慢性呼吸道病、传染性鼻炎、呼吸道型大肠杆菌病与非典型新城疫等呼吸道传染病。

【用法与用量】混饲：治疗量每 100 kg 饲料加 0.8～1 kg；预防量减半。全鸡群连续给药 3～5 天。

☞ 464. 康星Ⅱ号由哪些药物组成？有何用途？

【成分】金银花30 g、连翘15 g、板蓝根10 g、桔梗10 g、百部10 g、儿茶5 g、蟾酥0.1 g、牛黄0.1 g等。

浅灰褐色粉末，微甜而后苦。

【功能与主治】清热解毒，平喘止咳，改善呼吸困难。主治家禽病毒、细菌、支原体性呼吸道疾病以及上述病原体所致的呼吸道混合感染。

【用法与用量】家禽按0.5%拌料，连用3～5天，预防量减半。

☞ 465. 咳喘灵散的用途是什么？如何应用？

【成分】石决明50 g、草决明50 g、大黄40 g、黄芩40 g、栀子35 g、郁金35 g、苏叶45 g、紫菀45 g、黄药子45 g、白药子45 g、陈皮40 g、苦40 g、甘草40 g、胆草30 g、三仙30 g，苍术50 g、桔梗50 g、鱼腥草100 g。浅灰褐色粗粉，气微香，味微甘、苦。

【功能与主治】清热解毒，止咳平喘，清肝明目。主治鸡慢性呼吸道病。

【用法与用量】按每只鸡每天2.5～3.5 g混于全日饲料的1/4中混饲，待吃尽后再饲未加药的饲料，连续用药3天。

☞ 466. 开窍散的用途是什么？

【成分】白芷、防风、益母草、乌梅、猪苓、诃子、泽泻各100 g，辛夷、桔梗、黄芩、半夏、生姜、葶苈子、甘草各80 g。

为灰褐色粗粉，味微辛、苦涩。

【功能与主治】功能解表、化痰、通鼻开窍。主治鸡传染性鼻炎。

【用法与用量】混饲：每100 kg饲料加4.2 kg，连续混饲9天。

☞ 467. 速效止泻散的成分是什么？如何应用？

【成分】地榆炭 30 g、罂粟壳 6 g、厚朴 6 g、诃子 6 g、车前子 6 g、乌梅 6 g、黄连 2 g。本品为淡褐棕色粉末，具有特有的清香气，味苦。

【功能与主治】清热利湿，敛肠止泻。主治鸡腹泻。

【用法与用量】鸡混饲：每 100 kg 饲料加 1.5～2.5 kg。

☞ 468. 鸡宝康散的用途是什么？

【成分】黄芪 60 g、酸枣仁 20 g、远志 20 g。

【用途】补气，固本，安神。促进雏鸡生长发育，提高蛋鸡产蛋率。

【用法与用量】混饲：每 100 kg 饲料加 1.5 kg，每隔 5 天饲喂 1 次。

☞ 469. 龙胆保健砂的用途是什么？

【组成】蚝壳片 250 g、骨粉 80 g、陈石灰 55 g、中粗砂 350 g、红泥 150 g、木炭末 5 g、食盐柏 g、红铁氧 15 g、龙胆草末 5 g、穿心莲末 3 g、甘草末 2 g。混合。

【用途】促进生长，增进食欲，预防疾病。用于鸽的保健。

【用法与用量】每对鸽每次 15～20 g，上午喂饲后给予。

☞ 470. 乳鸽保健砂由哪些药物组成？用途是什么？

【组成】黄泥 20 g、细砂 25 g、贝壳粉 25 g、骨粉 8 g、含碘食盐 3 g、石膏 2 g、硫酸亚铁 0.5 g、木炭末 2 g、甘草 1 g、白芍 1 g、苍术 0.5 g、龙胆 0.5 g、亚硒酸钠 0.04 g。制成小颗粒，供乳鸽自由采食。

【用途】防病促长。

☞ 471. 鸡如何应用速效止泻散?

【成分】地榆炭 30 g、罂粟壳 6 g、厚朴 6 g、诃子 6 g、车前子 6 g、乌梅 6 g、黄连 2 g。为淡褐棕色粉末,具有特有的清香气,味苦。

【功能与主治】清热利湿,敛肠止泻。主治鸡腹泻。

【用法与用量】鸡混饲:每 100 kg 饲料加 1.5～2.5 kg。

☞ 472. 康星旺达对家禽的用途是什么?

【成分与性状】淫羊藿 5 g、阳起石(酒淬)5 g、益母草 5 g、菟丝子 4 g、当归 4 g、香附 5 g 等。为淡灰色粉末,气香,微苦。

【功能与主治】催情排卵,兴奋繁殖机能,促进生殖器官创伤愈合。主治蛋禽产蛋率低、产蛋高峰期持续时间短、发病后产蛋不回升、畸形蛋等。

【用法与用量】家禽按 0.5%～1%拌料,连用 3～5 天;预防量酌减。

☞ 473. 促卵素Ⅰ号散的用途是什么?

【成分】炒山楂 100 g、炒神曲 250 g、炒马钱子 150 g、土霉素钙 500 g、酵母粉 200 g、蛋鸡用复合维生素 500 g、碘化钾 5 g、蛋氨酸 1 500 g。为淡灰黄色粗粉,味甘、微苦。

【功能与用途】消食健脾。用于蛋鸡,提高产蛋。

【用法与用量】混饲:每 100 kg 饲料加 0.2 kg。

第十一章　禽用生物制品

☞ 474. 什么是兽医生物制品？生物制品是怎样分类的？

兽医生物制品是根据免疫学原理，利用微生物、寄生虫及其代谢产物或免疫应答产物制备的一类物质，专供相应的疫病诊断、治疗或预防之用。其中包括：供预防传染病发生的菌苗、疫苗、类毒素；供治疗或紧急预防用的抗菌血清、抗毒素、噬菌体、干扰素等；供诊断传染病用的各种抗原、抗体诊断液等。

生物制品由于微生物种类、制备方法、菌（毒）株性状及应用对象等不同而品种繁多，因此，只能按生物制品性质、用途和制法等进行粗略的归类。

（一）按生物制品性质分类

（1）疫苗：凡接种动物能产生自动免疫和预防疾病的一类生物制剂均称为疫苗，包含细菌性菌苗、病毒性疫苗和寄生虫性虫苗。但现代疫苗的用途有了新发展，除可用于预防传染性疾病外，已扩展到预防非传染性疾病，出现了治疗性疫苗及生理调控疫苗。

根据疫苗抗原的性质和制备工艺，疫苗又分为活疫苗、死疫苗和基因疫苗三类。

（2）类毒素：又称脱毒毒素。是指细菌生长繁殖过程中产生的外毒素，经化学药品（甲醛）处理后，成为无毒性而保留免疫原性的生物制剂。接种动物后能产生自动免疫，也可用于注射动物制备抗毒素血清。于类毒素中加入适量磷酸铝或氢氧化铝等吸附剂吸附的类毒素即为吸附精制类毒素。精制类毒素注入动物体后，能延缓吸收，长久地刺激机体产生抗体，增强免疫效果。如破伤风类毒素和明矾沉降破伤风类毒素等。

(3)诊断制品：利用微生物、寄生虫及其代谢物，或动物血液、组织，根据免疫学和分子生物学原理制备，可用于诊断疾病、群体检疫、监测免疫状态和鉴定病原微生物等的一类生物制剂，包含诊断液、毒液或抗原、诊断血清和定型血清、标记抗体、诊断用毒素和菌素以及核酸探针和 PCR 诊断液等。多数诊断制品属于体外试验诊断用品，如布鲁氏菌补体结合反应抗原及其阴、阳性血清、炭疽沉淀素血清等；少数属于体内试验用品，如鼻疽菌素和布鲁氏菌水解素等。随着免疫化学和分子技术的发展，多数诊断制剂更加纯化并制成标记抗原、抗体和基因探针，从而大大地提高了特异性和敏感性，且可组合成诊断试剂盒，使用十分方便。

(4)抗病血清：又称高免血清。为含有高效价特异性抗体的动物血清制剂，能用于治疗或紧急预防相应病原体所致的疾病，所以又称为被动免疫制品。通常通过给适当动物以反复多次注射特定的病原微生物或其代谢产物，促使动物不断产生免疫应答，在血清中含有大量对应的特异性抗体而制成。如破伤风抗毒素血清和 IBD 卵黄抗体等。在生产上，有同源动物抗病血清和异源动物抗病血清之别，但为了增加产量、降低成本，多选择马属动物以生产各种抗病血清。

(5)微生态制剂：又称益生素、活菌制剂或生菌剂。是用非病原性微生物，如乳酸杆菌、醋样芽孢杆菌、地衣芽孢杆菌或双歧杆菌等活菌制剂，口服治疗畜禽正常菌群失调引起的下痢。目前，该类制剂已在临床上应用并用做饲料添加剂。

(6)副免疫制品：该类制剂是通过刺激动物机体，提高特异性和非特异性免疫力的免疫制品，从而使动物机体对其他抗原物质的特异性免疫力更强、更持久。如脂多糖、多糖、免疫刺激复合物、缓释微球、细胞因子、重组细菌毒素（如霍乱菌毒素和大肠杆菌 LT 毒素等）及 CpG 寡核苷酸等。

(二)按生物制品制造方法和物理性状分类

(1)普通制品:指用一般生产方法制备的、未经浓缩或纯化处理,或者仅按毒(效)价标准稀释的制品。如无毒炭疽芽孢疫苗、普通结核菌素等。

(2)精制生物制品:将普通制品(原制品)经物理或化学方法除去无效成分,进行浓缩和提纯处理制成的制品,其毒(效)价均高于普通制品,从而其效力更好。如精制破伤风类毒素和精制结核菌素等。

(3)干燥制品:生物制品经冷冻真空干燥后能长时间保护活性和抗原效价,无论活疫苗、抗原、血清、补体、酶制剂和激素制剂均如此。将液状制品根据其性质加入适当冻干保护剂或稳定剂,经冷冻真空干燥处理,将96%以上的水分除去后剩留疏松、多孔呈海绵状的物质,即为干燥制品。冻干制品应在8℃下运输,在0～5℃保存。如鸡马立克氏病火鸡疱疹病毒冻干疫苗等。有些菌体生物制品经干燥处理后可制成粉状物,成为干粉制剂,十分有利于运输、保存,且可根据具体情况配制成混合制剂,例如羊梭菌病五联干粉活疫苗。

(4)液状制品:与干燥制品相对而言的湿性生物制品。一些灭活疫苗(如猪肺疫氢氧化铝疫苗、猪瘟兔化弱毒组织湿苗等)、诊断制品(抗原、血清、溶血素、豚鼠血清补体等)为液状制品。液状制品多数既不耐高温和阳光,又不宜低温冻结或反复冻融,否则其效价会受到影响,故只能在低温冷暗处保存。

(5)佐剂制品:为了增强疫苗制剂诱导动物机体的免疫应答反应,以提高免疫效果,往往在疫苗制备过程中加入适量的佐剂(免疫增强剂或免疫佐剂),制成的生物制剂即为佐剂制品。若加入的佐剂是氢氧化铝胶,即制成氢氧化铝胶疫苗,如猪丹毒氢氧化铝胶灭活疫苗;若于疫苗中加入的是油佐剂,则称为油乳佐剂疫苗,如鸡新城疫油乳剂灭活疫苗。

☞ 475. 使用疫(菌)苗时应注意哪些问题?

使用疫(菌)苗时,应注意如下问题:

(1)必须按免疫程序进行免疫接种。

(2)疫(菌)苗选用要合理。一种疫苗只能预防一种传染病,对其他传染病没有预防作用(二、三、四……联苗除外)。而且疫苗只能预防疫病,一般不能产生治疗疾病的效果。

(3)接种疫苗后,一般需经过4~12天才产生免疫力,免疫期能持续几个月或更长时间。由于接种疫苗不能立刻产生免疫力,所以最好在未发生传染病之前即接种。

(4)使用前,要对疫苗进行认真检查,如发现瓶塞不严、玻璃瓶破裂、没有瓶签标记、干缩或混有异物杂质、有发霉变质等不符合原苗性状的疫苗,或不符合贮存条件(一般冻干苗在0~15℃贮存,灭活苗在2~8℃贮存),较长时间在高温下或经阳光照射的疫苗,或超过有效期的疫苗不要使用。

(5)使用疫苗时要严格按照说明书进行稀释,稀释后的冻干苗或各种灭活苗应在用前和使用过程中不断摇动。

(6)免疫接种时,禽舍、环境应清洁卫生。接种所使用的器具设备,应事先进行灭菌,如饮水免疫的饮水器、滴鼻滴眼法用的滴管,肌肉注射、皮下注射所用的注射器、针头、刺种针都应事先进行消毒,注射时每次更换一个针头。

(7)接种疫苗,必须根据所规定的部位和剂量进行,否则不能达到预期的效果。

(8)必须了解上次免疫接种的时间,是否还在有效免疫期内。

(9)除特殊情况而需进行紧急接种外,对临床发病或虚弱的动物,不应接种疫苗。

(10)在接种前一周和接种后三四周内要加强饲养管理,如饲料成份改变、维生素缺乏、接种疫苗后立刻长途运输等都会影响免疫效果。在上述接种前后的一段时间应停止使用抗菌药物,以便产生坚强的免疫力。

(11)不能让疫苗接触操作人员的眼睛,操作人员在进行气雾免疫时应戴面罩。

(12)在使用灭活疫苗之前应使其温度达到室温(18～20℃)。

(13)为避免疫苗效力下降,同时使用的几瓶同种疫苗,应一次性稀释混合后使用。为避免疫苗受到杂质污染,应将稀释疫苗尽快用完。

(14)对疫苗空瓶和用剩的疫苗,应在消毒后,作深埋或火烧等安全处理。

(15)预防接种后,健康动物一般无不良反应,产蛋鸡在短期内影响产蛋量或停产,一般不宜在产蛋高峰期接种疫苗。如发现有严重反应甚至死亡者,要及时检查接种疫苗的情况及使用方法。同时,对有减食或绝食等反应的病禽,可根据病情用强心剂、抗生素或磺胺类药物治疗。

☞ 476. 如何运输和保管疫苗?

(1)运输时应包装严密,尽量缩短运输时间。如是活的弱毒疫苗,应装入有冰的广口保温瓶内。途中避免日晒和高温。

(2)不同性质的疫苗或血清,必须根据各种产品的说明,分别妥善保管。

(3)超过有效期的疫苗、血清不得使用。

(4)应保存在干燥的地方。

(5)温度急剧变化会损害效能。不同药品种类对温度要求也不相同,如鸡新城疫冻干苗要求低温保存,而鸡新城疫油乳剂灭活疫苗则不得低于0℃,冻结者不能使用。一般适宜温度2～8℃,最高不得超过10～15℃。除必须在低温条件下保存的,一般不应低于0℃,否则冻结失效。

(6)直射光线对药品有很大损失，应放在暗处。

☞ 477. 什么是免疫程序?

程序免疫是通过预防接种(通常主要指接种疫苗)，使家禽体内产生对某种病原体的特异性抗体，从而获得对其相应疾病的免疫力。定期预防接种是防治家禽传染病的最重要手段。

预防接种时必须根据疫苗的特性、家禽的特点(包括种类、生产方向、饲养期长短等)、本地区本场的具体情况，合理地制订各种疫苗接种的家禽日龄、接种的途径、次数和间隔时间，就是所谓“接种方案”，也叫免疫程序。

☞ 478. 制订免疫程序时应注意哪些问题?

(1)当地禽病流行情况。如某一地区未发生过马立克病，鸡场所在地比较偏僻，场内卫生防疫制度很严格，则不一定接种这种疫苗;如当地经常发生鸡新城疫，或者是多日龄鸡场曾发生过新城疫，因为受此病的威胁较大，就应早接种鸡新城疫疫苗。

(2)初生雏母源抗体的水平及前一次接种后的残余抗体水平。有些疫(菌)苗由于母源抗体的干扰，不能过早地给雏鸡接种。例如，用鸡新城疫疫苗给免疫母鸡的后代接种时就有类似的情况，母源抗体在雏鸡体内一般能保持12～18天。因此，给雏鸡接种上述疫(菌)苗时，要考虑其母鸡是否经过免疫而选择适当的接种日龄。有人报道，鸡新城疫Ⅰ系疫苗，不能在短的间隔期内多次反复地接种，因这样会使疫苗毒株在鸡场不同日龄的鸡群中传播，造成鸡群的不断感染，引起所谓免疫抑制，反而使免疫力下降或免疫失败。一般应在前一次形成的免疫力开始下降后即体内的残余抗体衰落后，再做第二次接种比较适宜。因此必须进行抗体监测，以便更好地掌握免疫时机。

(3)接种方法。气雾法、滴眼法、滴鼻法和注射法，一般比饮水的免疫方法产生免疫力的时间短，效果也较好。受传染病威胁大的鸡场，应采取能使鸡群尽早产生免疫力的接种方法。

(4)疫苗特点。主要指疫苗引起的反应情况，如新城疫Ⅰ系疫苗(中等毒力的弱毒疫苗)对鸡群产生的副作用较大，反应比较明显。但这种疫苗的免疫性能较好。目前(我国大部分鸡场)还在继续使用，为减少反应程度，最好不在40日龄前或产蛋后使用。

(5)禽群健康状况。患有霉形体等病的鸡群，特别是幼龄鸡群，不宜采用气雾免疫方法。因易诱发鸡霉形体病。如鸡群很大，鸡霉形体病症状不明显，检出率不高，也可在一月龄后用弱毒疫苗(鸡新城疫Ⅱ系、Ⅲ系、Ⅳ系苗)气雾免疫，并在饲料中加万分之二的红霉素，以减缓鸡群的呼吸道反应。

(6)家禽的生产方向与饲养期。例如，肉用仔鸡的饲养期仅8周左右即上市，一些常在大鸡发生的疫病，一般不会出现。因此，肉用仔鸡的预防接种计划就不同于产蛋鸡和种鸡。同理，产蛋鸡和种鸡虽然在可能发生的疫病种类上是相同的，但为了保持种蛋孵出的雏鸡有良好的母源抗体水平，种鸡在产蛋期间就需针对某些疫病每12周进行1次预防接种，而商品蛋鸡则无需进行。

此外，要搞好预防接种还必须保证疫苗优质——效价高。有条件的鸡场应定期抽测鸡群新城疫的抗体水平，以进一步了解疫苗的质量和掌握鸡群的免疫水平。而疫苗的保存、稀释倍数与使用方法则必须严格按供应疫苗的兽医生物药品厂说明书的要求进行。

☞ 479. 常用免疫接种方法有哪些？

(1)滴鼻法或点眼法：通过呼吸道黏膜或眼结膜进入鸡体内。适用于鸡新城疫Ⅱ系和Ⅲ系、La系传染性法氏囊弱毒冻干苗、传染性支气管炎、传染性喉气管炎弱毒型苗等。

(2)皮下注射法：皮下注射宜选择皮薄、被毛小、皮肤松弛、皮下血管少的部位。家禽宜在翼下或胸部。

注射部位消毒后，以左手食指与拇指提起皮肤，在所形成的三角形凹窝的底部将针头刺入皮下后注射药液，注射完毕后用棉球压紧皮肤拔出针头。

(3)肌肉注射法：肌肉注射，应选择肌肉丰满、血管少、远离神经干的部位。家禽宜在翅膀基部或胸部肌肉。

接种部位要用2%～5%碘酊棉球或用75%酒精棉球(接种弱毒疫苗时不能用碘酊消毒接种部位，用75%酒精消毒，待干后再接种）严格消毒。

肌肉注射方法有两种：一种方法是左手固定注射部位皮肤，右手持注射器垂直刺入肌肉后，改用左手夹住注射器和针头尾部，右手回抽一下活塞，如无回血，即可慢慢注入药液。另一种方法是把注射针头取下，以右手拇指、食指、中指紧持针尾，对准注射部位垂直刺入肌肉，然后接上注射器，注入药液。

应根据家禽大小和肥瘦程度掌握刺入深度，以免刺入太深(常见于幼禽)刺伤骨膜、血管、神经，注射剂量应严格按照规定的剂量注入，同时避免药液外漏。

(4)翼膜刺种法：多用于鸡痘、鸡新城疫Ⅰ系苗接种。用洁净的钢笔尖、大号缝针或鸡痘刺种针，蘸取稀释疫苗在鸡翅膀内侧无血管处皮下刺种，每只鸡刺种1～2次，在接种疫苗后1周左右，可见到刺种处皮肤上产生绿豆大小的小疮，以后逐渐干燥结痂而脱落。如刺种处无反应，应重新刺种。

(5)毛囊涂擦法：多用于鸡痘苗的接种。将鸡腿处羽毛拔去3～5根，然后用消毒棉签蘸取稀释后的疫苗，逆着羽毛生长方向擦几下。如接种处无反应，应重新涂擦。

(6)滴肛或擦肛：滴肛或擦肛免疫目前只用于强毒型传染性喉气管炎疫苗。在对发病鸡群进行紧急预防接种时，可将1 000头份的疫苗稀释于25～30 mL生理盐水中。将鸡抓起，头向下肛门向上，用接种刷(小毛笔或棉拭子)蘸取疫苗在肛门黏膜上刷动3～

4 次。接种时应注意只能将疫苗稀释液擦在肛门上，不能让疫苗稀释液碰到鸡的皮肤、羽毛或落到地面上，造成环境污染和疾病的扩散。

(7)饮水法：该法适用于大型集约化养鸡场，多用于Ⅱ系、Ⅲ系、La 系鸡新城疫疫苗、传染性法氏囊疫苗等。方法是将疫苗混入规定剂量稀释液中，让鸡自由饮用。稀释用水多用冷开水、蒸馏水或生理盐水，不能用热水或含氯或含其他对病毒有害物质的水。饮水中必须加 0.2%脱脂奶粉或 2%脱脂鲜奶(鲜奶煮沸后放凉弃去奶皮后的奶)。

采取饮水免疫时应注意：

①鸡群提前停水，夏季停水不少于 4 h，冬季停水不少于 6 h。

②稀释液剂量根据鸡日龄大小而配制：4 日龄～2 周龄 10 mL/只，2～4 周龄 15 mL/只，5～8 周龄 20 mL/只，16 周龄以上 40 mL/只，稀释疫苗最好在 24 h 饮完。

③疫苗剂量要加倍。

④饮水器不能用金属制品，要清洁，无消毒液，且数量要充足，保证每只鸡都能喝到足够的疫苗。

(8)气雾：气雾免疫可节省大量的劳动力，如操作得当，效果较好，尤其是对呼吸道有亲嗜性的疫苗效果更佳。但气雾也容易引起鸡群的应激，尤其容易激发慢性呼吸道病。气雾免疫时应注意：

①免疫前应对气雾机的各种性能进行测试，以确定雾滴的大小、稀释液用量、喷口与鸡群的距离(高度)、操作人员的行进速度等，以便在实施时参照进行。

②疫苗应是高效的。

③免疫前后几天内，应在饲料或饮水中添加抗菌药物，预防慢性呼吸道病。

④疫苗的稀释应用去离子水或蒸馏水，不得用自来水、开水或井水。

⑤稀释液中应加入0.1%的脱脂乳或3%～5%的甘油。稀释液的用量因气雾机及鸡群的饲养密度而异，应严格按说明书推荐用量使用。

⑥严格控制雾滴的大小，雏鸡用雾滴的直径为30～100 μm，成鸡为5～30 μm。

⑦免疫期间，应关闭鸡舍所有门窗，停止使用风扇或抽气机，在停止喷雾后20～30 min，才可开启门窗和启动风扇（视室温而定）。

⑧免疫时，鸡舍内温度应适宜，温度太低或太高均不适宜进行气雾免疫，如气温较高，可在晚间较凉快时进行。

⑨鸡舍内的相对湿度对气雾免疫也有影响，一般要求相对湿度在70%左右最为合适。

⑩实施气雾免疫时，气雾机喷头在鸡群上空50～80 cm处，对准鸡头来回移动喷雾，使气雾全面覆盖鸡群，使鸡群在免疫后头背部羽毛略有潮湿为宜。

(9)口服法：按瓶签规定的羽份数，用冷开水或井水稀释成一定浓度，取规定数量的该疫苗拌入少量饲料中，让家禽自由采食。

☞ 480. 预防接种的注意事项有哪些？

(1)禽用疫苗必须来自有信誉、有质量保证的生物制品厂。

(2)各种疫苗必须进行冷链运输和保存，使用前不能在阳光下曝晒。

(3)使用前要逐瓶检查是否有破损、变质，标签说明是否详尽，并记录批号和检验号，以便日后复查。

(4)注射用具应事先清洗和煮沸消毒后使用。

(5)饮水免疫时应注意水质，水中不应含氯，要让绝大多数家禽喝到足够量的疫苗。

(6)必须执行正确的免疫程序。预防不同传染病应使用不同的疫苗。由于家禽年龄、母源抗体水平和疫苗类型等不尽相同，要根据不同情况，结合免疫监测手段，制订和执行正确的免疫程序，才能取得理想的预防效果。

(7)免疫接种后应搞好饲养管理，减少应激因素(如寒冷、拥挤、通风不良等)，使机体产生足够的免疫力。

☞ 481. 预防鸡新城疫的疫苗有哪几种？如何使用？

(1)新城疫无毒力活疫苗：本品系用 V4 或昆士兰、PHY. LMV. 42 等无毒力型疫苗株，接种无新城疫母源抗体的鸡胚，收获尿囊液经冷冻真空干燥制备。

本苗毒株为耐热毒株，可在 0～4℃保存；可用于 1 日龄雏鸡，不会诱发不良反应。具有嗜肠道性，能在肠道中复制，提供较好的局部黏膜免疫。本品主要用于预防鸡新城疫的首免和二免。疫苗接种后 6 天即可产生免疫力，免疫期至少 4 个半月。适用于各种日龄的蛋鸡、肉鸡。

用法与用量：按瓶签注明的羽份，用生理盐水或适宜的稀释液稀释疫苗，以滴鼻、点眼(0.05 mL/只)或饮水、气雾方式(0.1 mL/只)免疫。疫苗稀释后，应放冷暗处，因该疫苗对热比较稳定，当天没用完，第二天仍可使用。

注意事项：冻干疫苗在－10℃以下可保存 4 年，在 0～4℃保存达 2 年以上，25～30℃室温保存至少 2 个月。

(2)鸡新城疫Ⅰ系弱毒疫苗：本疫苗系用鸡新城疫中等毒力Ⅰ系株接种敏感的鸡胚或鸡胚成纤维细胞培养，收获鸡胚液或细胞培养病毒液，加适当稳定剂，经冷冻真空干燥制成(冻干苗)；或用鸡胚液制成液体苗。冻干苗为微黄色或淡红色海绵状疏松团块，易与瓶壁脱离，加稀释液后迅即溶解成均匀混悬液；液体苗为淡黄色澄明液体，静置后瓶底可见有少许沉淀。用于已经用鸡新城疫弱毒疫苗(Ⅱ系、Ⅲ系免疫过的 2 月龄以上的鸡，做强化补充免疫。

用法与用量：按瓶签标示的羽份，用灭菌生理盐水或适宜的稀释液稀释，皮下或肌肉注射1 mL，点眼0.05～0.1 mL，也可刺种（浓液0.1 mL）。免疫注射3～4天后可产生免疫力，免疫期为1年；点眼法免疫期为9个月。

注意事项：

①本疫苗系中等毒力毒株制成，专供已经鸡新城疫Ⅱ系苗免疫过的2月龄以上的鸡使用，不得用于初生雏鸡。

②本疫苗对纯种鸡反应较强，产蛋鸡在接种后2周内产蛋可能减少或产软壳蛋，因此，最好在产蛋前或休产期进行免疫。

③对未经低毒力疫苗免疫过的2月龄以上的土种鸡可以使用，但有时可引起少数鸡减食，个别鸡神经麻痹或死亡。

④在有成鸡和雏鸡的饲养场，使用本疫苗时，应注意消毒隔离。避免疫苗毒的传播引起雏鸡死亡。

⑤疫苗加水稀释后，应放于冷暗处，必须在4h内用完。

⑥液体苗：于－15℃以下冷冻保存，有效期为1年；于2～8℃阴冷干燥处保存，有效期为3个月。冻干疫苗：于－15℃以下冷冻保存，有效期为2年；于2～8℃阴冷干燥处保存，有效期为8个月；于10～15℃阴暗干燥处保存不超过3个月；于25～30℃不超过10天。冻干细胞苗：于－15℃以下冷冻保存，有效期为2年；于干燥处保存，有效期不超过1个月；于25～30℃不超过5天。

(3)鸡新城疫Ⅱ系弱毒疫苗：本疫苗系用鸡新城疫Ⅱ系弱毒株接种于鸡胚组织培养，匀浆制成乳剂，加适当保护剂经冷冻真空干燥制成。为淡黄色海绵状疏松团块，易与瓶壁脱离，加稀释液即迅速溶解成均匀混悬液。适用于各种日龄的鸡，其中以7日龄以上的雏鸡效果较好，临床多做基础免疫。雏鸡做7天和20天左右鸡的免疫接种。

用法与用量：使用时，按瓶签注明羽份，用生理盐水或适宜的稀释液作适当稀释。滴鼻或点眼免疫，每只 0.05 mL。此外，可用饮水免疫。用冷开水或井水将疫苗稀释，其稀释程度根据鸡龄大小而定，而疫苗使用量则不论大小均为 0.01 g(实含组织)。本苗接种后 7～9 天产生免疫力，免疫期长短会因鸡体本身的免疫状态和日龄的不同而不同，因此应对鸡群的免疫状态进行监测。一般情况下，2 月龄鸡免疫期为 3～4 个月，5 月龄以上成年鸡免疫期为 1 年。

注意事项：

①有鸡支原体感染的鸡群，禁用喷雾免疫。

②接种后一般无不良反应，对于产蛋期的鸡，可引起产蛋量下降，7 天左右即可恢复。

③疫苗加水稀释后，应放于冷暗处，必须在 4 h 内用完。

④不能用开水或温水作稀释用水，也不能用含氯等消毒剂的自来水。自来水加硫代硫酸钠(1 L 加 0.1 g)方可做稀释用水。

(4)鸡新城疫油乳剂灭活疫苗：本疫苗系新城疫弱毒 La 毒株经鸡胚繁殖后将鸡胚液进行灭活处理配成的油乳剂，为乳白色乳状液体。用于预防鸡新城疫。

用法与用量：2 周龄以内雏鸡，颈部皮下注射 0.2 mL，同时以Ⅳ系、Ⅵ系或Ⅱ系弱毒苗做 10～20 倍稀释，滴鼻滴眼 2 滴(也可用Ⅱ系气雾免疫)；未做过基础免疫的鸡，皮下注射 0.5 mL；做过基础免疫的鸡在开产前 2～3 周皮下注射 0.5 mL，其免疫力可保护整个产蛋期。

免疫期：

①0～2 周龄鸡，经本苗注射(0.2 mL)后，同时以Ⅳ或Ⅱ系滴鼻滴眼，12～14 天可产生免疫力，免疫期可达 120 天。如肉鸡采用这种免疫方法，只需做 1 次接种，其免疫力可保持至出栏。

②没有做过基础免疫的 2 月龄以上的鸡注射 0.5 mL，2 周后产生免疫力(做过基础免疫的鸡 1 周后可产生免疫力)，免疫期可

达10个月。

③开产前母鸡用灭活苗，免疫期可维持整个产蛋期。

注意事项：疫苗运输时要避免阳光直接照射，冬季应避免疫苗冻结；使用本疫苗的鸡群要健康、无疾病，否则影响疫苗的安全性和免疫效果。

(5)鸡新城疫-传染性支气管炎二联活疫苗：本品含有新城疫病毒弱毒株（B_1 或 La Sota、C1one30 株）和传染性支气管炎病毒弱毒株（H_{120} 或 H_{52}、H_{94}）。用于预防新城疫和传染性支气管炎。新城疫-H_{120}联苗适用于7日龄以上鸡；新城疫-H_{52}联苗适用于21日龄以上鸡。

用法与用量：首免途径为滴鼻、点眼时，建议在2周龄进行；途径为饮水方式时，在5周龄进行；气雾方式一般仅用于二免。如果鸡只小于推荐日龄免疫，则需要进行再次免疫。本疫苗也可用于16周龄以前后备鸡的免疫。滴鼻免疫，每只鸡0.03 mL，也有的厂家生产的该苗每只鸡为0.05 mL；饮水免疫剂量加倍。

注意事项：同新城疫低毒力活疫苗。避光保存，进口产品在2～7℃，国产产品在－15℃保存。有效期一般均为18个月。

(6)新城疫-传染性支气管炎-鸡痘三联活疫苗：本品系用鸡新城疫B1株与鸡痘弱毒株混合接种鸡胚，传染性支气管炎病毒H_{120}毒株单独接种鸡胚，分别收获鸡胚尿囊液及尿囊膜，按一定比例混合后，加入稳定剂，经冷冻真空干燥制成。

用于预防新城疫、传染性支气管炎和鸡痘。适用于7日龄以上健康雏鸡。

用法与用量：翅膀皮下注射或点眼加翅膀内侧刺种免疫。将疫苗按所含组织克数用生理盐水（蒸馏水或冷开水）做100倍稀释，在翅膀皮下无血管处注射0.1 mL，也可每只雏鸡点眼2滴，并在翅膀内侧无血管处刺种2针，为了加强免疫，第1次接种后，隔20天按以上相同方法补种1次。

注意事项:在－16℃以下,有效期为18个月;2～8℃保存期为1年。其他同新城疫低毒力活疫苗。

(7)新城疫-传染性法氏囊病二联灭活疫苗:本品含灭活的鸡胚适应的新城疫病毒和传染性法氏囊病病毒,加微量防腐剂和油佐剂制成。

主要用于预防新城疫和传染性法氏囊病。新城疫抗体和传染性法氏囊抗体分别可在21天和28天达到高峰。雏鸡免疫期为100天左右,成年鸡新城疫免疫期为1年,传染性法氏囊病免疫期为6～8个月。可用于任何品种的健康鸡。

用法与用量:肉用仔鸡于3～4周龄接种,蛋鸡和种鸡首次可在6～8周龄接种,4周后或开产前再进行第二次接种,每只鸡颈部皮下注射0.5 mL。雏鸡应在7～10天首次进行鸡新城疫免疫接种。

注意事项:12～8℃有效期为6个月。其他同新城疫油乳剂灭活苗。

(8)新城疫-传染性鼻炎二联灭活疫苗:本品系用免疫原性良好的副鸡嗜血杆菌A型和C型菌株,接种于适宜培养基培养,将培养物浓缩,经甲醛灭活后与灭活的新城疫病毒感染的鸡胚尿囊液混合,加油佐剂制成。

用于预防新城疫和传染性鼻炎。注苗后14～21天产生免疫力。1次注射的免疫期为3～5个月;若21日龄首免,120日龄再免,免疫期为9个月。可用于任何品种的健康鸡。

用法与用量:颈部皮下注射,鸡龄不同注射量有所不同。20～42日龄鸡0.25 mL/只;42日龄以上鸡0.5 mL/只。

注意事项:同鸡新城疫油乳剂灭活苗。

(9)新城疫-传染性支气管炎-传染性法氏囊病-产蛋下降综合征四联灭活苗:本品含新城疫病毒、传染性支气管炎病毒、传染性法氏囊病毒和产蛋下降综合征病毒,经甲醛灭活后,加微量硫柳汞,用矿物油做佐剂制成的灭活四联油乳剂疫苗。

用法与用量:用于上述4种疾病的预防,每只鸡接种0.5～1 mL,胸部肌肉或颈部皮下注射,用于种母鸡开产前(18～20周龄)加强免疫,促进抗体产生。抗体可维持整个产蛋期并经种蛋传递给雏鸡,从而使雏鸡在数周内获得免疫保护。

注意事项:同新城疫油乳剂灭活苗。

☞ 482.用于马立克氏病的疫苗有哪些?如何应用?

(1)马立克氏病火鸡疱疹病毒冻干疫苗:本品系用火鸡疱疹病毒(FC126株、YT-7株等3型病毒)在无特定病原体(SPF)鸡胚成纤维细胞上培养、增殖后加入适当保护剂,冷冻真空干燥制成。本品为白色疏松团块,用于预防鸡马立克氏病。

用法与用量:1日龄雏鸡接种最佳,2～3日龄雏鸡效果较次。用专门稀释液将疫苗稀释后置于冰水中并时时搅动,每只鸡皮下或肌肉注射0.2 mL,接种部位可以选择大腿或颈后。注射后14天产生免疫力,免疫期为1年。

注意事项:

①本疫苗为弱毒活苗,运输时应采取冷藏包装。使用单位收到疫苗后,须立即放在0～4℃环境中。

②稀释后的疫苗,必须在1 h内用完,过时不能再用。

③本品对出壳后当日龄雏鸡的免疫效果最佳,2～3日龄雏鸡效果较次。发生过本病的鸡场,雏鸡出壳后应立即注射。

(2)马立克氏病CV1988/Rispens冷冻疫苗:CV1988/Rispens毒株是一种细胞结合性病毒,一些发病地区应用后,保护指数(PI)可达到94.5%～100%。

用法与用量:雏鸡一出壳,即应进行免疫,每只皮下注射0.2 mL。1日龄小鸡注射马立克氏病液氮疫苗后,抗体产生时间为5天,比冻干苗提早8天。每羽份至少含细胞结合毒1 000PFU。

注意事项：

①将疫苗取出后立即放入 27℃的温水中，并轻摇，使疫苗在 1 min 之内完全解冻。

②疫苗的稀释必须使用马立克氏病疫苗专用稀释液，并混合均匀，稀释好的疫苗应低于室温且尽快注射。从取出疫苗到配置完毕不应超过 1.5 min。使用过程中常摇动疫苗瓶。

③雏鸡应在出壳后 24 h 内注射完毕。

④除厂家生产的疫苗外，一般不能随便将两种疫苗混合使用。两种疫苗接种的间隔时间要保持在 4～6 天，使前一种疫苗免疫后产生较高抗体，再接种第二种疫苗，以减少疫苗的相互干扰。

⑤疫苗稀释时，禁止在稀释液中加入抗生素、维生素、其他疫苗或药物。

(3)马立克氏病 2 型冷冻疫苗：本品是含有血清 2 型的马立克氏病病毒疫苗(主要有 SB-1 和 301B 毒株等)。预防鸡的马立克氏病。

用法与用量：用于 1 日龄健康小鸡。每只 0.2 mL 于颈部背侧皮下注射。应注意采用良好的管理措施，至少将免疫后两周内的感染机会降到最低。产生抗体的时间为 7～10 天，免疫效果好，特别是抵抗超强毒株的感染，十分安全，属于细胞结合毒，需保存在液氮中，疫苗在鸡群中容易扩散。

注意事项：

①疫苗瓶应置于冰水浴中并时时转动。

②整瓶稀释液苗必须在混合后 1 h 内使用完。

③必须遵守使用液氮罐的所有注意事项。

④应严格执行说明书上有关贮存、使用和免疫方法的说明。

⑤安瓿置于液氮罐中，稀释液平时可贮存于室温，使用前应降至与解冻的疫苗同一温度。液氮罐应安全地垂直置于干燥通风处。有效期为 24 个月。

(4)火鸡疱疹病毒＋SB-1双价疫苗：本品是含有血清2型和3型病毒的第一个商品化马立克氏病疫苗。能克服母源抗体，并快速产生保护，比冻干苗效力大4倍以上，是预防马立克氏病强毒、超强毒的有效疫苗。

用法与用量：本疫苗需使用专用稀释液溶解混合后使用。

①鸡体注射：1日龄健康鸡只，每只皮下注射0.2 mL；

②蛋内接种：采用艾姆布莱克斯蛋内接种系统（EMBREX INOVOJECT）进行。

注意事项：同马立克氏病2型冷冻疫苗。

☞ 483. 预防禽流感的疫苗有哪些？如何使用？

(1)禽流感单价灭活苗：H_5亚型疫苗、H_9亚型疫苗一般采用禽流感分离株或标准株，接种易感鸡胚或SPF胚繁殖后，收获鸡胚尿囊液，灭活后加入油佐剂制成。一般适合于2周龄以上鸡使用。

用法与用量：颈部皮下或胸部肌肉注射，2～4周龄每只鸡注射0.2 mL；中雏每只注射0.3 mL；成年鸡每只注射0.4～0.5 mL。H_5、H_9亚型疫苗免疫后14天，用同型禽流感病毒攻击，保护率100％。H_5亚型疫苗免疫持续期为4个月，H_9亚型疫苗免疫期可达5个月。短时间内对注射部位的肉质可能会产生一定影响，但可逐渐恢复；疫苗本身不会影响产蛋，但注射操作对产蛋量可能会有一过性影响。

注意事项：

①禽流感病毒感染鸡或健康状况异常的鸡切忌使用。

②在毒株或疫情尚未确定情况下，不宜盲目使用本品，所预防的禽流感亚型应与疫苗型一致。

③严禁过热或过冷，使用前应使之达到室温并充分摇匀，若出现破乳、异物等异常现象，切勿使用。

④一经使用,应在 24 h 内用完。

⑤一般在 2～8℃避光保存,H_5 亚型疫苗的有效期为 12 个月;H_9 亚型疫苗的有效期为 18 个月。

(2)禽流感双价灭活苗:H_5、H_9 双价灭活苗一般采用禽流感 H_5、H_9 分离株或标准株,分别接种易感鸡胚或 SPF 胚繁殖后,收获鸡胚尿囊液,分别灭活后,按一定比例混合,加入油佐剂制成。

适用范围、使用方法等同禽流感。理论上讲,双价疫苗与单价疫苗的免疫效果应该是一致的,但是由于规模化生产中,如果抗原不做浓缩处理,由于抗原液与油的比例是固定的,多价苗的抗原含量就往往比单价苗少,因此,免疫效果就不如单价苗。优点是 1 次注射可以预防两种亚型禽流感病毒感染,既经济又节省人力,同时可减少注射引起的鸡群应激反应。

☞ 484. 预防传染性法氏囊病的疫苗有哪些?如何使用?

(1)传染性法氏囊病低毒力活疫苗:本品系传染性法氏囊病病毒低毒力株,经鸡胚(或细胞)繁殖后,收获鸡胚组织或细胞培养液,加适当稳定剂,经冷冻真空干燥制成。供预防雏鸡传染性法氏囊病使用。

用法与用量:用于无母源抗体的雏鸡首次免疫,对有母源抗体的鸡免疫效果较差。可点眼、滴鼻、肌肉注射或饮水免疫,但以饮水为佳。饮水时剂量加倍。使用时按瓶签注明的羽份加入不含氯离子的消毒剂及其他药物的清洁冷水,充分溶解、摇匀,如能加入 0.2%脱脂奶粉,可获更好的免疫效果。每只鸡免疫剂量不低于 1 000EID_{50}(50%鸡胚感染量),饮水免疫剂量加倍。

注意事项:

①免疫鸡必须健康无病。

②进行饮水免疫时,饮前应视地区、季节、饲料等情况,停止饮水 4～8 h,并应在 1 h 内饮完。

③用过的疫苗瓶、器具等应及时做消毒处理，不要使疫苗污染到其他地方或人身上。

④－8℃保存，有效期为18个月；2～8℃为12个月。

(2)传染性法氏囊病中等毒力活疫苗：本品系传染性法氏囊病病毒中等毒力株（B_{87}或BJ_{836}、J_{87}、K_{85}、NF_8等），接种鸡胚或细胞繁殖后，收获感染的鸡胚组织或细胞培养液，加适当稳定剂，经冷冻真空干燥制成。供预防雏鸡传染性法氏囊病使用。

用法与用量：可点眼、肌肉注射或饮水免疫。点眼、口服接种剂量：每羽份鸡胚苗应不低于1 000EID_{50}；细胞苗应不低于5 000$TCID_{50}$（50%组织培养感染量）；饮水免疫剂量应加倍。对有母源抗体的雏鸡，当琼脂扩散试验阳性率在50%以下时，首次免疫时间应在7～14日龄内进行，间隔7～14天后进行第二次免疫；当阳性率在50%以上时，首免时间应在21日龄时进行，间隔7～14天后，进行第二次免疫。

因毒株不同，疫苗特点有所不同，有的只可用于有母源抗体的雏鸡免疫，而有的既可用于有母源抗体的雏鸡，又可用于无母源抗体的雏鸡免疫。

注意事项：

①必须注意疫苗能否用于无母源抗体的雏鸡，并据母源抗体水平确定首免时间。

②其他注意事项同传染性法氏囊病低毒力活疫苗。

③一般于－15℃以下或2～8℃保存，有效期因毒株不同而不同。使用前，应仔细看说明书。

(3)传染性法氏囊病油乳剂灭活疫苗：本品系用传染性法氏囊病鸡胚毒或细胞毒，经福尔马林灭活后，加油佐剂制成的油乳剂灭活苗。为乳白色乳状液。疫苗安全性好，效力可靠，免疫期长，副作用小，种鸡免疫后雏鸡母源抗体水平高，还可以防止活毒疫苗引起的垂直感染或带毒现象。供预防传染性法氏囊病使用。对各种年龄鸡均可使用。尤其适应于无母源抗体的雏鸡和种鸡产蛋前的免疫。带有母源抗体的雏鸡,应在母源抗体消失后使用。

用法与用量:皮下或肌肉注射。18～20 周龄种母鸡,每只 1.2 mL。本疫苗应与传染性法氏囊病活疫苗配套使用。种母鸡应在 10～15 日龄和 28～35 日龄时各做 1 次传染性法氏囊病活疫苗基础免疫。种母鸡经活疫苗 2 次基础免疫和 1 次油佐剂灭活疫苗的加强免疫后,可使开产后 1 年内的种蛋所孵雏鸡,在 14 天内能抵抗野毒感染。接种后 10～14 天即可产生抗体,免疫期视鸡群年龄和免疫状况而不同。10～15 日龄雏鸡注射后抗体水平可维持 2～3 个月,种鸡注射后抗体水平可维持 20～24 周,可使后代雏鸡在 3～4 周内获得比较高而整齐的母源抗体,不被野毒感染。

注意事项:

①要严格按照说明书中的使用方法、禁忌、注意事项和免疫方法进行操作。

②在使用疫苗时,应密切注意鸡群状况和当地传染性法氏囊病流行情况以及母源抗体水平高低,从而确定合理免疫程序并正确使用疫苗。

③雏鸡使用本灭活油乳剂苗时,最好与弱毒疫苗同时使用,也可以先接种 1 次弱毒疫苗,间隔 1 周再注射灭活疫苗。

④2～8℃避光保存,有效期一般为 6 个月。

(4)传染性法氏囊病-马立克氏病二联疫苗:本品为 SPF 鸡胚的组织培养苗,含火鸡疱疹病毒 FC126 株和传染性法氏囊病病毒。用于预防鸡的马立克氏病和传染性法氏囊病。

用法与用量:建议用于 1 日龄健康小鸡,用专用稀释液稀疫苗,皮下注射,每只 0.2 mL。

注意事项:安瓿置于液氮罐中,有效期为 24 个月。稀释液平时可贮存于室温下,使用前应降至与解冻疫苗相同的温度。其他同 CV1988/Rispens＋SB-1/火鸡疱疹病毒 FC126 三价马立克氏病疫苗。

☞ 485. 用于传染性支气管炎的生物制品有哪些？如何使用？注意事项是什么？

(1)传染性支气管炎弱毒(H_{120}、H_{52})疫苗：本品一般采用传染性支气管炎病毒H_{120}或H_{52}株，接种易感鸡胚或SPF胚繁殖后，收获鸡胚绒毛尿囊液，并加入适当稳定剂，经冷冻真空干燥制成。为淡白色或淡黄白色海绵状疏松固体物，加入灭菌生理盐水或蒸馏水稀释后成为均匀的混悬液。H_{120}可用于各种不同品种的新生雏鸡，而H_{52}疫苗用于4周龄以上鸡，不可用于新生雏鸡。雏鸡用H_{120}免疫后，到1～2月龄时，需用H_{52}进行加强免疫。

用法与用量：可用灭菌生理盐水、蒸馏水或冷开水将疫苗按瓶签注明的羽份进行稀释，通常多使用滴鼻法或饮水法进行免疫接种。

①滴鼻法：每只鸡滴鼻1滴(约0.03 mL)。

②饮水法：剂量加倍，饮用稀释的疫苗量为：5～10日龄，每只5～10 mL；20～30日龄，每只10～20 mL；成年鸡，每只20～30 mL。

接种后5～8天可产生免疫力，H_{120}疫苗免疫期约2个月，H_{52}疫苗免疫期约为6个月。

注意事项：

①疫苗稀释后，应放冷暗处，必须在4 h内用完。

②饮水免疫时忌用金属容器。

③饮用疫苗前，一般停止饮水2～4 h，要保证每只鸡都能充分饮服，并在短时间内饮完，1～2 h后再正常给水。

④本品需避光保存，贮藏温度2～7℃，有效期为6个月；贮藏温度－15℃，有效期为24个月。

(2)肾型传染性支气管炎弱毒疫苗：本品一般采用肾型传染性

支气管炎病毒 28/86 或其他毒株，接种易感鸡胚或 SPF 胚繁殖后，收获鸡胚绒毛尿囊液，并加入适当稳定剂，经冷冻真空干燥制成。本品为淡白色或淡黄白色海绵状疏松固体物，加入灭菌生理盐水或蒸馏水稀释后成为均匀的混悬液。专用于预防肾型传染性支气管炎。

用法与用量：适用于各种雏鸡，一般 5～7 日龄首免，2～3 周后再做加强免疫。通常多使用滴鼻法或饮水法进行免疫接种，按瓶签说明剂量应用不含氯离子等消毒剂的冷开水或蒸馏水将疫苗稀释后使用。

①滴鼻法：每只鸡滴鼻约 0.03 mL。

②饮水法：剂量加倍，饮用稀释的疫苗量为，5～10 日龄，每只 5～10 mL；20～30 日龄，每只 10～20 mL；成年鸡，每只 20～30 mL。

注意事项：本品避光保存，贮藏温度 2～7℃，有效期为 6 个月；贮藏温度－15℃，有效期为 18 个月。其他同传染性支气管炎弱毒（H_{120}、H_{52}）疫苗。

(3)传染性支气管炎呼吸型与肾型双价弱毒疫苗：本品是非致病性传染性支气管炎病毒接种易感鸡胚或 SPF 胚繁殖后，收获鸡胚绒毛尿囊液，并加入适当稳定剂，经冷冻真空干燥制成。其中包含肾型传染性支气管炎病毒 28/86 和呼吸型传染性支气管炎病毒 H_{120}。为淡白色或淡黄白色海绵状疏松固体物，加入灭菌生理盐水或蒸馏水稀释后成为均匀的混悬液。用于预防呼吸型和肾型传染性支气管炎。

用法与用量：适用于各种雏鸡，一般 5～7 日龄首免，2～3 周后再做加强免疫。通常多使用滴鼻法或饮水法进行免疫接种，按瓶签说明剂量应用不含氯离子等消毒剂的冷开水或蒸馏水将疫苗稀释后使用。

①滴鼻法：每只鸡滴鼻约 0.03 mL。

②饮水法：剂量加倍，饮用稀释的疫苗量为，5～10日龄，每只5～10 mL；20～30日龄，每只10～20 mL；成年鸡，每只20～30 mL。

注意事项：本品避光保存，贮藏温度2～7℃，有效期为6个月。其他同传染性支气管炎弱毒（H_{120}、H_{52}）疫苗。

（4）鸡传染性支气管炎油乳剂灭活苗：本品系用传染性支气管炎强毒F株接种敏感鸡胚，收获毒液，经甲醛溶液灭活，与油佐剂混合乳化制成。为乳白色的乳剂。疫苗长时间静止保存后，上部有少量半透明油层，用前必须充分振荡摇匀。

用法与用量：预防传染性支气管炎，免疫期为4个月。1月龄内雏鸡注射0.3 mL，成年鸡注射0.5 mL，部位可在胸部或大腿肌肉内。

注意事项：贮藏温度2～8℃，不可冻结，有效期为1年。

☞ 486. 传染性喉气管炎活疫苗有何用途？如何使用？注意事项是什么？

传染性喉气管炎是鸡的一种病毒性呼吸道传染病。目前防治本病主要用传染性喉气管炎活疫苗。

传染性喉气管炎活疫苗，系采用通过鸡胚或鸡胚成纤维细胞致弱的弱毒株或者选育出的传染性喉气管炎自然弱毒株，接种易感鸡胚或SPF胚繁殖后，收获鸡胚绒毛尿囊膜，并加入适当稳定剂，经冷冻真空干燥制成。

由于生产该苗所采用的毒株不同，毒力强弱亦有差别，疫苗的免疫原性有所不同，产生抗体的速度、水平及持续时间也不同。国内生产的该苗免疫期一般为6个月。除可做首次或加强免疫接种以预防传染性喉气管炎外，有的厂家生产的疫苗还可用于发病鸡群的紧急接种，可减少损失。弱毒苗具有免疫期长、免疫效果好、使用方便等优点，但它同时也存在着散毒的危险。因此，一般只对有发病史的鸡群进行活苗免疫接种，无发病史的鸡群不提倡接种活苗。

一般适合于5周龄以上鸡使用，但有的也可用于3周龄以上的鸡。注意不同厂家生产的疫苗，使用方法可能不同。

(1)用法与用量：按瓶签注明羽份用灭菌生理盐水或专用的稀释液稀释后，以滴鼻、点眼、饮水或涂肛方式接种。

①点眼免疫：每只鸡1滴(0.03 mL)。蛋鸡在35日龄第1次接种后，在产蛋前再接种1次。

②一人刷肛接种：接种者将鸡头朝下在膝盖间固定，一手将肛门展开并暴露内衬，另一手将疫苗刷入内衬。

③二人刷肛接种：一人固定鸡只，另一人接种。接种每只鸡后将涂药刷浸入疫苗液体中，如刷子上有粪污，应清洗后再用。

(2)注意事项：

①点眼免疫后3天，部分鸡会有轻度结膜炎反应，一般3～4天可恢复。涂肛免疫后1～2天可出现轻微的红肿，4～7天后消失。

②传染性喉气管炎疫苗的免疫时间要和新城疫、传染性支气管炎等疫苗的免疫时间至少间隔2周，以防疫苗之间发生干扰，影响免疫效果。

③鸡群有慢性呼吸道病、球虫病及其他寄生虫病时，使用效果不稳定；有其他传染病流行时，不能使用。

④注意采用正确的接种途径。有的厂家生产的传染性喉气管炎疫苗不能采用饮水、喷雾或涂肛等方式免疫。

⑤注意使用范围。有的疫苗仅能用于健康鸡群；除个别厂家生产的疫苗能用于5周龄以下的鸡以外，一般用于3～5周龄的小鸡时，应小群试用观察，无严重反应后，方可扩大使用。

⑥疫苗应避免高温和阳光直射，现用现配，稀释后应在3 h内用完。

⑦国内生产的传染性喉气管炎活疫苗一般在－15℃以下保存，有效期为12个月，0～4℃保存不能超过6个月；而国外生产的疫苗一般在2～8℃避光保存即可。

☞ 487. 防治鸡痘的疫苗有哪些？如何使用？

(1)鸡痘单价活疫苗：本品系用鸡痘鸡胚化致弱毒株或鹌鹑化致弱毒株接种鸡胚（鸡胚源）或鸡胚成纤维细胞（组织培养源）培养，收获感染的绒毛尿囊膜或细胞培养液，加入适当稳定剂，经冷冻真空干燥制成。

由于所采用的毒株不同，疫苗的免疫原性不同。对于低发区和高发区以及种鸡和肉鸡，采用的免疫程序也有所不同。鸡胚化弱毒疫苗的免疫原性较好，免疫期6个月以上，但对幼鸡有较高毒力。国内生产的鸡痘鹌鹑化弱毒疫苗，对幼鸡有轻微毒力，雏鸡免疫期一般为2个月，成年鸡5个月。

不同毒株、不同制备方法所生产的鸡痘疫苗，适用范围有所不同。鸡胚源疫苗中含有未致弱的活鸡痘病毒，使用不当，能引起鸡群严重发病。因此，一般用于4周龄以上的鸡。但是国产的汕系株鸡胚源鸡痘疫苗，可用于小鸡。组织培养源疫苗亦可用于小鸡。国内生产的鸡痘鹌鹑化弱毒疫苗对大鸡和小鸡均可产生良好的免疫力，但用于6～20日龄的小鸡时，须将疫苗加倍稀释后使用。

用法与用量：翅膀内侧无血管处皮下刺种。按瓶签注明羽份，用生理盐水稀释，用鸡痘刺种针蘸取稀释的疫苗给20～30日龄雏鸡刺1针，30日龄以上鸡刺2针，6～20日龄雏鸡用稀释1倍的疫苗刺1针。接种后3～4天，刺种部位出现轻微红肿、结痂，14～21天痂块脱落。后备种鸡可于雏鸡免疫后60天再免疫1次。

注意事项：

①疫苗应随用随稀释，稀释后的疫苗应放于冷暗处，并限4 h内用完。

②用过的疫苗瓶、器具、稀释后剩余的疫苗等污染物必须消毒处理。

③鸡群刺种后1周应逐个检查，刺种部位无反应者，应重新补刺。

④勿将疫苗溅出或触及鸡只接种区域以外任何部位。

⑤国内生产的鸡痘活疫苗一般－5℃以下保存，有效期18个月；0～4℃保存不能超过12个月；25℃保存不超过1个月；而国外生产的疫苗一般在2～8℃避光保存，有效期为24个月。

(2)鸡痘双价活疫苗：本品系用鹌鹑化致弱毒株和白喉型弱毒株分别接种鸡胚成纤维细胞培养，收获感染的细胞培养液，加入适当稳定剂，经冷冻真空干燥制成。既可预防健康鸡的皮肤型鸡痘，又可预防白喉型鸡痘，雏鸡免疫期一般为2个月，成年鸡5个月。

适用范围、使用方法及注意事项同鸡痘单价活疫苗。

(3)鸽痘活疫苗：本品系用鸽痘病毒接种鸡胚或鸡胚成纤维细胞培养而制成。对于鸡是一种异源疫苗，较安全，免疫期约6个月。适用于各种年龄的鸡，但常用在4周龄和产蛋前1个月的鸡，并应根据疫苗说明书重复接种1次。

用法与用量：用稀释液稀释后，一般用刺翼方式接种，在鸡翅膀内侧无血管处皮下刺种，方法同鸡痘单价活疫苗。

注意事项：一般为进口疫苗，2～7℃避光保存，有效期24个月。其他同鸡痘单价活疫苗。

(4)鸡痘-禽脑脊髓炎二联活疫苗：本品为进口疫苗，本疫苗含有鸡痘和禽脑脊髓炎活病毒。既可预防鸡痘，又可预防禽脑脊髓炎。在有禽脑脊髓炎和鸡痘的地区使用，适用于12周龄以上鸡。

用法与用量：采用刺翼方式接种，用鸡痘刺种针蘸取稀释的疫苗给20～30日龄雏鸡刺1针，30日龄以上鸡刺2针，6～20日龄雏鸡用稀释1倍的疫苗刺1针。接种后7～10天，在翼膜接种部位可见棕褐色结痂。

注意事项:2～7℃避光保存,有效期18个月。其他同鸡痘单价活疫苗。

☞ 488. 怎样使用产蛋下降综合征油乳剂灭活疫苗?

产蛋下降综合征是一种能使产蛋鸡产蛋率下降的病毒性传染病,以产出薄壳或无壳蛋、壳面粗糙、易碎为特征,其病原为腺病毒。控制本病主要靠疫苗的预防接种。国内广泛使用产蛋下降综合征油乳剂苗,效果较好。一般的鸡群,在18周龄时皮下或肌肉注射该疫苗,两周内即产生免疫力,抗体一般可持续到第50周左右。

产蛋下降综合征油乳剂灭活苗系用鸡凝血性腺病毒K-11株,接种易感鸭胚繁殖后,收获培养物,经灭活处理,加入适当油佐剂乳化制成。专用于预防鸡产蛋下降综合征。

用法与用量:于鸡群开产前2～4周时进行接种,只需接种1次。使用前将疫苗充分摇匀,并使疫苗温度升至室温,每只鸡皮下或肌肉注射0.5 mL。

注意事项:

①用于健康鸡群的免疫预防注射,对已感染本病的鸡没有治疗作用。

②疫苗有破乳现象、异物或杂质时不宜使用。疫苗使用前必须摇匀,瓶口开封后限当天用完,疫苗切勿冻结。

③注意正确的免疫途径,不能经呼吸道和消化道接种。

④4℃条件下避光保存,有效期为1年;20℃保存6个月。运输时温度应在0℃以上。

☞ 489. 用于鸡传染性贫血的疫苗有哪些? 如何使用?

鸡传染性贫血又称鸡贫血因子感染症。是由鸡贫血因子引起、以再生障碍性贫血和免疫抑制为特征的传染病。目前用于预防本病的疫苗主要有以下两种。

(1)鸡传染性贫血弱毒活疫苗:本品采用美国分离的鸡传染性贫血野毒株,致弱后接种SPF胚繁殖,收获病毒,加入一定量的刺种稀释液,并加入适量抗生素制成。具有弱毒疫苗所特有的优点,安全、免疫效果好。注射或刺种免疫,可快速产生中和抗体,有效预防鸡传染性贫血的垂直传播,避免雏鸡早期感染。6周龄到开产前4周龄鸡均可接种。

用法与用量:应以特制的稀释液配制,使用前,先将疫苗摇匀,肌肉、皮下注射或翅膜刺种方式接种。每只鸡0.5 mL。

注意事项:

①本苗不能用于产蛋鸡以及21日龄以前的雏鸡;鸡宰杀前21天不能接种本苗。

②同一鸡舍的所有易感鸡均应同时接种。

③接种时,应尽可能减少应激反应。

④应保证每只鸡接种1羽份。

⑤鸡接种疫苗后,粪便里会含有疫苗病毒,因此,一定注意鸡舍卫生管理,确保排出的粪便不污染雏鸡和没接种的产蛋鸡。

⑥2~8℃保存。

(2)鸡传染性贫血灭活疫苗:本品是将鸡传染性贫血毒株皮下接种1日龄雏鸡后,收获发病鸡肝脏,制成肝乳液,灭活后加油佐剂制成油乳剂灭活疫苗。30周龄成年鸡接种本疫苗后,可产生保护性抗体,并且产生的抗体可经卵传递,使雏鸡在年龄抵抗力产生之前获得被动保护。本疫苗可用于幼鸡的免疫接种,诱导产生主动免疫,防止病毒的水平传播。用于16~18周龄的种鸡及7~10日龄雏鸡。

用法与用量:胸部肌肉注射。7~10日龄雏鸡,每只注射0.3 mL;16~18周龄的种鸡,每只注射0.5 mL。

注意事项：

①疫苗如出现分层破乳现象，不能使用。

②疫苗接种时，应使用灭菌注射器和注意局部消毒。

③4℃避光保存，有效期12个月。

☞ 490. 防治禽霍乱的疫苗有哪些？如何使用？

(1)禽霍乱单价弱毒活菌苗：本品系用禽多杀性巴氏杆菌 $G_{190}E_{40}$ 或 B_{26}-T_{1200} 弱毒株，接种适宜培养基培养，将培养物加适当稳定剂，经冷冻真空干燥制成。本品用于预防禽霍乱。

现有的禽霍乱弱毒菌苗的主要缺点是存在程度不同的免疫期偏短（2～3个月）、免疫保护力偏低（50％～80％）、局部及全身的反应偏大，不仅造成减食和严重产蛋下降，还会造成一些死亡。但是，由于弱毒菌苗成本低，使用方便，不考虑血清型等优势，在某些发病地区仍然使用。

禽多杀性巴氏杆菌 $G_{190}E_{40}$ 弱毒苗一般用于3月龄以上的鸡、鸭、鹅，免疫期105天。B_{26}-T_{1200} 弱毒苗用于预防2月龄以上鸡、1月龄以上鸭，免疫期为4个月。

用法与用量：$G_{190}E_{40}$ 弱毒苗肌肉注射，B_{26}-T_{1200} 弱毒苗皮下或肌肉注射。用20％铝胶生理盐水稀释为0.5 mL含1羽份，每只注射0.5 mL。

注意事项：

①禽霍乱弱毒菌苗只能用于发生禽霍乱的疫区，非疫区不要使用。被接种的鸡、鸭、鹅一定要健康，体质瘦弱、患有其他疾病者均不能使用。正在产蛋的鸡、鸭、鹅暂不使用，以免影响产蛋量。

②在使用弱毒菌苗的前1周及免疫后的10天内，不得使用抗生素等抗菌药物，以免造成免疫失败。

③注射用禽霍乱弱毒菌苗，应使用配备的氢氧化铝胶液稀释，以减轻全身反应及延长免疫期，不可用生理盐水或蒸馏水代替。

④稀释后的菌苗应在尽短时间内用完，并注意使用时的外界温度。

⑤2～8℃保存，有效期1年。

(2)禽巴氏杆菌病氢氧化铝灭活苗：本品系用免疫原性良好的禽多杀性巴氏杆菌，接种适宜培养基培养，将培养物经甲醛灭活后，加氢氧化铝胶制成。

本品用于预防禽霍乱，适用于2月龄以上的鸡或鸭，免疫期为3个月。禽霍乱灭活菌苗仅对特定的同一血清型产生免疫力。本苗存在的保护率低和免疫期短的问题，可能较弱毒活菌苗更为严重一些；同时逐只注射，费工、费时、成本高。但安全性却好于弱毒活菌苗，且可同时使用抗生素类药物。

用法与用量：肌肉注射，每只2 mL。

注意事项：

①只适合健康鸡群的免疫。

②同其他灭活苗使用的一般注意事项。

③在2～8℃避光保存，有效期1年。

(3)禽巴氏杆菌病铝胶油灭活苗：本品系用免疫原性良好的禽多杀性巴氏杆菌，接种适宜培养基培养，将培养物经甲醛灭活后，加氢氧化铝胶浓缩，再与油佐剂混合乳化制成。

用于预防禽霍乱，用于2月龄以上的鸡或鸭。免疫期鸡为6个月，鸭为9个月。本苗免疫期较禽多杀性巴氏杆菌病氢氧化铝灭活苗长很多，但同样存在需逐只注射，费工、费时，且成本高等问题，然而安全性好于弱毒活菌苗。

用法与用量：颈部皮下注射，每只1 mL。

注意事项：

①注射疫苗后一般无明显反应，有的鸡在注射后1～3天内可能有减食现象。

②保存期内的产品，出现微量的油（不超过1/10），经振摇后

仍能保持良好的乳化状,可继续使用。

③用鸡效力检验合格的疫苗,可用于鸡和鸭。用鸭效力检验合格的疫苗,只能用于鸭,而不能用于鸡。

④在2～8℃避光保存,有效期1年。

(4)禽巴氏杆菌病蜂胶灭活苗:本品系用免疫原性良好的禽多杀性巴氏杆菌1～2株,分别接种适宜培养基培养,将培养物经甲醛灭活后,加入蜂胶制成。

用于预防禽霍乱,可用于2月龄以上的鸡、鸭、鹅。能增强机体的非特异性和特异性免疫力,增强机体免疫细胞的吞噬活力,具有抑菌抗病毒的作用,降低其他疾病死亡率。接种后5～7天即可产生坚强免疫力。本疫苗保护率高达90%～96.5%,免疫期长达6个月以上,具有安全可靠、易于注射、应激小、不影响产蛋、无毒副作用等特点。用本苗与抗生素等药物同时做紧急防制,能迅速制止死亡,扑灭疫情。本苗可与其他疫苗同时应用,并能提高其他疫苗的免疫效果。而且可在低温冻结和室温等温度条件下保存较长时间,大大方便了临床使用。

用法与用量:肌肉注射,每只1 mL。

注意事项:

①用鸭、鹅检验合格的疫苗,只能用于鸭、鹅。

②本苗在运输、使用过程中应避免阳光和热的影响。

③使用本苗前应了解禽群的健康状况,如有其他传染病会影响本苗的免疫效果。

④对个别纯种鸭进行大面积免疫接种时,应先进行小区试验,证明安全后再进行免疫注射。

⑤免疫器具必须洁净,用前消毒灭菌。免疫注射时宜采用9号或12号短针头。

⑥－15℃保存,有效期为2年;2～8℃保存为18个月。

(5)禽霍乱多价灭活苗:本品含有灭活的禽源的1、3、4型或

3、4 型多杀性巴氏杆菌培养物。

用于预防多种血清型的禽霍乱，适用于 6 周龄以上鸡。有些鸡在接种局部会出现肿胀等反应。用于产蛋鸡时可能会导致产蛋下降，因此，要求首先在小范围内使用，观察其对产蛋的影响。免疫接种 21 天后产生免疫力。

用法与用量：颈中部皮下注射，每只鸡注射 0.5 mL。在首免后的 3～6 周进行二免，产蛋鸡的二免要有 3 个月的间隔。

注意事项：

①接种时要保证注射到颈部中段的皮下。

②严格按照说明书要求进行操作。

③在 2～7℃避光保存，有效期 2 年。

(6)禽巴氏杆菌病油乳剂灭活苗：本品系用免疫原性良好的禽多杀性巴氏杆菌，接种适宜培养基培养，将培养物经甲醛灭活后，与油佐剂混合乳化制成。

预防禽霍乱，注苗 14 天后产生免疫力，免疫期为 6 个月。本苗免疫期较禽多杀性巴氏杆菌病氢氧化铝灭活苗长很多，与铝胶油灭活苗相似，但同样存在需逐只注射，费工、费时，且成本高等问题，然而安全性好于弱毒活菌苗。只用于 2 月龄以上的鸡。

用法与用量：颈部皮下或肌肉注射，每只 0.5 mL。

注意事项：

①注射疫苗后一般无明显反应，有的鸡在注射后 1～2 天内可能有减食现象，对蛋鸡产蛋率稍有影响，几天内即可恢复。

②疫苗出现明显分层时，不能使用，应废弃。

③仅限于天津地区使用。

④在 2～8℃避光保存，有效期 1 年。

☞ 491. 防治鸡支原体病的疫苗有哪些？如何应用？

鸡支原体病也称鸡霉形体病，是由鸡毒支原体引起的以慢性呼吸道病症状为主要特征的传染病，又称慢性呼吸道病，表现为支气管炎及气囊炎；或由滑液支原体引起的以鸡滑膜炎及亚临床型上呼吸道感染为特征的传染性疾病。主要使蛋鸡产蛋显著降低，孵化率降低，弱、病雏增加，造成经济损失。

(1)鸡毒支原体活疫苗：本品系用鸡毒支原体 F 株、ts-11 株或 6/85 株，加入适当稳定剂，经冷冻真空干燥制成。F 株对雏鸡有中等毒力，在鸡群间传播慢，可防止产蛋量下降，对二次感染有很高的抵抗力，可防止多种年龄鸡混养的禽场中野型菌株的感染，3 日龄、10 日龄鸡接种 F 株的免疫效果好于 1 日龄。缺点是对火鸡有致病性；在同时接种鸡新城疫、传染性支气管炎弱毒苗时，对 F 株的免疫效果略有影响。ts-11 株比 F 株的致病性和传染性弱，产生的保护性免疫虽然也比 F 株弱，但有效且保护期长，并可同呼吸道病毒疫苗一起使用，很安全。用 ts-11 株免疫后，可消除长期存在于多种年龄混养的鸡场中的 F 株的感染。6/85 株也比 F 株的传染性弱，但是无致病性，免疫后好像在接种的鸡体内不存在一样，不能够检测到系统抗体反应。适用于各种健康鸡。

使用方法：F 株可通过饮水或气雾进行免疫；ts-11 株是采用点眼方式接种；6/85 株是通过气雾免疫。

注意事项：

①疫苗开封后，4 h 内用完。

②2～8℃避光保存。

(2)鸡毒支原体灭活疫苗：本品系用鸡毒支原体经特定培养基扩增，收获的菌液经纯化浓缩、灭活后加入油佐剂乳化制成。制备本苗的毒株一般为强毒株，如 MG-R、MG-S6 等。能够预防和控制鸡支原体引起的呼吸道病的发生，并减轻或切断支原体经过种蛋垂直传播给后代。一般要求两次免疫，如果鸡只要进行跨年度生产，需要在换羽期间再免疫 1 次。主要免疫 1～10 周龄或以上的各种健康鸡。

用法与用量:颈部皮下或肌肉注射,免疫剂量为每鸡 0.5 mL。

注意事项:

①疫苗要避免高温和阳光直射。

②疫苗开封后,应当天用完,未用完的苗不能再使用。

③2～8℃避光保存。注意不同厂家生产的疫苗有效期不一致。

☞ 492. 用于病毒性关节炎的疫苗有哪些? 如何应用?

病毒性关节炎,又名传染性腱鞘炎、腱炎腱裂综合征、呼肠孤病毒性肠炎、呼肠孤病毒性败血症,是由呼肠孤病毒引起的肉用型、肉蛋兼用型鸡的一种传染病,以关节炎和腱鞘滑膜炎为特征,偶可致腱断裂。

本病因运动障碍、生长停滞、淘汰率高(有时高达 25%～45%)、屠宰率下降、饲料转化率低以及产蛋鸡产蛋下降等,造成的经济损失非常严重,是目前危害养禽业的重要家禽传染病之一。

(1)病毒性关节炎冻干活疫苗:本品为弱毒活疫苗,病毒滴度不低于 10^4 $IEID_{50}$/羽份。用于预防病毒性关节炎。也可用于后备鸡群的基础免疫。它不干扰正常的免疫程序,其所能够提供的免疫力可至 8 周龄。

用法与用量:按瓶签注明羽份,加入生理盐水稀释为 0.2 mL/羽份,颈部、胸、腿部皮下或肌肉注射 0.2 mL/只。首免 1～7 日龄;二免 8～10 周龄。为保证鸡有高度免疫力,最好在第二次接种 2～3 个月后再做第三次免疫接种。

注意事项:

①本疫苗仅用于健康鸡群。有支原体、球虫、马立克氏病和其他疾病时,可引起复合症。

②种鸡开产前 12 周以内及产蛋期间不能进行免疫。

③不能与鸡马立克氏病疫苗和传染性法氏囊病疫苗同时

使用。

④原装瓶及未用完的疫苗应焚烧处理。

⑤1次溶解、稀释的疫苗必须立刻使用，剩余疫苗销毁。

⑥免疫7天后局部出现小肿块，表明免疫成功。

⑦本疫苗－15℃以下保存，有效期为13个月。进口病毒性关节炎冻干活疫苗2～8℃避光保存。

(2)病毒性关节炎油乳剂灭活疫苗：本品为含有3株高免疫原性的病毒，系用鸡组织培养增殖后，加佐剂乳化制成。疫苗接种雏鸡、成年鸡10天后产生免疫力，免疫期达5个月以上。疫苗对强毒的保护率为100%，疫苗对免疫部位刺激小，并且也容易吸收。该苗适用于原种、祖代、父母代种鸡，对不同地区、不同品种、不同日龄的鸡均有效。

用法与用量：2～4周龄雏鸡胸部肌肉或颈部皮下注射0.2 mL，18～20周龄成年鸡注射0.5 mL。

注意事项：4～8℃条件下保存期为1年。运输时温度应在0℃以上。

(3)禽呼肠孤病毒灭活疫苗：本品含灭活禽呼肠孤病毒和Novasome佐剂。用于种鸡的二次预防接种，通过被动免疫，使小鸡免受呼肠孤病毒感染，以预防病毒性关节炎。

用法与用量：用于15～22周龄成年鸡的皮下注射或肌肉注射，每只0.5 mL。

注意事项：

①要严格按照说明书中的使用方法、禁忌、注意事项和免疫方法进行操作，只有这样才能取得最好的效果。要特别注意灭活苗免疫的时机，应检查血清中抗呼肠孤病毒的中和抗体。如果几何平均滴度高于15，则不需进行基础免疫，直接用灭活苗免疫；如果其滴度低于15，先要进行活疫苗的免疫，3周以后再进行灭活苗免疫。如果鸡只要进行跨年度生产，需要在换羽期间再免疫1次。

屠宰前42天不能用本疫苗免疫。

②应避光保存于2～7℃冰箱内，有效期24个月。

(4)病毒性关节炎-传染性法氏囊病二联灭活苗：本品含灭活的鸡组织培养、鸡胚培养及法氏囊源的传染性法氏囊病病毒和鸡细胞培养的禽呼肠孤病毒。

本品用于首免或再免，为雏鸡提供标准和变异株传染性法氏囊病及呼肠孤病毒感染的被动保护。供预防病毒性关节炎和传染性法氏囊病使用。种鸡可在15～20周龄时接种。在接种时，鸡只抗呼肠孤病毒的血清中和抗体滴度应≥15。

用法与用量：颈部中段皮下注射，每只1 mL。

注意事项：

①使用前猛烈振摇0.5～1 min。打开铝盖和塞子，即可使用。

②要严格按照说明书中的使用方法、禁忌、注意事项和免疫方法进行操作，只有这样才能取得最好的效果。

③本品避光保存，贮藏温度为2～7℃。有效期为24个月。

(5)禽呼肠孤病毒感染-传染性法氏囊病-新城疫-传染性支气管炎四联灭活疫苗：本品含有鸡组织培养、鸡胚培养和法氏囊组织的传染性法氏囊病病毒的标准和变异毒株；组织培养的新城疫病毒、禽呼肠孤病毒；鸡胚培养的传染性支气管炎病毒的灭活抗原。用于预防标准和变异株的传染性法氏囊病、新城疫、传染性支气管炎和禽呼肠孤病毒感染。

用法与用量：种鸡可于15～22周龄时接种。在接种时，呼肠孤病毒的血清中和抗体滴度应为≥15。为取得满意的效果，鸡只应首先在5～7日龄和在4～5周后两次接种腱鞘炎活苗。种鸡还应在使用灭活苗前约6周接种传染性法氏囊病活苗。如果1瓶疫苗使用超过4个小时，建议在继续接种前，再次振摇疫苗。临用前用力振摇疫苗0.5～1min，每羽1 mL，于颈部中段皮下注射。

注意事项：应避光保存于2～7℃，有效期24个月。其他同新城疫油乳剂灭活苗。

493. 用于禽传染性脑脊髓炎的疫苗有哪些？如何使用？

禽传染性脑脊髓炎又称新英格兰病、流行性震颤。是一种主要侵害雏鸡的病毒性传染病。主要特征是运动失调、头颈震颤、后肢麻痹和病毒性脑炎。

成年鸡感染后会引起产蛋量和种蛋孵化率降低。带毒种禽可垂直感染胚和幼雏。这些带毒的种蛋孵化出的雏鸡可被感染，出壳后1～10天内，表现出脑脊髓炎的典型症状，在易感鸡群中迅速传播，雏鸡发病率一般为20％～60％，死亡率17％～25％或更高，造成重大的经济损失。

(1)禽传染性脑脊髓炎弱毒疫苗：本品采用致弱的禽传染性脑脊髓炎病毒(Calnekll43弱毒株)，加入适当稳定剂，经冷冻真空干燥制成。免疫接种后1周即可产生抗体，3周后达到抗体高峰，免疫期为1年。被动的母源抗体可保护子代在10周内不发生此病。一般用于10～15周龄的种鸡。

用法与用量：按瓶签注明的羽份用灭菌蒸馏水、冷开水或不含氯及金属离子的清洁自来水稀释后，加入0.5％的脱脂乳。接种前应停止给禽群饮水2～3 h，每只鸡约饮水40 mL。

注意事项：

①被接种的鸡应健康良好，无任何疾病。接种本苗后14天内，不得接种其他疫苗。

②本苗不得用于2月龄以下或处于产蛋期间的鸡，接种至少应在产蛋前1个月进行。

③免疫后5周内的种蛋禁止用于孵化。

④疫苗稀释后应在2 h内用完，并避免高温和阳光的直射。

⑤应有足够的饮水器皿，以确保每只鸡有足够的饮水位置。

⑥不要同时给予治疗药物。

⑦非疫区禁止使用。

⑧一般在 2～8℃避光保存，有效期为 18 个月。

(2)禽传染性脑脊髓炎灭活疫苗：本品采用国内分离株接种鸡胚，收获病毒，灭活后加油佐剂乳化制成。免疫后 1 周，琼脂扩散试验即可检测到抗体，雏鸡免疫期可达 6 个月以上，成年鸡 12 个月以上。可用于雏鸡和成年鸡。

用法与用量：颈背部中下 1/3 处皮下注射或胸腿部肌肉注射接种，每只鸡 0.5 mL。

注意事项：

①严禁冷冻或过热，使用前应使疫苗达到室温。

②如出现破损、异物、分层等现象，切勿使用。

③2～8℃保存，有效期为 1 年。

☞ 494. 用于禽大肠杆菌病的疫苗有哪些？如何使用？

禽大肠杆菌病是由埃希氏大肠杆菌引起的多种病的总称，包括大肠杆菌性肉芽肿、腹膜炎、输卵管炎、脐炎、滑膜炎、气囊炎、眼炎、卵黄性腹膜等疾病。尤其对雏鸡和高峰期的产蛋鸡危害严重。成年产蛋鸡往往在开产阶段发生，死淘率增多，影响产蛋，生产性能不能充分发挥。种鸡场发生本病，直接影响到种蛋孵化率、出雏率，造成孵化过程中死胚和毛蛋增多，健雏率降低。不仅能导致鸡只发育不良、生长迟缓、生产性能下降，还使料蛋(肉)比以及药费、死淘率增高，造成极大的经济损失。

(1)禽大肠杆菌病灭活疫苗：本品系用免疫原性良好的鸡大肠杆菌，接种于适宜培养基培养，将培养物经甲醛溶液灭活后，加氢氧化铝胶制成。用于预防鸡大肠杆菌病。1 月龄以上鸡，免疫期为 4 个月。

用法与用量：颈侧部皮下注射，每只 0.5 mL。

注意事项：

①只能对健康鸡进行免疫接种。

②雏鸡免疫接种前后必须严格隔离饲养，降低饲养密度，尽量避免粪便污染饮水与饲料。

③疫苗使用前充分摇匀并使疫苗温度升至室温，疫苗瓶开启后应于 24 h 内用完。

④疫苗勿冻结，勿在 25℃以上贮运。

⑤2～8℃保存，有效期为 1 年。

(2)禽霍乱-大肠杆菌病多价蜂胶二联灭活疫苗：本品由巴氏杆菌标准菌株与大肠杆菌国标标准菌株以及从国内分离的有代表性的巴氏杆菌和大肠杆菌制备，经增殖灭活后，辅以天然免疫增强剂——蜂胶制备而成。具有可提高机体非特异性与特异性免疫能力、安全可靠、不影响产蛋、易于注射、保存和运输等特点。用于预防禽霍乱和大肠杆菌病，注苗后 5～7 天产生坚强免疫力，蛋鸡和种鸡免疫二次，能在整个产蛋期内有可靠的免疫力，免疫期为 12 个月。

用法与用量：商品肉鸡在 20 日龄以内，颈部皮下注射 0.3 mL/只，免疫 1 次即可。蛋鸡、种鸡于 30～60 日龄首免，皮下或肌肉注射 0.3～0.5 mL/只，开产前二免，肌肉注射 0.5 mL/只(肉种鸡 1.0 mL/只)。

注意事项：－10℃保存，有效期为 24 个月；4～8℃保存，有效期为 18 个月；20℃保存，有效期为 6 个月。其他同禽大肠杆菌病铝胶灭活疫苗。

☞ 495. 用于传染性鼻炎的疫苗有哪些？如何使用？

传染性鼻炎是由副鸡嗜血杆菌引起的鸡的一种急性或亚急性呼吸道传染病。以流鼻涕、面部肿胀或结膜炎为特征。育成鸡生长受阻，增重减慢，蛋鸡产蛋量显著下降，使鸡群的死亡率和淘汰数增加，造成严重的经济损失。

(1)传染性鼻炎单价油乳剂灭活疫苗：本品系用副鸡嗜血杆菌A型或C型菌株，灭活后加入油佐剂乳化制成。预防A型或C型副鸡嗜血杆菌的感染。42日龄以下鸡免疫期为3个月；42日龄以上鸡免疫期为6个月；42日龄首免，120日龄二免，免疫期为1年半。疫苗本身对鸡群无不良反应，但是注射操作对鸡群会产生应激反应，注射后1～3天反应会消失。一般用于种鸡和蛋鸡。

用法与用量：颈部皮下注射，42日龄以下鸡为0.25 mL；42日龄以上鸡为0.5 mL。

注意事项：

①如果疫苗破乳分层时，不能使用。

②使用前充分摇匀，并使疫苗温度恢复至室温后注射。

③疫苗开封后，应当天用完，未用完的苗不能再使用。

④只用于健康鸡免疫。

⑤在屠宰前40天内不能注射本疫苗，产蛋期间不能注射本疫苗。

⑥2～8℃避光保存，有效期1年。

(2)传染性鼻炎双价灭活疫苗：本品系用副鸡嗜血杆菌A型或C型菌株，灭活后加入油佐剂或氢氧化铝胶制成。国内生产的双价苗一般为油佐剂，而氢氧化铝胶双价苗一般是进口疫苗。预防A型、C型副鸡嗜血杆菌的感染。一般要求免疫二次，使种鸡和蛋鸡在整个产蛋期受到保护。试验表明，铝胶苗无不良反应或仅在接种部位产生轻微反应，而油佐剂苗可能会在局部形成肿胀或轻微肉芽肿。但是对这两种疫苗的免疫效果存在争议，油佐剂苗保护率可达80%以上，然而只要疫苗抗原含量充足，配制得当，免疫效果应该不会存在差异 。一般用于种鸡和蛋鸡。

用法与用量：肌肉注射，5～6周龄免疫1次，15～16周龄再免疫1次，开产前完成免疫，使用剂量应按疫苗使用说明书进行。

注意事项:同传染性鼻炎单价油乳剂灭活疫苗。

(3)传染性鼻炎三价灭活疫苗:本品系用副鸡嗜血杆菌A型、B型与C型菌株,或者A型、C_1型及C_2型菌株灭活后,加入淮佐剂或氢氧化铝佐剂制成。荷兰英特威及海博莱的三价苗即含有A型、B型与C型菌株,该全价疫苗的特点是广谱的保护作用,预防所有血清型的副鸡嗜血杆菌的感染;抗原含量高;佐剂效果好,可最大限度的刺激免疫反应。而美国威兰实验室生产的三价苗含有A型、C型及C_2型菌株,可预防A型、C型的副鸡嗜血杆菌的感染。三价苗可能引起产蛋降低;有些鸡还会在接种部位出现肿胀等局部反应。一般用于种鸡和蛋鸡。

用法与用量:采用皮下或肌肉注射。海博莱的三价苗则是大腿肌肉注射(0.5 mL/只),均推荐免疫两次。美国威兰实验室生产的三价苗是采用腿部肌肉注射(每只鸡0.5 mL),用于6周龄以上的鸡,首免后的3～6周进行二免。

注意事项:

①荷兰英特威的三价苗一定不能采用肌肉注射方式接种。

②最好在当地兽医指导下进行,要严格按说明书的要求进行操作。

③单价苗的使用注意事项同样适于本苗。

④2～7℃避光保存,有效期24个月。

(4)传染性鼻炎-支原体病双价二联灭活疫苗:本品系用鸡败血支原体国际标准株和副鸡嗜血杆菌A型、C型菌株分别接种适宜培养基培养,收获培养的菌液经浓缩灭活后,再与矿物油乳化制成。用于预防A型、C型副鸡嗜血杆菌和鸡败血支原体的感染。接种后2～3周产生免疫力,保护期6个月,保护率为91%～100%。可用于雏鸡和成年鸡。

用法与用量:对种鸡群推荐2～3次免疫,以颈背部皮下注射为首选,成年鸡胸腿肌肉注射亦可,2～4周龄内雏鸡每只0.3 mL;

成年鸡每只 0.5 mL;12 月龄以上鸡加强免疫每只 1 mL。

注意事项:4～8℃避光保存,有效期 1 年。其他同传染性鼻炎单价油乳剂灭活疫苗。

☞ 496. 用于鸡球虫病的疫苗有哪些？如何使用？注意事项有哪些？

(1)鸡球虫强毒活苗:本品系直接从自然发生球虫病的鸡体内或粪便中将卵囊分离出来后,将各种卵囊按一定比例混合,并配以适当的稳定剂制成。Coccivac-B 疫苗含有堆型艾美耳球虫、巨型艾美耳球虫、柔嫩艾美耳球虫及变位艾美耳球虫等 4 种虫卵;Coccivac-D 疫苗含有堆型艾美耳球虫、巨型艾美耳球虫、毒害艾美耳球虫、早熟艾美耳球虫、柔嫩艾美耳球虫、布氏艾美耳球虫、哈氏艾美耳球虫及变位艾美耳球虫 8 种虫卵。Immunocox 疫苗含有柔嫩艾美耳球虫、毒害艾美耳球虫、堆型艾美耳球虫及巨型艾美耳球虫等 4 种最常见的虫卵。

强毒苗的免疫原理是球虫在低水平感染时不会使鸡发病,但球虫卵囊能循环地在鸡体内繁殖,并排出新的卵囊于垫料中,鸡从垫料中可获得再次免疫,经过 3 次生活史循环,鸡就可以产生较好的保护性免疫。强毒株在实验室传代,没机会接触到各种抗球虫药,为药物敏感株。由于强毒苗是由各种鸡球虫的强毒株混合组成,如应用不当,会引起球虫病的暴发;或者由于混入饮水或饲料的卵囊分布不均匀,使鸡群摄入卵囊量不一致,有的鸡感染太轻,不能产生免疫力,有的摄入过多而引起发病。但是 Immunocox 疫苗采用凝胶体系,使球虫卵囊分布均匀,克服了上述的缺点,免疫效果更好。此外,强毒苗使用时,必须谨慎控制鸡免疫剂量,一般免疫后几天内增重会受影响。

Coccivac-B 疫苗适用于种鸡、肉鸡和仔鸡;Coccivac-D 疫苗适用于种鸡和商品蛋鸡;Immunocox 疫苗,一种可用于肉鸡和仔鸡,还有一种可用于种鸡。

4～14 日龄时，通过饮水或拌料免疫。

注意事项：

①免疫后垫料湿度必须保持在25%～30%。

②免疫后2～4周，在饲料中添加维生素。

③免疫鸡若在18周前迁移鸡舍，应再进行1次免疫。

④4.4～7.2℃下保存。

(2)鸡球虫弱毒活苗：本品系用人工致弱的弱毒株研制而成。根据人工致弱的方法不同，可分为3种类型。

①理化致弱虫株疫苗：通过对卵囊进行冷却、加热、超声、离子辐射等物理性处理或化学试剂诱变而使之减毒。但也有人怀疑这些处理可能杀灭了部分卵囊使实际接种的卵囊数量减少，并不是降低了球虫的致病力；我国生产的双重致弱鸡球虫病三价疫苗（含有柔嫩、毒害和巨型艾美耳球虫卵囊）属于这一类型，应用效果很好。

②鸡胚传代致弱球虫疫苗：球虫在鸡胚中连续传代能导致鸡胚适应株的产生，此种适应株对雏鸡的致病力减弱，并能使雏鸡抵抗强毒虫株的攻击。但是，随着鸡胚传代次数的增加，虫体的免疫原性会减弱或消失，而且鸡胚适应株致弱性能相对不稳定，其中只有柔嫩、和缓、布氏、毒害艾美耳球虫可进行鸡胚传代，其他几种不能在鸡胚内完成内生性发育；如Livacox产品即含有柔嫩艾美耳球虫鸡胚适应株和堆型、巨型早熟株。

③早熟株球虫疫苗：每种鸡球虫都有相对固定的发育周期，即潜隐期。经过多次选择最早成熟的卵囊反复传代后，潜伏期会逐渐缩短，成为所谓的早熟虫株。早熟虫株在发育周期逐渐缩短的同时，致病力相应下降，但能保持良好的免疫原性，而且早熟特性和弱毒特性相当稳定。Paracox疫苗和藻酸盐减毒虫苗属于这种类型。Paracox疫苗是由堆型、巨型、和缓、毒害、早熟、柔嫩及布

氏等 7 种艾美耳球虫卵囊组成的稳定悬浮液。藻酸盐减毒虫苗是将致弱球虫卵囊用藻酸盐包裹起来,混在饲料中分多天投服。

特点:弱毒苗克服了强毒苗的致病性,更安全;Livacox 疫苗和 Paracox 疫苗不用再免,不需再用抗球虫药配合控制循环的免疫卵囊;藻酸盐减毒虫苗的"涓滴免疫"方式,可使鸡在一段时间内连续接触极少量卵囊,从而产生坚实的免疫力。

Paracox 疫苗适用于各种鸡,主要是种鸡;Livacox 疫苗适用于各种鸡,主要是肉鸡。双重致弱鸡球虫病三价疫苗可用于各种鸡。

Paracox 疫苗是 5～9 日龄饮水免疫,Livacox 疫苗是 7～10 日龄饮水免疫,藻酸盐减毒虫苗是拌料免疫。双重致弱鸡球虫病三价疫苗可用拌料或饮水方式。

注意事项:拌料必须均匀,严格掌握饲料的湿度和数量;使用疫苗期间,停止服用一切抗球虫药;疫苗切不可冻结,以免失效;2～8℃下保存。

☞ 497. 用于鸭瘟的疫苗有哪些? 如何使用?

鸭瘟(DP),又名鸭病毒性肠炎,俗称大头瘟,是由疱疹病毒科的鸭瘟病毒引起的鸭、鹅和其他雁形目禽类的一种急性、热性、败血性的接触性传染病。任何品种、年龄和性别的鸭都有很高的易感性。主要侵害鸭的循环系统、消化道、淋巴样器官和实质脏器,引起头、颈部皮下胶样水肿、消化道黏膜出血,出血坏死形成伪膜,肝有特征性出血和坏死点。流行广泛,传播迅速,发病率和死亡率都很高。目前全国所有养鸭地区均有本病的发生与流行。家鸭总的死亡率为 5%～100%。

(1)鸭瘟鸭胚化弱毒苗:本品系用鸭瘟病毒弱毒株接种非免疫鸭胚繁殖后,收获鸭胚尿囊液,加稳定剂,经冷冻真空干燥制成。为微黄色或微红色海绵状疏松团块,加稀释液后迅速溶解。免疫效力可达100%,无返强现象,免疫持续期达1年。用于鸭瘟的预防。适用于2月龄以上的鸭。

用法与用量:按瓶签注明羽份,用灭菌生理盐水稀释,皮下或肌肉注射,雏鸭每只注射0.25 mL;成年鸭每只1 mL。

注意事项:

①本品在运输和使用时必须放在装有冰块的冷藏容器内,气温在10℃以下可用普通包装运送。

②本品在使用前应仔细检查,如发现玻璃瓶破裂,没有瓶签或瓶签不清楚,苗中混有杂质等情况及已过有效期或未在规定条件下保存者,都不能使用。

③本品在接种前应了解当地有无疫病流行,被注射的鸭一定要健康,体质瘦弱或患有其他疫病者都不应使用。

④注射器、针头及用具用前需经消毒,注射部位应涂5%碘酊消毒,雏鸭应浅层肌肉注射。

⑤-20℃保存有效期为18个月;4~10℃保存不超过8个月。

(2)鸭瘟鸡胚化弱毒苗:本品系用鸭瘟鸡胚化弱毒株接种鸡胚,收获感染的鸡胚尿囊液、胎儿及绒毛尿囊膜混合研磨(或经易感鸡胚成纤维细胞培养,收集感染病毒的细胞培养液),加适当保护剂,经冷冻真空干燥制成。组织苗呈淡红色,细胞苗呈淡黄色,为海绵状疏松团块,易与瓶壁脱离,加稀释液后迅速分解。用于预防鸭瘟。主要用于2月龄以上的种鸭,免疫后3~4天产生免疫力,免疫期9个月。初生雏鸭也可以应用,但免疫期仅1个月。

用法与用量:临用前,用生理盐水稀释。2月龄以上鸭,胸肌肉注射200倍稀释苗1 mL,2月龄以内小鸭腿肌肉注射50倍稀释苗0.25 mL。

注意事项:-15℃以下保存,有效期为18个月;4~10℃保存,有效期为8个月;11~25℃保存,有效期为14天。其他同鸭瘟鸭胚化弱毒苗。

(3)鸭瘟-鸭病毒性肝炎二联油乳剂灭活苗:本品系用鸭瘟病毒、鸭病毒性肝炎病毒分别接种非免疫鸭胚或 SPF 鸡胚繁殖后,收取胚液,经灭活后,按一定比例混合,加入油佐剂乳化制成。用于种鸭的鸭瘟、鸭病毒性肝炎预防。

用法与用量:皮下或肌肉注射,每只注射 1 mL。一般 28～30 日龄首免,产蛋前 23～24 周龄二免,可保证种鸭在 60 周龄内不发生鸭瘟。

注意事项:2～8℃避光保存,有效期 1 年。其他同鸭瘟鸭胚化弱毒苗。

(4)鸭瘟-鸭副黏病毒病二联油乳剂苗:本品系用鸭瘟病毒、鸭副黏病毒分别接种非免疫鸭胚和 SPF 鸡胚繁殖后,收取胚液,经灭活后,按一定比例混合,加入油佐剂乳化制成。为白色或近白色。每羽份(0.5 mL)内含鸭瘟病毒不低于 $10^{8.0}$ EID_{50},含鸭副黏病毒不低于 $10^{9.0}$ $IEID_{50}$。

用法与用量:鸭群 1～2 周龄第一次免疫,每只 0.3～0.5 mL,产蛋前 2～4 周第二次免疫,每只 0.5～1 mL,皮下或肌肉注射。

注意事项:

①必须充分摇匀,瓶口启封后限当天用完。仅用于健康鸭群的免疫预防,对已感染发病的鸭没有治疗作用.接种完毕.剩余疫苗应以燃烧或煮沸的方式做灭活处理。

②2～8C 避光保存,有效期 1 年。

☞ 498. 如何使用鸭病毒性肝炎疫苗?

鸭病毒性肝炎是由 I 型鸭肝炎病毒引起的雏鸭急性、高度致死性传染病。其特征是传播迅速、死亡率高,临床表现为角弓反张的神经症状。病理变化以肝炎和出血为主要特征。

鸭病毒性肝炎强毒活疫苗系将鸭病毒性肝炎病毒鸡胚化弱毒株接种于鸡胚或鸡胚成纤维细胞,培养增殖,收获含毒胚体和胚液或细胞培养液，按一定比例混合，再加保护剂冻干制成。为淡黄色或粉红色疏松体，加稀释液后迅速溶解，用于预防鸭病毒性肝炎。注射疫苗后3～4天即可产生免疫力，两月龄以上的鸭，免疫期可持续9个月，出生雏鸭免疫期为1个月。适用于两月龄以上的各品种鸭，对初生雏鸭也可应用，一般无全身性反应，但有时可引起食欲精神稍差，2～3天即可恢复。

用法与用量：按瓶签注明羽份，用灭菌生理盐水稀释混合均匀后，颈部皮下注射或肌肉注射，每只注射0.5 mL。若实行饮水免疫须剂量加倍。

注意事项：

①疫苗稀释后应置冷暗处，须在2 h内用完。

②防疫剩余疫苗应以燃烧或煮沸的方式做灭活处理。

③ －15℃保存期为24个月；4～10℃保存不超过8个月。

☞ 499. 如何使用番鸭细小病毒病活疫苗？

番鸭细小病毒病，又称三周病。是由一种近年来新发现的番鸭细小病毒引起的雏番鸭病毒性传染病。死亡率可高达80%以上。该病毒在国际病毒学分类上，目前尚无它的地位。只有雏番鸭对雏番鸭细小病毒易感，鹅和其他品种鸭不发生本病。

雏番鸭细小病毒病活疫苗，系用雏番鸭细小病毒弱毒Pl株接种番鸭胚成纤维细胞培养，收获细胞培养液制备的液体苗或加适当稳定剂，经冷冻真空干燥制成的冻干苗。液体苗为淡红色透明液体；冻干苗为微黄色海绵状疏松团块。加汉克氏液或生理盐水后迅速溶解，呈均匀混悬液。用于预防番鸭细小病毒病。注射疫苗后7天产生免疫力，免疫期为6个月。

用法与用量：腿部肌肉注射。按瓶签注明羽份，冻干苗用生理盐水或汉克氏液稀释，液体苗待融化后，每只雏番鸭0.2 mL。

注意事项：

①冻干苗随用随稀释。

②液体苗融化后，如发现沉淀或异物应废弃。

③冻干苗稀释后、液体苗融化后，应放冷暗处，必须当天用完。

④雏番鸭群发生本病流行时，不宜注射该疫苗。

⑤雏番鸭群发生鸭巴氏杆菌病、小鸭病毒性肝炎等疫病时，不宜注射本疫苗。

⑥冻干苗 −20℃，有效期为 3 年；2～8℃ 为 2 年；液体苗 −20℃保存，有效期为 18 个月。

☞ 500. 用于小鹅瘟的疫苗有哪些？如何使用？

小鹅瘟又称鹅细小病毒感染，俗称烂肠瘟。是由鹅细小病毒引起雏鹅的一种急性或亚急性败血性传染病。

(1)小鹅瘟鸭胚化疫苗：本品系用小鹅瘟鸭胚化弱毒 GD 株（自然强毒连续通过鸭胚致弱育成）接种易感鸭胚，收获感染胚液，加适当稳定剂后，冷冻干燥制成。母鹅产蛋前 20～30 天免疫后，后代可获得高度保护，一般在免疫后 21～270 天内所产的种蛋孵出的小鹅具有抵抗小鹅瘟的免疫力。该疫苗株对母鹅的安全性非常可靠，以 GD 苗的 1 000 个免疫剂量接种母鹅，无任何不良反应；正常免疫剂量免疫后，用大剂量的小鹅瘟强毒攻击，也不会引起母鹅发病。用于母鹅产蛋前 20～30 天。

用法与用量：肌肉注射。在母鹅产蛋前 20～30 天，按瓶签注明羽份，用生理盐水稀释疫苗，每只注射 1 mL。

注意事项：

①本疫苗雏鹅禁用。

②疫苗稀释后应放冷暗处保存，4 h 内用完。

③−15℃以下保存，有效期 1 年。

(2)小鹅瘟鹅胚弱毒疫苗：本品系用小鹅瘟弱毒株 SYG26-35

(种鹅)或 SYG41-50(雏鹅)接种易感鹅胚培养,收获感染胚液,分别制成种鹅或雏鹅用小鹅瘟湿苗,或加适当稳定剂后,冷冻干燥,制成冻干疫苗。种鹅用活疫苗,适用于种鹅的主动免疫,使雏鹅获得被动免疫力,免疫期为 90 天。母鹅免疫后 15～90 天内所产种蛋孵出的雏鹅,在 30 日龄内能抵抗小鹅瘟强毒的自然感染和人工感染;雏鹅免疫雏鹅用活疫苗 9 天后,能抵抗小鹅瘟强毒的自然感染和人工感染,免疫期为 30 天。相比之下,免疫期比小鹅瘟鸭胚化弱毒苗要短一些。种鹅用活疫苗用于种鹅产蛋前 15 天左右;雏鹅用活疫苗适用于未经免疫的种鹅所产雏鹅,或免疫后期(100 天后)的种鹅所产雏鹅。

用法与用量:肌肉或皮下注射。种鹅用活疫苗,适用于种鹅的主动免疫,使雏鹅获得被动免疫力。用无菌生理盐水按瓶签注明羽份进行稀释,每羽份 1 mL,于产蛋前 15 天左右,每只鹅肌肉注射 1 mL,母鹅于免疫后 15～90 天内所产种蛋孵出的雏鹅在 30 日龄之内能抵抗小鹅瘟强毒的自然感染和人工感染。

雏鹅用活疫苗,适用于未经免疫的种鹅所产雏鹅,或免疫后期(100 天后)的种鹅所产雏鹅。雏鹅出壳后 48h 内进行免疫,每只雏鹅皮下注射,用无菌生理盐水稀释的疫苗 0.1 mL(1 羽份),免疫 9 天后能抵抗小鹅瘟强毒的自然感染和人工感染。

注意事项:

①疫苗稀释后应放冷暗处保存,当天用完。

②一定注意分清疫苗是种鹅用还是雏鹅用的。

③冻干苗,－15℃以下保存,有效期 3 年;湿苗,－15℃以下保存,有效期 2 年。

附 表

附表1 家禽常用生理常数

种别	体温(℃)	心搏(次/分)	呼吸(次/分)	血红蛋白(g/100 mL)	红细胞($10^6/mm^3$)	白细胞($10^3/mm^3$)
鸡	40.0～42.0	120～200	15～30	7.0～18.6	1.25～4.50	9.0～32.0
鸭	41.5～42.5	140～200	16～28	9.0～21.0	1.80～3.82	13.4～33.2
鹅	42.0～44.0	120～160	10～20	16.1	3.4	30.8
鸽	41.0～42.5	140～200	16～28	10.7～14.9	2.13～4.20	1.0～3.0
火鸡	—	—	—	8.80～13.4	1.74～3.70	16.0～25.5

附表2 蛋鸡及肉用仔鸡对矿物质元素的需要量和饲料中最高限量

元素		蛋鸡	肉用仔鸡
钠(%)	需要量	0.12	0.12～0.15
	最高限量		
氯化钠(%)	需要量	0.2	0.2
	最高限量	2	2
钾(%)	需要量	0.4	0.4
	最高限量	2	2
钙(%)	需要量	0.8～3.5	0.9～1
	最高限量	4	1.2
磷(%)	需要量	0.5～0.7	0.65
	最高限量	0.8	1.0
镁(mg/ kg)	需要量	500	500
	最高限量	3 000	3 000
铁(mg/ kg)	需要量	50～80	80
	最高限量	3 000	1 000
铜(mg/ kg)	需要量	4～8	8
	最高限量	300	300

续附表2

元素		蛋鸡	肉用仔鸡
锌(mg/ kg)	需要量	35～65	40
	最高限量	1 000	1 000
锰(mg/ kg)	需要量	30～60	60
	最高限量	1 000	1 000
钴(mg/ kg)	需要量		
	最高限量	20	20
硒(mg/ kg)	需要量	0.10～0.15	0.15
	最高限量	4	4
碘(mg/ kg)	需要量	0.3～0.35	0.35
	最高限量	300	300
钼(mg/ kg)	需要量	<1	<1
	最高限量		

附表3 蛋(肉)用种鸡免疫程序

日龄	预防疾病	疫苗种类	免疫方法	备注
1	马立克氏病	马立克氏病冷冻疫苗	出壳24 h内皮下注射	
7～10	新城疫	新城疫Clone30、Ⅱ系、Ⅳ系或V4活疫苗	滴鼻与点眼	也可用新城疫-传染性支气管炎二联活疫苗，来航鸡首免不能用IV系
	传染性支气管炎	传染性支气管炎弱毒苗	饮水	
15～18	传染性法氏囊病	传染性法氏囊病弱毒活苗	点眼、口服或饮水	也可用中等毒力株
25	鸡痘	鸡痘弱毒苗	刺种	应注意检查接种局部免疫反应
	病毒性关节炎	病毒性关节炎疫苗	颈背部皮下注射	蛋用种鸡可以不用

续附表 3

日 龄	预防疾病	疫苗种类	免疫方法	备 注
25～30	新城疫	Ⅳ系＋新城疫灭活苗	Ⅳ系滴鼻点眼、灭活苗颈背部乃下注射	也可用新城疫-支气管炎活疫苗
30～35	传染性法氏囊病	传染性法氏囊病弱毒活苗	点眼、口服或饮水	也可用中等毒力苗
35～40	传染性鼻炎	传染性鼻炎灭活苗	颈背部皮下注射	如25日未接种新城疫灭活苗，此次可用新城疫-传染性鼻炎灭活苗
40～42	传染性喉气管炎	传染性喉气管炎弱毒苗	点眼或涂肛	周围有疫情或本场发生此病用此苗
70～75	传染性支气管炎	传染性支气管炎弱毒苗	饮水	
90	传染性喉气管炎	传染性喉气管炎弱毒苗	点眼或涂料肛	疫区用
110～120	新城疫 产蛋下降综合征	新城疫灭活苗 产蛋下降综合征灭活苗	颈背部皮下注射或胸部肌肉注射	也可用新城疫-产蛋下降综合征二联苗注射
130～140	传染性法氏囊病	传染性法氏囊病油乳剂灭活菌	肌肉注射	
300	新城疫	新城疫Ⅳ系活苗	每只鸡用4倍量气雾免疫	依据HI检测结果

附表4 商品蛋鸡常用免疫程序

日龄	预防疾病	疫苗种类	免疫方法	备注
1	马立克氏病	马立克氏病冷冻疫苗	出壳24 h内皮下注射	
7～10	新城疫	新城疫Clone30、Ⅱ系、Ⅳ系或V4活疫苗	滴鼻与点眼	也可用新城疫-传染性支气管炎二联活疫苗，来航鸡首免不能用Ⅳ系
	传染性支气管炎	传染性支气管炎弱毒苗	饮水	
15～18	传染性法氏囊病	传染性法氏囊病弱毒活苗	点眼、口服或饮水	也可用中等毒力株
25	鸡痘	鸡痘弱毒苗	刺种	应注意检查接种局部免疫反应
30～35	传染性法氏囊病	传染性法氏囊病弱毒活苗	点眼、口服或饮水	也可用中等毒力苗
40	传染性喉气管炎	传染性喉气管炎弱毒苗	点眼或涂肛	周围有疫情或本场发生此病用此苗
55～60	新城疫和传染性支气管炎	新城疫-传染性支气管炎二联活疫苗	饮水	
90	传染性喉气管炎	传染性喉气管炎弱毒苗	点眼或涂料肛	疫区用
110～120	新城疫	新城疫灭活苗	颈背部皮下注射或胸部肌肉注射	也可用新城疫-产蛋下降综合征二联苗注射
	产蛋下降综合征	产蛋下降综合征灭活苗		
130～140	传染性法氏囊病	传染性法氏囊病油乳剂灭活菌	肌肉注射	
300	新城疫	新城疫Ⅳ系活苗	每只鸡用4倍量气雾免疫	依据HI检测结果

附表 5 商品肉鸡免疫程序

日 龄	预防疾病	疫苗种类	免疫方法	备 注
7～10	新城疫	新城疫 Clone30、Ⅱ系、Ⅳ系或 V4 活疫苗	滴鼻与点眼	也可用新城疫-传染性支气管炎二联活疫苗，来航鸡首免不能用Ⅳ系
	传染性支气管炎	传染性支气管炎弱毒苗	饮水	
15～18	传染性法氏囊病	传染性法氏囊病弱毒活苗	点眼、口服或饮水	也可用中等毒力株
25	新城疫	新城疫Ⅳ系活疫苗	3 头份饮水	
30～35	传染性法氏囊病	传染性法氏囊病弱毒活苗	点眼、口服或饮水	也可用中等毒力苗

附表 6 常见鸭病免疫程序

日 龄	预防疾病	疫苗种类	免疫方法	备 注
28～35	鸭病、鸭病毒性肝炎	鸭病-鸭病毒性肝炎二联苗	肌肉注射	也可使用单苗
45～50	鸭大肠杆菌病	鸭大肠杆菌病灭活苗	皮下注射	
70	禽霍乱	禽霍乱蜂胶灭活苗	肌肉注射	
150～160	鸭瘟、鸭病毒性肝炎	鸭病-鸭病毒性肝炎二联苗	肌肉注射	也可使用单苗
170	鸭大肠杆菌病	鸭大肠杆菌病灭活苗	皮下注射	
190	禽霍乱	禽霍乱蜂胶灭活苗	肌肉注射	
320～330	鸭瘟、鸭病毒性肝炎	鸭病-鸭病毒性肝炎二联苗	肌肉注射	也可使用单苗

附表7　常见鹅病免疫程序

日龄	预防疾病	疫苗种类	免疫方法
1	鹅副伤寒	鹅副伤寒灭活苗	皮下或肌肉注射
2	小鹅瘟	小鹅瘟高免血清	皮下或肌肉注射
10	鹅副伤寒	鹅副伤寒灭活苗	肌肉注射
40	禽霍乱	禽霍乱灭活苗	喷料
100	禽霍乱	禽霍乱灭活苗	喷料
	禽霍乱	禽霍乱灭活苗	皮下注射
120	小鹅瘟	小鹅瘟灭活苗	肌肉注射

附表8　常用医用计量单位换算表

类别	缩写符号	中文名称	与主单位的关系
长度	m	米	1(主单位)
	dm	分米	1/10
	cm	厘米	1/100
	mm	毫米	1/1 000
	um	微米	1/1 000 000
	nm	纳米	1/1 000 000 000
质量	kg	千克	1(主单位)
	g	克	1/1 000
	mg	毫克	1/1 000 000
	ug	微克	1/1 000 000 000
	ng	纳克	1/1 000 000 000 000
	pg	皮克	1/1 000 000 000 000 000
	T 或 t	吨	1 000
容量	L	升	1(主单位)
	mL	毫升	1/1 000
	uL	微升	1/1 000 000
	gal	加仑	4.546 升(英);3.785 升(美)

续附表 8

类别	缩写符号	中文名称	与主单位的关系
热量	J	焦耳	1(主单位)
	MJ	兆焦耳	10^6 焦耳
	cal	卡	4.184 焦耳
	kcal	千卡、大卡	4 184 焦耳
	Mcal	兆卡	4 184 000 焦耳
浓度	ppm	百万分之一	10^{-6},0.000 1%(1 毫克/千克)
	ppb	十亿分之一	10^{-9},0.000 000 1%(1 微克/吨)
	ppt	万亿分之一	10^{-12},0.000 000 000 1%(1 微克/吨)

参考文献

1. 陈杖榴．兽医药理学．北京:中国农业出版社,2003
2. 周新民．动物药理．北京:中国农业出版社,2002
3. 闫继业．畜禽药物手册．北京:金盾出版社,1997
4. 杨世杰．药理学．北京:人民卫生出版社，2001
5. 中国兽药典委员会．中华人民共和国兽药典．北京:化学工业出版社，2000
6. 姜平．兽医生物制品学．北京:中国农业出版社,2003
7. 孙建宏,曹殿军．常用畜禽疫苗使用指南．北京:金盾出版社，2004
8. 胡功政,等．新全实用兽药手册．郑州:河南科学技术出版社，2002
9. 辛朝安．禽病学．北京:中国农业出版社，2003
10. 陈代文．饲料添加剂学．北京:中国农业出版社,2003
11. 张彦明．最新鸡鸭鹅病诊断与防治技术大全．北京:中国农业出版社,2002
12. 中华兽药大典编辑委员会．中华兽药大典．北京:北京科大电子出版社,中国农业出版社，2005
13. 徐浩．最新国家兽药药品标准手册．北京:银声音像出版社，2005
14. 王庆民,等．科学养鸡指导．北京:金盾出版社,1998

图书在版编目(CIP)数据

家禽用药500问/刘高生编著．—北京：中国农业大学出版社，2006.1

(全方位养殖技术丛书)

ISBN 978-7-81066-723-4

Ⅰ.家…　Ⅱ.刘…　Ⅲ.家禽-禽病-药物-基本知识　Ⅳ.S859.79

中国版本图书馆CIP数据核字(2005)第120846号

书　　名　家禽用药500问

作　　者　刘高生　编著

策划编辑　赵　中　　　**责任编辑**　冯雪梅

封面设计　郑　川　　　**责任校对**　陈　莹　王晓凤

出版发行　中国农业大学出版社

社　　址　北京市海淀区圆明园西路2号　**邮政编码**　100094

电　　话　发行部 010-62731190,2620　读者服务部 010-62732336

编辑部 010-62732617,2618　出　版　部 010-62733440

网　　址　http://www.cau.edu.cn/caup **E-mail** caup@public.bta.net.cn

经　　销　新华书店

印　　刷　北京时代华都印刷有限公司

版　　次　2006年1月第1版　2008年7月第5次印刷

规　　格　850×1 168　32开本　11.5印张　286千字

定　　价　19.00元

致 读 者

为提高“三农”图书的科学性、准确性、实用性，推进“三农”出版物更加贴近读者，使农民朋友确实能够“看得懂、用得上、买得起”的优秀“三农”图书进一步得到市场的认可、发挥更大的作用，中央宣传部、新闻出版总署和农业部于 2006 年 6～7 月份组织专家对“三农”图书进行了认真评审，确定了推荐“三农”优秀图书 150 种(套)(新出联〔2006〕5 号)。我社共 6 种(套)名列其中：

无公害农产品高效生产技术丛书

新编 21 世纪农民致富金钥匙丛书

全方位养殖技术丛书

农村劳动力转移职业技能培训教材

科学养兔指南

养猪用药 500 问

这些图书自出版以来，深受广大读者欢迎，近来一次性较大量购买的情况较多，为方便团体购买，请客户直接到当地新华书店预购，特殊情况可与我社联系。联系人董先生，电话 010－62731190，司先生，010－62818625。

中国农业大学出版社

2006 年 9 月